精通

CSS+DIV

100%网页样式与布局密码

龙马工作室 ◇ 编著

人民邮电出版社

北京

图书在版编目（CIP）数据

精通CSS+DIV：100%网页样式与布局密码 / 龙马工
作室编著. -- 北京：人民邮电出版社，2014.8（2019.3重印）
ISBN 978-7-115-34987-3

Ⅰ. ①精… Ⅱ. ①龙… Ⅲ. ①网页制作工具 Ⅳ.
①TP393.092

中国版本图书馆CIP数据核字(2014)第046014号

内 容 提 要

本书深入浅出，结合实际案例系统地讲解了使用 CSS 和 DIV 进行网页布局的知识和技巧。

全书分为 4 个部分。第 1 篇【CSS 基础篇】主要介绍了 CSS 的基础知识和网页样式代码的生成方法，以及如何通过 CSS 设置文本样式、网页图像特效、背景颜色与背景图像等，还对 CSS 的高级特性进行了讲解。第 2 篇【CSS+DIV 美化和布局篇】主要介绍了 CSS 定位与 DIV 布局的核心技术、盒子的浮动与定位等，还通过案例对网页美化与布局进行了系统的分析和讲解。第 3 篇【综合应用篇】主要介绍了 CSS 滤镜，以及 CSS 3 与 HTML、JavaScript、jQuery、XML 和 Ajax 的综合应用方法。第 4 篇【实战篇】选取了热门的购物网站和社交网站进行分析，并以此为基础指导读者完成自己的网站设计。

本书附赠一张 DVD 多媒体教学光盘，包含与图书内容同步的教学录像，以及本书所有案例的源代码和相关学习资料的电子书、教学录像等超值资源，便于读者扩展学习。

本书内容翔实，结构清晰，既适合 CSS 和 DIV 的初学者自学使用，也可以作为各类院校相关专业学生和电脑培训班的教材或辅导用书。

◆ 编　　著　龙马工作室
　　责任编辑　张　翼
　　责任印制　焦志炜

◆ 人民邮电出版社出版发行　　北京市丰台区成寿寺路 11 号
　　邮编　100164　　电子邮件　315@ptpress.com.cn
　　网址　http://www.ptpress.com.cn
　　固安县铭成印刷有限公司印刷

◆ 开本：787×1092　1/16
　　印张：23
　　字数：624 千字　　　　　　　　　　2014 年 8 月第 1 版
　　印数：4 251 – 4 350 册　　　　　　2019 年 3 月河北第 4 次印刷

定价：59.80 元（附光盘）

读者服务热线：(010)81055410　印装质量热线：(010)81055316
反盗版热线：(010)81055315
广告经营许可证：京东工商广登字 20170147 号

前 言

随着社会信息化的发展，与网站开发相关的各项技术越来越受到广大 IT 从业人员的重视，与此相关的各类学习资料也层出不穷。然而，现有的学习资料在注重知识全面性、系统性的同时，却经常忽视了内容的实用性，导致很多读者在学习完基础知识后，不能马上适应实际的开发工作。为了让广大读者能够真正掌握相关知识，具备解决实际问题的能力，我们总结了多位相关行业从业者和计算机教育专家的经验，精心编制了这套"精通 100%"丛书。

 ## 丛书内容

本套丛书涵盖读者在网站开发过程中可能涉及的各个领域，在介绍基础知识的同时，还兼顾了实际应用的需要。本套丛书主要包括以下品种。

精通 CSS+DIV——100% 网页样式与布局密码	精通 HTML+CSS——100% 网页设计与布局密码
精通 HTML 5+CSS 3——100% 网页设计与布局密码	精通网站建设——100% 全能建站密码
精通色彩搭配——100% 全能网页配色密码	精通 SEO——100% 网站流量提升密码
精通 JavaScript + jQuery ——100% 动态网页设计密码	

 ## CSS+DIV 的最佳学习途径

本书全面研究总结了多位计算机教育专家的实际教学经验，精心设计学习、实践结构，将读者的学习过程分为 4 个阶段。读者既可以根据章节安排，按部就班地完成学习，也可以直接进入所需部分，结合问题，参考提高。

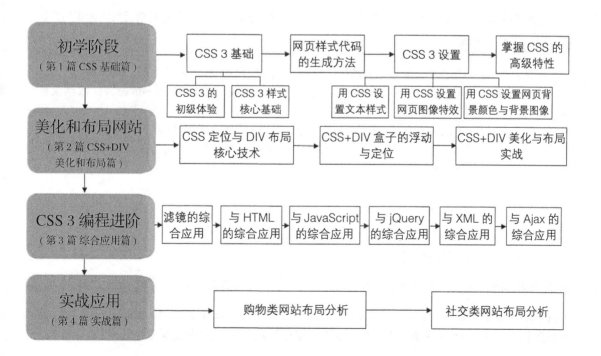

本书特色

▶ 内容讲解，系统全面

本书对知识点进行精心安排，既确保内容的系统性，又兼顾技术的实用性。无论读者是否接触过 CSS 和 DIV，都能从本书中找到合适的起点。

▶ 项目案例，专业实用

本书针对学习的不同阶段选择案例。在系统学习阶段，侧重对知识点的讲解，以便读者快速掌握；而在实战阶段，则面向实际，直接对热门网站进行剖析，帮助读者了解知识的实际应用方法。

▶ 应用指导，细致入微

除了知识点外，本书非常重视实际应用，对关键点都进行了细致的讲解。此外，在正文中还穿插了"注意"、"说明"、"技巧"等小栏目，帮助读者在学习过程中更深入地了解所学知识，掌握相关技巧。

▶ 书盘结合，迅速提高

本书配套的多媒体教学光盘中的内容与书中的知识点紧密结合并相互补充。教学录像可以加深读者对知识的理解程度，并系统掌握实际应用方法，达到学以致用的目的。

 ## 超值光盘

▶ 10 小时全程同步教学录像

录像涵盖本书所有知识点，详细讲解每个案例的开发过程及关键点，帮助读者轻松掌握实用技能。

▶ 王牌资源大放送

除教学录像外，光盘中还赠送了大量超值资源，包括本书所有案例的源代码、CSS 属性速查表、Dreamweaver 案例电子书、Dreamweaver 常用快捷键速查表、22 小时 Dreamweaver 教学录像、Photoshop 案例电子书、Photoshop 常用快捷键速查表、8 小时 Photoshop 教学录像、大型 ASP 网站源码及运行说明书、精彩 CSS+DIV 布局赏析电子书、精彩网站配色方案赏析电子书、精选 JavaScript 实例、网页配色方案速查表、网页设计、布局与美化疑难解答电子书、网站建设技巧电子书和颜色代码查询表等。

 ## 光盘使用说明

▶ Windows XP 操作系统

01 将光盘印有文字的一面朝上放入光驱中，几秒钟后光盘会自动运行。

02 若光盘没有自动运行，可以双击桌面上的【我的电脑】图标，打开【我的电脑】窗口，然后双击【光盘】图标，或者在【光盘】图标上单击鼠标右键，在弹出的快捷菜单中选择【自动播放】选项，光盘就会运行。

► Windows 7、Windows 8 操作系统

01 将光盘印有文字的一面朝上放入 DVD 光驱中，几秒钟后光盘会自动运行。

02 在 Windows 7 操作系统中，系统会弹出【自动播放】对话框，单击【运行 MyBook.exe】选项即可运行光盘系统。或者单击【打开文件夹以查看文件】选项打开光盘文件夹，双击光盘文件夹中的 MyBook.exe 文件，也可以运行光盘系统。

在 Windows 8 操作系统中，桌面右上角会显示快捷操作界面，单击该界面后，在其列表中选择【运行 MyBook.exe】选项即可运行光盘系统。或者单击【打开文件夹以查看文件】选项打开光盘文件夹，双击光盘文件夹中的 MyBook.exe 文件，也可以运行光盘系统。

03 光盘运行后，经过片头动画后便可进入光盘的主界面。

04 教学录像按照章节排列在各自的篇中,在顶部的菜单中依次选择相应的篇、章、节名称,即可播放本节录像。

05 单击菜单栏中的【赠送资源】,在弹出的菜单中选择赠送资源的名称,即可打开相应的文件夹。
06 详细的光盘使用说明请参阅"其他内容"文件夹下的"光盘使用说明 .pdf"文档。

 ## 创作团队

　　本书由龙马工作室策划,史卫亚任主编,王锋、张闻强任副主编,其中第 1 章~第 5 章、第 14 章由河南工业大学史卫亚老师编著,第 6 章、第 7 章由河南工业大学王锋老师编著,第 8 章由河南工业大学梁义涛老师编著,第 9 章、第 10 章由河南工业大学刘刚老师编著,第 11 章~第 13 章由河南工业大学张闻强老师编著,第 15 章~第 18 章由河南工业大学侯慧芳老师编著。参与本书编写、资料整理、多媒体开发及程序调试的人员还有汪磊、孔万里、李震、赵源源、乔娜、周奎奎、祖兵新、董晶晶、王果、陈小杰、左琨、邓艳丽、崔姝怡、侯蕾、左花苹、刘锦源、普宁、王常吉、师鸣若、钟宏伟、陈川、刘子威、徐永俊、朱涛、张允等。

　　在编写过程中,我们竭尽所能地将最好的讲解呈现给读者,但也难免有疏漏和不妥之处,敬请广大读者不吝指正。若读者在学习中遇到困难或疑问,或有任何建议,可发送邮件至 zhangyi@ptpress.com.cn。

编者

目 录

第1篇 CSS 基础篇

第 3 章 网页样式代码的生成方法 **35**

本章教学录像：33 分钟

第 4 章 用 CSS 设置文本样式 **47**

本章教学录像：48 分钟

第5章　用CSS设置网页图像特效 73

本章教学录像：37分钟

第2篇 CSS+DIV 美化和布局篇

第 9 章 CSS+DIV 盒子的浮动与定位 143

本章教学录像：41 分钟

第 10 章 CSS+DIV 美化与布局实战 181

本章教学录像：23 分钟

第 3 篇 综合应用篇

第 13 章　CSS 3 与 JavaScript 的综合应用 253

本章教学录像：29 分钟

第 14 章 CSS 3 与 jQuery 的综合应用 275

本章教学录像：21 分钟

第 15 章 CSS 3 与 XML 的综合应用 287

本章教学录像：24 分钟

第 16 章 CSS 与 Ajax 的综合应用 307

本章教学录像：19 分钟

第 4 篇 实战篇

赠送资源（光盘中）

▶ 赠送资源 1 CSS 属性速查表

▶ 赠送资源 2 Dreamweaver 案例电子书

▶ 赠送资源 3 Dreamweaver 常用快捷键速查表

▶ 赠送资源 4 22 小时 Dreamweaver 教学录像

▶ 赠送资源 5 Photoshop 案例电子书

▶ 赠送资源 6 Photoshop 常用快捷键速查表

▶ 赠送资源 7 8 小时 Photoshop 教学录像

▶ 赠送资源 8 大型 ASP 网站源码及运行说明书

▶ 赠送资源 9 精彩 CSS+DIV 布局赏析电子书

▶ 赠送资源 10 精彩网站配色方案赏析电子书

▶ 赠送资源 11 精选 JavaScript 实例

▶ 赠送资源 12 网页配色方案速查表

▶ 赠送资源 13 网页设计、布局与美化疑难解答电子书

▶ 赠送资源 14 网站建设技巧电子书

▶ 赠送资源 15 颜色代码查询表

第 1 篇
CSS 基础篇

　　本篇介绍了 CSS 3 的基础，包括 CSS 的初步体验、CSS 样式核心基础、网页样式代码生成的方法、用 CSS 设置文本样式、用 CSS 设置网页图像特效、用 CSS 设置网页背景颜色与背景图像及 CSS 的高级特性等相关知识，为后面深入学习奠定根基。

▶第 1 章　CSS 的初步体验

▶第 2 章　CSS 样式核心基础

▶第 3 章　网页样式代码的生成方法

▶第 4 章　用 CSS 设置文本样式

▶第 5 章　用 CSS 设置网页图像特效

▶第 6 章　用 CSS 设置网页背景颜色与背景图像

▶第 7 章　掌握 CSS 的高级特性

第 1 章

 本章教学录像：1 小时 16 分钟

CSS 的初步体验

本章将带读者进入 CSS 技术的大门，让你熟悉房屋主人的身世（CSS 的基本概念）以及爱好（主要工作），并了解该技术与它的兄弟（HTML 技术）之间的关系。然后让你欣赏一下它的一些作品，并带你和 CSS 一起去了解它的日常工作流程。

本章要点（已掌握的在方框中打勾）

☐ 网页中标记的概念

☐ HTML 与 CSS 的优缺点

☐ 浏览器对 CSS 的支持

☐ 网页设计中的 CSS

☐ 网页 CSS 赏析

☐ 编写 CSS 样式

1.1 CSS 的概念

 本节视频教学录像：9 分钟

CSS 的全称为 Cascading Style Sheet，即"层叠样式表"，是 1996 年由 W3C 审核通过并推荐使用的网页技术，目前的最新版本为 CSS 3。CSS 是用于控制网页样式并允许将样式信息与网页内容分离的一种标记性语言。

在设计网页的时候，通常将网页所呈现出来的外观称为"样式"。例如，网页中文字的字体和颜色、图片的大小和显示效果、线条的粗细等，都统称为"样式"。而 CSS 就是用于控制"样式"的工具。简单地说，通过 CSS 样式设置页面的格式，将页面内容与表现形式分离，即页面内容存放在 HTML 文档中，而用于定义表现形式的 CSS 规则存放在另一个文件中，或作为 HTML 文档的某一部分（通常为文件头部分）。

CSS 通常与 HTML 配合使用，即 HTML 用于存放内容，而 CSS 则用于控制这些内容以什么"样式"表现出来。例如，要在网页上以红色、宋体显示"网页样式与布局"这几个汉字，那么通常会使用 HTML 来保存这 7 个汉字，而使用 CSS 来保存其"样式"要求，即"红色"、"宋体"。当然，如果网页上只有这一句话，使用 CSS 控制样式，反倒增加了代码量，还不如直接使用 HTML 来控制。但试想，在当今主流网站的页面上，动辄上万行的文字、几十上百幅的图片，使用不同的形式表现出来，如果全部使用 HTML 控制，无疑是一种灾难——既增大了代码量的体积，又增加了修改的难度。

而 CSS 的最大作用正在于此。它可以对页面上的所有内容的样式进行规定，如果不同位置上的同一类文字或图片的样式需要修改，那么只要修改 CSS 中的内容即可，大大方便了设计人员的工作。这也是 CSS 能够迅速获得相关从业人员青睐的原因。

将内容与表现形式分离的做法是符合 Web 标准的，不仅使维护网站更加容易，而且还可以使 HTML 文档代码更加简练，缩短浏览器的加载时间。目前流行的网页绝大多数都采用了 CSS 控制其外观。

1.1.1 网页中标记的概念

对于熟悉 HTML 语言的网页设计者来说，标记的概念一定不会陌生。在学习 CSS 之前，我们应当先了解一些关于网页中的基本知识。

HTML（Hyper Text Mark-up Language）即超文本标记语言，构成网页文档的主要语言。HTML 的结构包括头部（Head）、主体（Body）两大部分，其中头部描述浏览器所需的信息，而主体则包含所要说明的具体内容。HTML 文本是由许多 HTML 标记组成的描述性文本，HTML 标记也可以看成是 HTML 的命令，可以用来说明文字、图形、动画、声音、表格、链接等。标记都括在一对尖括号"<>"中，并且标记一般成对出现，中间加入受标记控制的信息内容。

例如在网页里显示一个一级标题，实现的代码是 <H1>…</H1>，其中"…"是标题的具体内容，例如：

```
<H1> 标题内容 </H1>
```

 技　巧　HTML 语言是不区分大小写的，所以 <H1>…</H1> 等同于 <h1>…</h1>、<h1>…</H1> 或者 <H1>…</h1>。

其中，"<H1>"为起始标记，"</H1>"为结束标记。HTML 语言的结束标记符就是"/"。在 <H1>…</H1> 之间的实际内容就是标题的内容。"<head></head>"、"<body></body>"等标记是一般网页中常见的标记。

【范例 1.1】所示是一个简单的关于网页中标题的例子。

【范例 1.1】 网页中的标题（范例文件：ch01\1-1.html）

```
01 <!DOCTYPE html PUBLIC "-//W3C//DTD XHTML 1.0 Transitional//EN"
"http://www.w3.org/TR/xhtml1/DTD/xhtml1-transitional.dtd">
02 <html xmlns="http://www.w3.org/1999/xhtml">
03 <head>
04 <meta http-equiv="Content-Type" content="text/html; charset=utf-8" />
05 <title> 网页标题 </title>
06 </head>
07 <body>
08 <h1> HTML </h1>
09 <p> HTML（Hyper Text Mark-up Language）超文本标记语言，是构成网页文档
的主要语言。HTML 的结构包括头部（Head）、主体（Body）两大部分。其中，头部描述
浏览器所需的信息，而主体则包含所要说明的具体内容，HTML 文本是由许多 HTML 标记组
成的描述性文本，HTML 标记也可以看成是 HTML 的命令，可以用来说明文字、图形、动画、
声音、表格、链接等。</p>
10 </body>
11 </html>
```

其在 IE 8 中的浏览效果如下图所示。在这个范例中，分别使用了 <!DOCTYPE>、< html >、<meta >、<head>、<title>、<body>、<h1>、<p> 等主要标记，各个标记的作用如下。

(1) <!DOCTYPE> 标记作为声明位于文档中的最前面的位置，处于 <html> 标签之前。此标签可告知浏览器文档使用哪种 HTML 或 XHTML 规范。

(2) <meta > 标记位于文档的头部，不包含任何内容，提供有关页面的元信息。

(3) < html > 标记限定了文档的开始点和结束点，在它们之间是文档的头部和主体。

(4) <head> 标记定义了文档的头部。

(5) <body> 标记中间是文档的正文内容。

(6) <h1> 标记中间是文档内容的标题部分。

(7) <p> 标记中间是文档内容的段落部分。

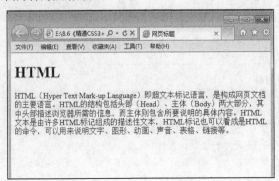

所有的页面都是由各种各样的标记和标记的内容组成。在浏览网页时，以 IE 为例，可以在浏览器的菜单栏上，单击【查看】▶【源文件】命令，查看当前网页的源代码。

1.1.2 HTML 与 CSS 的优缺点

通过前面的范例可以看到，HTML 创建网页文本的方法很简单，只需通过一些标记就可以控制文本等信息，具有如下显著的优点。

(1) 使用 Table 的表现方式不需要考虑浏览器兼容问题。

(2) 简单易学，易于推广。

然而，随着网络应用的深入，特别是电子商务的应用，HTML 过于简单的缺陷很快凸现出来。主要存在三个缺点。

(1) 由于没有统一的风格样式进行控制，HTML 的页面往往体积过大，代码存在臃肿以及不规范的现象，会延长网页的显示时间，浪费带宽。

(2) HTML 本身的标记十分的少，页面格式定义固定，当页面的内容需要改变时，必须重新制作 HTML，需要花费很多的时间，尤其对整个网站而言，后期修改和维护的成本很高。

(3) 由于代码过大，不利于被搜索引擎搜索。

CSS 的产生弥补了 HTML 的缺点，主要体现在以下几个方面。

(1) 提高页面浏览速度。

视觉效果相同的一个页面，采用 CSS 布局的页面要比 TABLE 编码的页面产生的文件小得多，CSS 布局的页面文件大小一般只有 TABLE 编码的页面的 1/2 左右。浏览器也不用花额外的时间去编译大量冗长的标签。

(2) 表现与结构分离。

CSS 从 2.0 开始真正意义实现了设计代码与设计内容之间的分离，它将设计部分剥离出来并单独放在一个样式文件中，HTML 文件中只存放文本信息。这样的页面对搜索引擎来说更加易于识别。

(3) 易于维护和改版。

开发者只要简单修改 CSS 的内容就可以重新设计整个网站的页面。

(4) 继承性能优越（层叠处理）。

CSS 的代码在浏览器的解析顺序上将会根据 CSS 的级别进行解析，按照对同一元素定义的先后顺序来应用不同的样式。良好的 CSS 代码可以使代码之间产生继承关系，实现多重代码的复用。降低了代码的编写量以及维护成本。

(5) 易于被搜索引擎搜索。

使用 CSS 实现样式和内容的分离，网页文件代码简洁。简洁的代码可以增加有效关键词占网页总代码的比重，让搜索引擎对网站更具可读性，更容易被索引。

下面通过两个范例对比一下使用 HTML 建立的网页以及使用 HTML 和 CSS 建立的网页，了解文件代码的简洁性。

【范例 1.2】 用 HTML 建立的文件（范例文件：ch01\1-2.html）

```
01 <!DOCTYPE html PUBLIC "-//W3C//DTD XHTML 1.0 Transitional//EN"
"http://www.w3.org/TR/xhtml1/DTD/xhtml1-transitional.dtd">
02 <html xmlns="http://www.w3.org/1999/xhtml">
03 <head>
04 <meta http-equiv="Content-Type" content="text/html; charset=utf-8" />
05 <title> 网页标题 </title>
```

```
06  </head>
07  <body>
08  <h1><font size="8" face=" 隶书 "> HTML </h1>
09  <p><font size="4" face=" 隶书 "> HTML（Hyper Text Mark-up Language）
```
即超文本标记语言，是构成网页文档的主要语言。HTML 的结构包括头部（Head）、主体（Body）
两大部分。其中头部描述浏览器所需的信息，而主体则包含所要说明的具体内容，HTML 文本
是由许多 HTML 标记组成的描述性文本，HTML 标记也可以看成是 HTML 的命令，可以用来
说明文字、图形、动画、声音、表格、链接等。</p>
```
10  <h1><font size="8" face=" 隶书 ">CSS</h1>
11  <p><font size="4" face=" 隶书 ">CSS 的全称为 Cascading Style Shee，即「层
```
叠样式表」，是 1996 年由 W3C 审核通过并推荐使用的网页技术，目前的最新版本为 CSS 3。
CSS 是用于控制网页样式并允许将样式信息与网页内容分离的一种标记性语言。</p>
```
12  </body>
13  </html>
```

【范例 1.3】 用 HTML 和 CSS 建立的文件（范例文件：ch01\1-3.html）

```
01  <!DOCTYPE html PUBLIC "-//W3C//DTD XHTML 1.0 Transitional//EN"
"http://www.w3.org/TR/xhtml1/DTD/xhtml1-transitional.dtd">
02  <html xmlns="http://www.w3.org/1999/xhtml">
03  <head>
04  <meta http-equiv="Content-Type" content="text/html; charset=utf-8" />
05  <title> 网页标题 </title>
06  <style type="text/css">
07  <!--
08  h1{font: " 隶书 ";    /* 定义 h1 标题样式字体为隶书，大小为 36px*/
09  font-size:36px}
10  p{ font: " 隶书 ";    /* 定义 p 标记样式字体为隶书，大小为 32px*/
11  font-size:20px}
12  -->
13  </style>
14  </head>
15  <body>
16  <h1> HTML </h1>
17  <p> HTML（Hyper Text Mark-up Language）即超文本标记语言，是构成网页文
```
档的主要语言。HTML 的结构包括头部（Head）、主体（Body）两大部分，其中头部描述
浏览器所需的信息，而主体则包括所要说明的具体内容，HTML 文本是由许多 HTML 标记组
成的描述性文本，HTML 标记也可以看成是 HTML 的命令，可以用来说明文字、图形、动画、
声音、表格、链接等。</p>
```
18   <h1>CSS</h1>
19   <p>CSS 的全称为 Cascading Style Sheet，即「层叠样式表」，是 1996 年由
```
W3C 审核通过并推荐使用的网页技术，目前的最新版本为 CSS 3，CSS 是用于控制网页样式
并允许将样式信息与网页内容分离的一种标记性语言。</p>

```
20  </body>
21  </html>
```

左图是【范例 1.2】的显示结果，右图是【范例 1.3】的显示结果。从【范例 1.2】可以看到，在 <h1> 和 <p> 标记中间加入了 <font> 标记用于控制显示内容的字体和字号大小。

```
<h1><font size="8" face=" 隶书 "></font></h2>
<p><font size="4" face=" 隶书 "></font></h2>
```

如果后期需要修改字体或者字号大小的时候，需要在每个 <font> 标记中进行修改。在这个例子中间，只有 4 个地方需要修改，但是如果网页要显示的内容很多的时候，对应的标记也随之增多，这时候每个标记后面的定义都需要修改，工作量非常大。

但是如果采用【范例 1.3】的写法，把定义样式的部分写在文件标记 <head> 之中，如果后期需要修改字体或者字号大小的时候，只需要修改两个地方。即使网页内容再多，所定义的样式标记都在这里，修改简单，整个网页代码简洁。不仅如此，CSS 还提供了很多实用的格式控制方法，这些在随后的章节学习中会逐渐接触到。

1.1.3 浏览器对 CSS 的支持

网上的浏览器种类繁多，如果仅按照生产商的品牌分，也有成百上千种。如果以浏览器的核心来分，则主要有 IE、Firefox 和 Netscape。绝大多数的浏览器对 CSS 都有着很好的支持。就目前技术而言，IE 浏览器和 Firefox 浏览器对 CSS 的处理有着很多细微的区别，它们之间的兼容性有待改善。不仅如此，就浏览器本身而言，同一浏览器的不同版本对相同页面的浏览效果也存在着一些细微差异。

【范例 1.4】 浏览器对 CSS 的支持（范例文件：ch01\1-4.html）

```
01  <!DOCTYPE html PUBLIC "-//W3C//DTD XHTML 1.0 Transitional//EN"
"http://www.w3.org/TR/xhtml1/DTD/xhtml1-transitional.dtd">
02  <html xmlns="http://www.w3.org/1999/xhtml">
03  <head>
04  <meta http-equiv="Content-Type" content="text/html; charset=utf-8" />
05  <title> 网页标题 </title>
06  <style>   /*06—13 行代码为 CSS 代码。具体意义读者不必深究，本书后续章节会有
详细介绍 */
07  <!--
```

```
08  ul{
09  list-style-type:none;
10  display:inline;
11  }
12  -->
13  </style>
14  </head>
15  <ul>
16  <li> 无序列表 1</li>
17  <li> 无序列表 2</li>
18  </ul>
19  <body>
20  </body>
21  </html>
```

【范例 1.4】是一段很简单的 HTML 代码，其中在 <head></head> 中定义使用的 CSS 样式 ul，该方式定义显示的无序列表方式，不显示文字前面的点，并且显示结果为紧贴前一个元素，并排显示，然后通过在正文中使用所定义的 CSS 样式实现对无序列表 ul li 标记样式上的控制。这段代码在 IE 9 和 Firefox 21 浏览器中的显示效果存在差异。如下图所示，可以发现，在 Firefox 21 浏览器中两段文字分别显示在不同行上，并且位置互相对齐；在 IE 9 浏览器中，虽然两段文字也分别显示在不同行上，但是显示位置不是完全对齐，第一段文字有缩进。

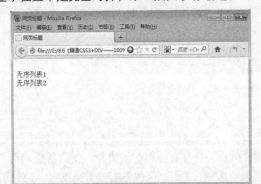 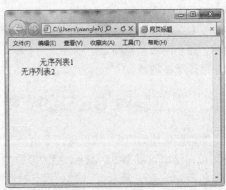

显示效果上存在的差异主要是由于不同浏览器对 CSS 样式默认值的设置有所不同。可以通过对 CSS 文件各个细节的严格编写，使得浏览器实现基本相同的显示效果。

1.2 网页设计中的 CSS

 本节视频教学录像：4 分钟

在 1.1 节中，读者了解了 CSS 的基本概念，并且也知道了它与 HTML 之间的关系和各自的优缺点，但是到底 CSS 在网页设计过程中能做什么呢？使用该技术有没有局限性？本节就来回答这个问题。

1.2.1 CSS 能做什么

CSS 是用于控制网页样式并允许将样式信息与网页内容分离的一种标记性语言。在网页制作时采用 CSS 技术，可以有效地对页面的布局、字体、颜色、背景和其他显示效果实现更加精确的控制。

在 CSS 中只需要对相应的代码做一些简单的修改，就可以改变同一类内容的表现形式，而无论这些内容是在同一位置，或在同一页面的不同位置，甚至在不同的页面上。CSS 可以实现以下作用。

(1) 同样的设计，在几乎所有的浏览器上都可以使用，只有个别设计在某些浏览器上可能无法显示。

(2) 从前只能通过图片转换实现的功能，现在只要用 CSS 就可以轻松实现，从而更快地下载页面。

(3) 使页面的字体变得更漂亮，更容易编排，使页面真正赏心悦目。

(4) 可以轻松地控制页面的布局。

(5) 可以将许多网页的风格格式同时更新，不需要一页一页地更新。可以将站点上所有的网页风格都使用同一个 CSS 文件进行控制，只要修改这个 CSS 文件中相应的内容，整个站点的所有页面都会随之发生变动。

1.2.2 CSS 的局限性是什么

CSS 具有这么多妙用，那么是不是就意味着它就是无所不能的呢？是不是什么都能自由实现的呢？这个答案是否定的，CSS 仍然存在一些局限性，例如：

(1) CSS 存在有些属性不能被继承的问题，存在继承的局限性。比如 border 属性，它是用来设置元素的边框的，它不存在继承性。其他很多边框类属性都是不能继承的，又如说 padding（补白），margin（边界）等属性。

(2) 在使用 CSS 指定特定元素的外观时，对静态 HTML 都能完美支持，但是对于动态网页（使用 ASP、JSP、PHP 等语言编制的网页）中的服务器元素，还存在不同浏览器显示的效果不一致的问题。

1.3 网站 CSS 赏析

 本节视频教学录像：3 分钟

学习 CSS 的过程，其实就是一个不断借鉴不断充实的过程。如果仅仅是知道某个属性怎么用，那么还不能算是真正的掌握 CSS。只有当读者了解了 CSS 之后，才会发现，原来相同的属性只要换一个用法就能产生意想不到的效果。

下面通过两个综合实例，来体会一下 CSS 的强大功能。

1.3.1 案例 1——商务网站 CSS 样式赏析

下图是一个中央电视台的首页，该页面利用 CSS 实现了以下效果。

(1) 使用 CSS 灵活控制版面布局，网页布局主要采用的是两栏布局，即页首栏和内容栏，网页上端是页首栏，放置网站的 LOGO、导航栏以及一些广告信息。网页页面内容栏被垂直分成两栏，用于存放节目简介和图像预览等内容。

(2) 网页页面以白色为底，黑色文字为主，为了突出，文字用红色或者蓝色显示。例如标题用红色显示，主要内容列表显示。这些都是通过 CSS 加以控制。

(3) 下图所示，左下角采用 JavaScript 语言实现的幻灯片自动播放效果。

通过 CSS 以及与其他语言的结合完成了这个商务网站的创建，本书后续章节将逐渐介绍这些方法，并通过案例分析帮助读者熟悉商务网站的制作过程。

1.3.2 案例 2——游戏网站 CSS 样式赏析

下图所示是一个游戏网站的首页。这个网站也是采用 CSS 与 JavaScript 技术实现网页控制，达到缤纷的动态效果。主要体现在以下两点。

(1) 整体页面布局使用 DIV+CSS 进行布局的，整个页面分为"上–下"两栏，其中上栏是游戏网站的 logo、导航栏以及一些广告信息，中栏是又分为左右两栏，左栏占用空间大，是游戏简介，右栏是游戏人气排行榜。

(2) 页面使用 CSS 控制页面背景和字体，以白色为背景，文字多以黑色和蓝色为主，以突出不同游戏。另外，游戏网站中图像占的比例很大，给人以直观逼真感受。

▌1.4 编写我的第一个 CSS 样式

 本节视频教学录像：25 分钟

通过前面的简单介绍，读者对于 CSS 已经有了一个比较初步的了解。下面通过一个实际的例子，从零开始，一步一步地讲解 CSS 的基本使用过程。该例子通过 CSS 样式控制网页中图片的显示效果。

1.4.1　从零开始

这里用到的主要工具是 Dreamweaver CS 6，这款专业的网页设计软件在代码模式下对 HTML、CSS 和 JavaScript 等代码的编写，有着很好的语法着色及语法提示功能。并且软件自身自带很多的实例，对学习 CSS 有着很好的帮助。

【范例 1.5】　编写第一个 CSS 样式（范例文件：ch01\1-5.html）

❶首先要新建一个 HTML 页面，启动 Dreamweaver CS 6 软件，在初始启动界面。单击【文件】►【新建】菜单命令，或者使用快捷键 Ctrl + N，如下图所示。

❷此时会弹出下图所示的【新建文档】对话框。

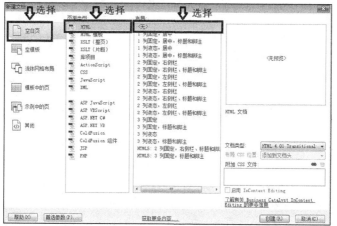

在上图的【新建文档】对话框中，布局基本上分为 4 列，其中第 1 列包含"空白页"、"空模板"、"流体网格布局"、"模板中的页"、"示例中的页"和"其他"6 个选项，可以根据需要选择其中一个选项，一般在建立 HTML 或者 CSS 文件的时候，选择"空白页"；对应第 1 列任何一个选项，在"页面类型"列中都会出现不同的选项，读者也可以根据需要选择不同的页面类型；对于前两列的任何选择，在"布局"列也会有对应变化的选项，读者可以选择自己需要的布局样式。在第 4 列中，常用的有"文档类型"和"附加 CSS 文件"，"文档类型"用于指定所制作的文件的类型，可以根据需要选择；如果需要附加一个已经制作好的 CSS 文件，可以在"附加 CSS 文件"中添加。"首选参数"中可以设置一些常用的默认设置，例如浏览器预览的默认主浏览器、是否在启动时显示欢迎屏幕等。

❸上图的【新建文档】对话框中，选择【空白页】选项卡下【页面类型】中的【HTML】文档，布局中选择【无】，然后单击【创建】按钮，出现下图所示的 HTML 代码录入界面。

说 明　范例 1.5 步骤❷图中，"文档类型"选择 html 4.01 transitional。

❹ 进入 HTML 代码录入界面，将"<title> 无标题文档 </title>"修改为"<title> 图片控制实例 </title>"，单击【文件】▶【保存】菜单命令，或者使用快捷键 Ctrl+S，弹出【另存为】对话框，如下图所示。

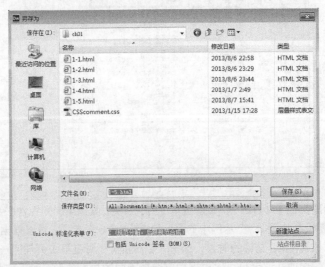

❺ 在【保存在】下拉列表中选择将要保存文件的文件夹位置，在【文件名(N)】后输入 1-5.html，单击【保存】按钮。

这时所创建的网页是完全空白的。下面为其加入图片。

说 明　在保存文件的时候，最好将文件存在某个指定文件夹中，把文件分类存放，养成良好的目录结构习惯。例如："D:/final/ch01"。

1.4.2 加入图片

在上一节创建的 1-5.html 文件的 \<body\> 标签中，加入如下代码（只需要在上一节所创建的代码中增加第 8 行内容）。

```
01 <!DOCTYPE html PUBLIC "-//W3C//DTD XHTML 1.0 Transitional//EN"
   "http://www.w3.org/TR/xhtml1/DTD/xhtml1-transitional.dtd">
02 <html xmlns="http://www.w3.org/1999/xhtml">
03 <head>
04 <meta http-equiv="Content-Type" content="text/html; charset=utf-8" />
05 <title> 图片控制实例 </title>
06 </head>
07 <body>
08 <div><img src="example.jpg"></div>      /* 新增加的内容 */
09 </body>
10 </html>
```

上面增加的一句代码的作用是显示一幅图片 example.jpg，该图片是在 "ch01\" 目录中，一定注意这个图片要和刚才所创建的文件 1-5.html 放到同一个文件夹，读者可以使用复制粘贴到自己定义的文件夹。当然如果有其他图片，读者也可自行替换使用，只需将图片名称更改即可。

如上图所示，用鼠标左键单击 Dreamweaver 工具栏上面的 调试按钮，或者按快捷键 F12，在浏览器中浏览，显示效果如下图所示。

1.4.3 加入 CSS 代码控制图片

从 1.4.2 小节图中很直观地看出来，没有经过 CSS 样式控制的图片位置默认是靠左的，图片大小也未经任何控制。为了使图片在网页中显示的效果更加美观，可以加入 CSS 样式控制图片的显示方式。要实现的效果为：①控制图片显示为右对**齐**；②定义图片的宽度和高度；③为图片增加滤镜效果。具体的代码如下，添加在上面例子的 <head></head> 之间。

```
01  <style type="text/css">  /* 下面是样式表，中间放入 css 内容 */
02  <!--
03  div{
04  margin:auto; float:right;    /* 控制图片显示的位置右对齐 */
05  }
06  img{ width:400px; height:300px;    /* 控制图片的宽度为 400px，高度为 300px*/
07  filter:blur(add=ture,direction=120,strength=200)}    /* 为图片增加滤镜效果 */
08  -->
09  </style>
```

 由于 Firefox 火狐浏览器不支持这种滤镜效果，所以在 IE 9 和 Firefox 21 浏览器中显示的效果不太一样。
注 意

通过和上图之间的对比，可以发现，这个时候图片在浏览器中显示的效果明显不一样，图片由默认的向左对齐改为现在的向右对齐。此外，图片也有了滤镜的效果，这通常需要用 Photoshop 才能实现，这就是 CSS 的魅力所在。

1.4.4 CSS 的注释

编写 CSS 代码和编写其他的程序一样，养成良好的注释习惯，对于提高代码的可读性并减少日后维护的成本都显得尤其重要。在 CSS 中，注释的语句都位于 "/*" 和 "*/" 之间，注释的内容可以是单行或者多行。

```
01  /* 这是 css 注释 */
02  /* 这也是 css 注释
03  多行注释 */
```

使用注释的时候，"/*"和"*/"要成对出现，如果只有一个"/*"，而缺少"*/"，则"/*"后面的代码会被认为是注释内容，从而失效。例如：

```
01  div{
02  margin:auto; float:right;
03  }/* 对 div 的注释
04  img{ width:400p; xheight:300px;
05  filter:blur
06  (add=ture,direction=120,strength=200)} 对 img 的注释 */
```

上面这个例子中，在 03 行后有"/*"，因此其后的内容都认为是注释，一直遇到"*/"为止，而"*/"直到 06 行才出现，因此 04、05、06 行的代码都会被认为是注释内容。

值得注意的是，在 <style>…</style> 之间经常会看得见"<!—"和"-->"将所有的 CSS 代码包含在其中，例如 1.4.3 节的例子中就是这样。这样做的原因是当遇到有些浏览器不支持 CSS 的时候，会将其中的 CSS 代码直接显示在浏览器上，经过这样设置后，这些 CSS 代码就不会显示在浏览器上了。

1.5 CSS 语法书写标准及功能

 本节视频教学录像：35 分钟

在上一节，已经通过实例学习了如何创建和使用 CSS 技术编写网页。下面来看一下 CSS 语法的规则。

1.5.1 规则块

规则块就是 CSS 样式的主要内容。一个规则块使用一对大括号包围，其间可以使用任何符号，其中单引号和双引号其间的字符被解析为一个字符串。例如：

```
01  <style type="text/css">
02  <!--
03  h1{
04  color: yellow;
05  font-size:20px;
06  }
07  -->
08  </style>
```

1.5.2 @ 规则

@ 规则是以关键字 @ 开头，后面紧跟的是一个标识符。@ 规则可分为 4 种。

(1) @import 引用外部 CSS。

(2) @charset 指定该样式表使用的字符集。

(3) @page 设置页面容器的版式、方向、边空等。

(4) @media 将 HTML 或 XML 文档定位为目标输出方法。

1. @import 规则

语法：

说　明　括号内的 URL 代表使用绝对或相对地址表示的 CSS 样式表文件（文件扩展名为 .css）。

sMedia：指定设备类型。

常用的设备类型为：

all 用于所有的媒介设备。

aural 用于语音和音频合成器。

braille 用于盲人用点字法触觉回馈设备。

embossed 用于分页的盲人用点字法打印机。

handheld 用于小的手持的设备。

print 用于打印机。

projection 用于方案展示，比如幻灯片。

screen 用于电脑显示器。

tty 用于使用固定间距字符格的媒介，比如电传打字机和终端。

tv 用于电视机类型的设备。

```
01  @import url("test.css") screen, print;    /* 用来指示要导入的样式表文件是 test.
css，用于屏幕或者打印机。其中样式表文件使用的是相对地址 */
02  @import url(" D:\css\test.css")    /* 用来指示要导入的样式表文件是 D:\css\test.
css。其中样式表文件使用的是绝对地址 */
```

2. @charset 规则

用于定义使用的字符集，只能用于 CSS 样式表文件，且只能使用一次，必须位于样式表最前面。

该规则的语法规则是：

```
@charset "sCharstacterSet";
```

说　明　对于外部样式表来说，其字符集由 HTML 文档的字符集指定。

例如：@charset "utf-8"; 指定页面编码字符集格式为 utf-8。其他常见的字符集还有 GB2312-80、GB18030-2000、GB18030-2005、Unicode 等。

3. @page 规则

该规则用于设置页面容器的版式、方向、边空等。

页面容器包括页面内容区域和内容区域外围的边空补白区域。其基本语法如下：

```
@page label pseudo-class { sRules }
```

其中 label 表示页标；pseudo-class 表示伪类 :first | :left | :right，这些伪类是 CSS 选择符的一部分，用于文档状态的改变，其中 :first 表示页面容器的第一页；:left 表示页面容器左边空白区域；:right 表示页面右边空白区域；sRules 表示 CSS 样式表的定义。

例如：@page thin:first { size: 3in 8in } 表明设置页面容器 thin 类的第一页大小为宽为 3in，高为 8in。

4. @media 规则

@media 规则指定 CSS 样式表规则用于特定的设备类型（显示器、打印机等）。其语法规则为：

@media sMedia { sRules }

其中，sMedia 指定设备名称，sRules 表示样式表的定义。

sMedia 媒介类型描述如下：

all 用于所有的媒介设备。

aural 用于语音和音频合成器。

braille 用于盲人用点字法触觉回馈设备。

embossed 用于分页的盲人用点字法打印机。

handheld 用于小的手持的设备。

print 用于打印机。

projection 用于方案展示，比如幻灯片。

screen 用于电脑显示器。

tty 用于使用固定密度字母栅格的媒介，比如电传打字机和终端。

tv 用丁屯视机类型的设备。

例如：@media screen{BODY{font-size:12pt;}} 表示设置显示器的字体大小。

1.5.3 规则集

样式规则集是一系列样式声明规则的集合。每个规则由选择符和属性声明两部分组成。其中，选择符用于标识格式元素（如 p、h3 标记、类名或 id），属性声明则用于定义元素的样式。

定义 CSS 规则的语法如下：

选择符 { 属性 : 值 ; 属性 : 值 …}

其中属性声明用花括号括起来，其内容可以由一个或者多个"属性 – 值"对组成，属性名称与属性值用冒号（:）进行分割，不同属性 – 值对用分号（;）进行分割。

当在 HTML 网页中定义 CSS 规则时，应把规则定义放在 <style> 与 </style> 标记之间；如果是在单独的 CSS 文件中定义 CSS 规则，则不必使用 <style> 标记。

1.5.4 关键字

关键字是特别意义的标识符，用来标识文件中各个记录的特定数据项目值。在 CSS 中，关键字是一个命名的值，主要作用是为 CSS 属性设定取值，定义特殊的功能，用于控制页面的外观。在使用的时候要注意，CSS 关键词不能放在引号之间（双引号 "..." 或者单引号 '...'）。

例如，blue（蓝色）、white（白色）、auto（自动），都是 CSS 关键字。

示例：

```
01  div
02  {
03  color: blue;
04  }
```

这个实例定义 HTML 文件中 div 元素内的字体颜色，通过 color 属性，使用蓝色(blue) 作为关键词。而如果把 03 行写成如下形式就不对了。

color:"blue";

另外相同的关键字应用到不同的 HTML 元素上可能会有不同的表现。来看下面这个例子：

```
01  div
02  {
03  width:auto;
04  }
05  table
06  {
07  width:auto;
08  }
```

其中，auto 就是关键字，应用到两个 HTML 元素——div 元素和 table 元素。当该关键字应用到 HTML 的 div 元素 width 属性时，表示横向扩展以适应空间；当此值使用到 HTML 的 table 元素 width 属性时，表示横向扩展以适应数据。

1.5.5 字符串

字符串（<string>）是一种数据类型，在大多数的语言中，一个字符串是一个任意字符的序列，而且字符串被包含在单引号或双引号中，CSS 语言也是这样，CSS 字符串可以将内容添加到页面。

【范例 1.6】 使用字符串示例（范例文件：ch01\1-6.html）

```
01  <!DOCTYPE html PUBLIC "-//W3C//DTD XHTML 1.0 Transitional//EN" "http://www.w3.org/TR/xhtml1/DTD/xhtml1-transitional.dtd">
02  <html xmlns="http://www.w3.org/1999/xhtml">
03  <head>
04  <meta http-equiv="Content-Type" content="text/html; charset=utf-8" />
05  <title> 无标题文档 </title>
06  <style>
07  <!--
08  div:before{                    /* 定义显示的位置在 div 元素前面 */
09    content:" 欢迎访问我的网站 ";   /* 使用字符串显示内容 */
10    font-size:36px;
11    color:blue;
12  }
13  -->
14  </style>
15  </head>
16  <body>
17    <h1> 下面的内容是使用字符串方式显示的 </h1>
18    <div> </div>
19  </body>
20  </html>
```

显示的结果如下图所示。在这个例子中,使用 CSS 的 content 属性,在字符串中输入将要显示的内容"欢迎访问我的网站",同时为了对比,也使用 HTML 的 h1 标签在页面显示内容"下面的内容是使用字符串方式显示的"。

1.5.6 CSS 样式标准

和 HTML 类似,CSS 也是由 W3C 组织负责制定和发布的,W3C 创建 CSS 标准的目的是以 CSS 取代 HTML 表格式布局、帧和其他表现的语言。纯 CSS 布局与结构式 XHTML 相结合能帮助设计师分离外观与结构,使站点的访问及维护更加容易。

1996 年 12 月,发布了 CSS 1.0 规范,其中包含非常基本的属性,比如字体,颜色、空白边。1998 年 5 月,发布了 CSS 2.0 规范,该规范在 1.0 基础上添加了高级概念(比如浮动和定位)及高级的选择器(比如子选择器、相邻同胞选择器和通用选择器);CSS 3 的标准制定工作在 2000 年后就开始了,但距离最终的发布还有相当长的路要走,为提高开发和浏览器实现的速度,CSS 3 被分割成模块,这些模块可以独立发布和实现。

由于 CSS 样式标准规范很多,网页 http://www.w3.org/TR/#tr_CSS 有详细的介绍。下面给出在网页设计过程中普遍遵循的一些标准规范。

1. CSS 样式中关于字号的规范

为保证不同浏览器上字号一致,网页最佳字号单位用像素 px 或点数 pt,优先用 px。最合适的字体和字号大小分别是:px 和 pt。px,一般使用中文宋体 12px 或 14.7px;pt,一般使用中文宋体的 9pt 和 11pt;黑体字或宋体字需要加粗时,一般选用 11pt 和 14.7px 再加粗比较合适。

以上尺寸使用不是绝对的,仅供参考。

注 意

2. 编码格式:使用 UTF-8

请确保编辑器使用的字符编码为 UTF-8。在 HTML 模板或文档中通过 <meta charset="utf-8"> 来定义编码格式。

 高手私房菜

>>>

技巧: Dreamweaver 的多种视图方式

Dreamweaver 软件提供了多种视图方式,包括"代码视图"、"拆分视图"和"设计视图"。允许用户在这些视图中编写网页代码。用户可以通过选用工具栏中的"代码"、"拆分"和"设计"

按钮来选择任意一种视图方式。

1. 代码视图

如下图所示，代码视图是 Dreamweaver 软件显示网页文档代码的视图模式，在代码视图中，Dreamweaver 可以用不同的颜色标记这些代码的内容，以区分各种代码的性质，同时还具有代码提示功能。

2. 拆分视图

如下图（左）所示，在编写网页代码的时候，如果用户希望一边编写代码，一边浏览效果，则可以选择"拆分"视图，同时显示网页的源代码以及设计效果。

3. 设计视图

如下图（右）所示，这种视图类似于 Microsoft 公司的 Word 软件，使用"所见即所得"的可视化设计方式，可以直接在页面中输入文字和图片，这时代码会自动生成。

用户可以根据自己的习惯，选用任何一种视图方式。推荐使用"代码视图"或者"拆分视图"，因为在许多情况下还要加入参数设置等内容。

第 2 章

 本章教学录像：37 分钟

CSS 样式核心基础

上一章读者已经学习了 CSS 样式的基本概念。"千里之行始于足下"，在深入学习 CSS 样式之前，先来认识 CSS 样式的核心基础。本章重点介绍如何使用 CSS 控制页面中的各种标记，并介绍各种 CSS 样式选择器以及在 CSS 中如何引入 HTML。

本章要点（已掌握的在方框中打勾）

☐ 创建使用 CSS 的网页

☐ CSS 语法书写标准及功能

☐ 关键字和字符串

☐ CSS 标准

☐ 使用 CSS 选择器

☐ 在 HTML 中调用 CSS 的方法

2.1 使用 CSS 选择器

 本节视频教学录像：22 分钟

选择器（select）是 CSS 中很重要的概念，所有的 HTML 语言中的标记都是通过不同的选择器进行控制的。在使用中，只需要把设置好属性的选择器绑定到 HTML 标签上，就可以实现各种效果，达到对页面的控制。

选择器的概念就和"地图"中使用的"图例"类似。在"地图"中，常用蓝色的线表示河流，红色的线表示公路，用黑色圆点表示省会城市，等等。这也是一种"内容"和"表现形式"的对应关系。在网页设计中，常常也事先定义这些选择器，例如 h1 标题用蓝色文字表示，h2 标题用红色文字表示。然后在 HTML 中将这些定义的选择器赋予不同的元素，实现 CSS 对 HTML 的"选择"。

在 CSS 中，可以根据选择器的类型把选择器分为基本选择器和复合选择器，复合选择器是建立在基本选择器之上，对基本选择器进行组合形成的。基本选择器包括标记选择器、类别选择器和 ID 选择器 3 种，下面进行逐个介绍。

2.1.1 标记选择器

标记选择器，顾名思义，就是用与对 HTML 中标记进行描述的选择器，一个 HTML 页面由很多不同的标记组成，而 CSS 标记选择器就是声明哪些标记采用哪个 CSS 样式。例如，p 选择器就是用于声明页面中所有 <p> 标记的样式风格，h1 选择器用来声明页面中所有 <h1> 标记的样式风格。每一个标记选择器都包含选择器本身、属性和值，其中属性和值可以设置多个，其基本语法格式为：

```
标记选择器 { 属性：值；属性：值... }
```

其中标记选择器就是 HTML 中用的标记，例如 p、h1、h2 等。属性和值之间用冒号"："分割，多个属性和值之间用"；"分割。

下面通过例子看看选择器的使用效果，先来看看没有加入选择器的效果。

【范例 2.1】 没有加入选择器的效果（范例文件：ch02\2-1.html）

```
01 <!DOCTYPE HTML PUBLIC "-//W3C//DTD HTML 4.01 Transitional//EN" "http://www.w3.org/TR/html4/loose.dtd">
02 <html>
03 <head>
04 <meta http-equiv="Content-Type" content="text/html; charset=utf-8">
05 <title> 标记选择器 </title>
06 </head>
07 <body>
08 <p> 标记选择器 1</p>
09 <p> 标记选择器 2</p>
10 <p> 标记选择器 3</p>
11 <p> 标记选择器 4</p>
12 <p> 标记选择器 5</p>
13 <p> 标记选择器 6</p>
14 </body>
15 </html>
```

❶ 按照前面介绍的方法，新建实例 2-1.html，输入上面代码，在 Dreamweaver CS6 软件环境下按下 F12 快捷键，或者单击【在浏览器中调试预览 / 调试】按钮，在 IE 浏览器中浏览的效果图如下图所示，可以发现网页中文字没有任何样式，这是没有加入标记选择器前的网页。

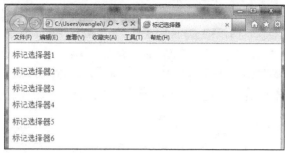

❷ 在文件的 </head> 前面增加下面代码，用于定义 p 标记选择器。

```
01  <style  type="text/css">/* 定义 css 的样式 */
02  <!--
03    p{
04    font-size:30px; /* 定义 p 标记内容文字大小为 30px*/
05    color:red; /* 定义 p 标记内容文字颜色为红色 */
06    font-weight:bold; /* 定义 p 标记内容文字为粗体 */
07    }           /* 定义 p 标记的属性 */
08  -->
09  </style>
```

❸ 在 Dreamweaver CS6 软件环境下按下 F12 键，在 IE 下运行，得到的效果如下图所示。

通过两图之间的比较不难发现，只要定义了 p 选择器，在网页中出现的多个 <p> 标签都会发生变化。可见 CSS 样式是多么的实用。

2.1.2 类别选择器

在实际应用中，不会像上节那样，所有标记选择器一旦声明，所有的页面都会相应的变化。例如：<p> 标记声明为是红色时，所有页面关于 <p> 的标记都是红色的。如果仅希望一部分 <p> 标记是红色的，另一部分 <p> 标记是蓝色的或者是其他样式的，该怎么做呢？这时候仅仅依靠标记选择器是远远不够的。这就需要引入类别（class）选择器。

用户可以自由定义类别选择器的名称，但必须遵守 CSS 规范。其基本格式如下：

类别选择器 { 属性：值；属性：值；}

其中，类别选择器以"."开头，可以包含任何字母和数值组合，如果没有输入开头的"."，Dreamweaver 会自动将其输入，属性和值之间用冒号"："分割，多个属性和值之间用"；"分割。

例如将【范例 2.1】的后三个标记的字体大小以及颜色设置不一样，使它们的字体大小和颜色显示不相同。这个时候，可以通过设置不同的 class 选择器来实现，如下所示。

【范例 2.2】 设置不同的 class 选择器（范例文件：ch02\2-2.html）

```
01 <!DOCTYPE html PUBLIC "-//W3C//DTD XHTML 1.0 Transitional//EN"
"http://www.w3.org/TR/xhtml1/DTD/xhtml1-transitional.dtd">
02 <html xmlns="http://www.w3.org/1999/xhtml">
03 <head>
04 <meta http-equiv="Content-Type" content="text/html; charset=utf-8" />
05 <title> 类别选择器 </title>
06 <style type="text/css"> /* 定义 css 样式 */
07 p{                /* 定义 p 标记的属性 */
08 font-size:30px;        /* 字体大小 */
09 color:red;          /* 红色 */
10 font-weight:bold;
11 }                /* 定义 p 标记的属性 */
12 .one{              /* 定义类别选择器的属性，名字可以直接取 */
13 font-size:20px;        /* 字体大小 */
14 color:#00F;          /* 绿色 */
15 font-weight:bold;
16 }
17 .two{
18  color:#000;         /* 黑色 */
19  font-size:18px         /* 字体大小 */
20  }
21 </style>
22 </head>
23 <body>
24 <p> 标记选择器 1</p>
25 <p> 标记选择器 2</p>
26 <p class="one"> 类别选择器效果 1</p>
27 <h3 class="two">h3 同样适用 </h3>
28 </body>
29 </html>
```

其显示效果如下图所示，可以看到 4 个 <p> 标记颜色大小不相同。类别选择器与标记选择器在定义上几乎是一样的，仅需要自己定义一个选择器名称，使用"class= 类别选择器名称"就能灵活调用类别选择器。

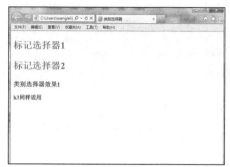

并且任何一个的 class 选择器都适用于所有的 HTML 标记，只需要在 HTML 标记的 class 属性中声明即可。例如【范例 2.2】中的 <h3> 标记同样适用了 .two 这个类型。

在 HTML 的标记中，还可以同时给一个标记运用多个 class 类别选择器，从而将两个或者多个类别的样式风格运用到一个标记中，达到复合使用的效果。这在实际的网站开发是往往会很有用，可以适当地减少代码的的长度，如【范例 2.3】所示。

【范例 2.3】 减少代码的长度（范例文件：ch02\2-3.html）

```
01  <html xmlns="http://www.w3.org/1999/xhtml">
02  <head>
03  <meta http-equiv="Content-Type" content="text/html; charset=utf-8" />
04  <title> 同时使用 2 种样式 </title>
05  <style type="text/css">
06  <!--
07  .one{
08  color:red;          /* 颜色 */
09  }
10  .two{
11  font-size:20px;      /* 字体大小 */
12  }
13  -->
14  </style>
15  </head>
16  <body>
17  <p> 一种都不使用 </p>
18  <p class="one"> 两种 class，只使用第一种 </p>
19  <p class="two"> 两种 class，只使用第二种 </p>
20  <p class="one  two"> 两种 class，同时第一种和第二种 </p>
21  </body>
22  </html>
```

【范例 2.3】的显示效果如下图所示，不使用 CSS 样式显示的则是默认字体；在第 2 行中使用的是第 1 种 class 显示为红色；在第 3 行使用的是第 2 种 class，显示字体颜色为黑色，没有颜色的改变只有字体大小的改变；第 4 行使用了两种 class，在这种情况下，具有两种 class 的交集属性，即具有第 1 种 class 的属性，又具有第 2 种 class 的属性，因此这一行的文字既改变了颜色，又改变了字体的大小。注意，在使用多种 class 的情形下，class 名称之间用空格分割。

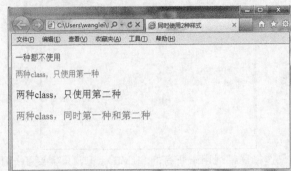

2.1.3 ID 选择器

ID 选择器的使用方法和 class 类别选择器基本相同，不同之处在于 ID 选择器可以看做是类别选择器的一个特例，它的应用效果是在一个页面中仅使用一次，因此针对性更强。在页面的 HTML 标记中只要利用 id 属性，就能调用 CSS 中的 ID 选择器。该选择器的格式为：

ID 选择器 { 属性：值；属性：值...}

其中 ID 选择器以"#"开头，属性和值之间用冒号"："分割，多个属性和值之间用"；"分割。请看下面的例子。

【范例 2.4】 调用 CSS 中的 ID 选择器（范例文件：ch02\2-4.html）

```
01 <!DOCTYPE html PUBLIC "-//W3C//DTD XHTML 1.0 Transitional//EN"
"http://www.w3.org/TR/xhtml1/DTD/xhtml1-transitional.dtd">
02 <html xmlns="http://www.w3.org/1999/xhtml">
03 <head>
04 <meta http-equiv="Content-Type" content="text/html; charset=utf-8" />
05 <title>ID 选择器 </title>
06 <style type="text/css">
07 <!--
08 #one{
09 font-weight:bold;    /* 粗体 */
10 }
11 #two{
12 font-size:20px;      /* 字体大小 */
13 color:red;           /* 颜色 */
14 }
15 -->
16 </style>
17 </head>
18 <body>
19 <p id="one">ID 选择器实例 1</p>
20 <p id="two">ID 选择器实例 2</p>
```

```
21   <p id="two">ID 选择器实例 3</p>
22   <p id="one two">ID 选择器实例 4</p>
23   </body>
24   </html>
```

【范例 2.4】的显示效果如下图所示。第 2 行和第 3 行都显示了 CSS 样式，也就是说 ID 选择器也可以用于多个标记。但是在这里需要指出的是，将 ID 选择器用于多个标记是错误的用法。这是因为每个标记定义的 ID 不仅仅是 CSS 可以调用，同样的，其他语言比如说 JavaScript 同时也可以调用。如果在一个 HTML 中有两个相同的 ID 标记，则会导致异常的产生。正是由于很多语言都能够调用 HTML 标记中的 ID，因此 ID 选择器一直被广泛地使用。所以在使用 ID 选择器时应当谨记，一个 ID 只能赋值一个 HTML 标记，养成良好的编程习惯。

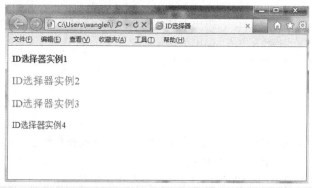

注意

在图中也可以看出第 4 行没有任何 CSS 样式风格。这也意味着 ID 选择器无法像类别选择器那样同时使用多个样式。所以说 id="one two" 是错误的。

在代码中也能看到 ID 选择器的声明和类别选择器与标记选择器还是有一定的区别的。ID 选择器使用的是 "#" 类别选择器和标记选择器使用的都是 "."。

2.2 在 HTML 中调用 CSS 的方法

 本节视频教学录像：15 分钟

在对 CSS 有了大致的了解之后，就可以使用 CSS 对页面进行全方位的控制。那么怎么才能在页面中使用 CSS 样式呢？虽然前面的例子中间已经接触到，例如在文件的 <head></head> 中间用 <style></style> 标记引入具体的格式，除此之外，还有许多其他常用方法，分别是：直接样式、内嵌式、链接式和导入式等。下面分别介绍每一种方法，最后探讨各种方式的优先级问题。

2.2.1 直接定义 CSS 样式

直接定义样式也可以称为行内样式、内联样式。在所有方法中是最为直接的一种。它直接对 HTML 的标记使用 <style> 属性，然后将 CSS 代码直接写在里面。例如：

```
01   <body style=" color:#FF0000;font-family:"宋体";">      /* 定义网页所使用的文字
颜色和字体类型 */
02   <p style="color:# 0000FF"> 这段文字将显示为蓝色 </p>   /* 定义后面的文字颜色
*/
```

这种样式表只会对 HTML 元素起作用，并不影响 HTML 文档中的其他元素。请看下面的例子。

【范例 2.5】 直接定义 CSS 样式（范例文件：ch02\2-5.html）

```
01 <!DOCTYPE html PUBLIC "-//W3C//DTD XHTML 1.0 Transitional//EN"
"http://www.w3.org/TR/xhtml1/DTD/xhtml1-transitional.dtd">
02 <html xmlns="http://www.w3.org/1999/xhtml">
03 <head>
04 <meta http-equiv="Content-Type" content="text/html; charset=utf-8" />
05 <title> 直接定义样式 </title>
06 </head>
07 <body>
08 <p style="font-size:15px; color:red;"> 直接定义样式 1</p>
09 <p style="font-size:25px; color:blue;"> 直接定义样式 2</p>
10 <p style="font-size:35px; color:#000;
11  font-weight:bold;"> 直接定义样式 3</p>
12 </body>
13 </html>
```

其在 IE 下的显示效果如下图所示。可以看到 3 个 <p> 标记都使用到了 <style> 属性，并且每个各个样式之间互不影响，分别显示各自的样式效果。

直接定义样式是最为简单的 CSS 使用方法，但是由于需要每一个标记都设置相应的 style 属性，浪费人力资源，并且后期的维护上也需要大量的人力物力，维护成本过高。

2.2.2 内嵌式 CSS 样式

内嵌式就是把 CSS 样式表写在 <head> 与 </head> 标记之间，并且使用 <style> 和 </style> 标记来声明，这些样式就应用到整个页面中，在前面 2.1 节中例子就是应用内嵌方式。下面的例子也是使用内嵌式。

【范例 2.6】 内嵌式 CSS 样式（范例文件：ch02\2-6.html）

```
01 <!DOCTYPE html PUBLIC "-//W3C//DTD XHTML 1.0 Transitional//EN"
"http://www.w3.org/TR/xhtml1/DTD/xhtml1-transitional.dtd">
02 <html xmlns="http://www.w3.org/1999/xhtml">
03 <head>
04 <meta http-equiv="Content-Type" content="text/html; charset=utf-8" />
05 <title> 内嵌式 </title>
06 <style type="text/css">   /* 定义 css 样式 */
```

```
07  .blue{
08  color:blue;                /* 定义颜色 */
09  font-size:18px;
10  }
11  </style>
12  </head>
13  <body>
14  <p class="blue">内嵌式样式表实例 1</p>
15  <p class="blue">内嵌式样式表实例 2</p>
16  <p class="blue">内嵌式样式表实例 3</p>
17  </body>
18  </html>
```

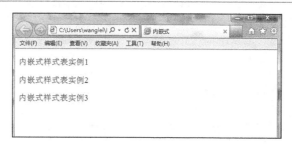

上图是内嵌式样式的显示结果。通过这个例子可以看到，所有的 CSS 代码部分都被集中在 <style> 标记之间，这样方便了后期的维护，减少了代码量。但是如果在网站中有好多页面都有同样的标记属性值，使用内嵌式就意味着需要在每个相同的页面都进行同样的输入和维护，显然很不合适，所以内嵌方式比较适合那些单页面信息具有独特风格的页面。

2.2.3 链接式 CSS 样式

链接式是在页面文件中引入一个单独 CSS 样式文件，将样式表内容作为一个独立的文件保存在计算机某个特定目录中，这个文件以 .css 作为文件的扩展名，所定义的样式在样式表文件中和在嵌入式样式表中定义是一样的，只是不再需要 style 元素。即页面文件和样式文件是不同的两个文件或者多个文件，实现了页面框架 HTML 代码与美工 CSS 代码的完全分离。这样做的好处是显而易见的，用户可以在任何页面链入自己所要的样式表文件，实现多个页面共用一个 CSS 样式表，使得网站整体风格统一、协调，并且最大程度上提高了维护效率。链接式 CSS 样式是通过在 <head> 标记中使用 <link> 标记进行声明。

链接式 CSS 样式一般需要两个文件，一个是 HTML 文件，一个是 CSS 文件，下面通过【范例 2.7】来看一下创建过程。

【范例 2.7】 链接式 CSS 样式（范例文件：ch02\2-7.html）

```
01  <!DOCTYPE html PUBLIC "-//W3C//DTD XHTML 1.0 Transitional//EN"
"http://www.w3.org/TR/xhtml1/DTD/xhtml1-transitional.dtd">
02  <html xmlns="http://www.w3.org/1999/xhtml">
03  <head>
04  <meta http-equiv="Content-Type" content="text/html; charset=utf-8" />
```

```
05  <title> 链接式 </title>
06  <link href="2-7.css" type="text/css" rel="stylesheet" />  <!-- 指出链接文件
的位置 -->
07  </head>
08  <body>
09  <p class="red"> 链接式第一行 </p>
10  <p class="red"> 链接式第二行 </p>
11  <p class="red"> 链接式第三行 </p>
12  </body>
13  </html>
```

2-7.html 的创建方法在 2.1 节已经介绍过，这里就跳过，下面的步骤是完成 HTML 文件后要做的工作，也是输入单独的 CSS 文件的方法。制作 CSS 文件的过程前面步骤和制作 HTML 文件的几乎完全一样，只是当出现【新建文档】对话框的时候，选择和以前不同，如下图所示。

在【新建文档】对话框中，此时选择【空白页】选项卡下【页面类型】中的 CSS 文档，然后单击【创建】按钮，如下图所示。

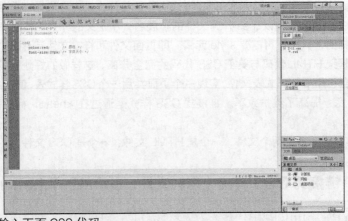

在新建界面中输入下面 CSS 代码。

```
01  .red{
02  color:red;     /* 颜色 */
03  font-size:20px; /* 字体大小 */
04  }
```

最后选择【文件】►【保存】菜单命令，或者使用快捷键【Ctrl+S】，弹出【另存为】对话框，如下图所示，将文件命名为 2-7.css。

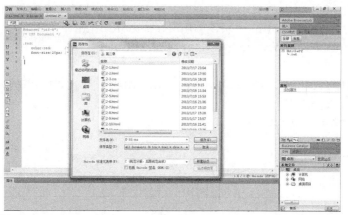

完成上面的文件 2-7.html 和 2-7.css 后，单击 Dreamweaver 工具栏上面的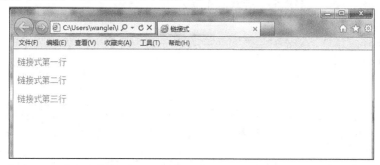调试按钮。或者按快捷键 F12 在浏览器中浏览，其显示效果如下图所示。

从【范例 2.7】中可以看出，文件 2-7.css 将所有的 CSS 代码从 HMTL 文件 2-7.html 中分离出来独自放在文件 2-7.css 中。在 2-7.html 文件的 <head> 和 </head> 标记之间加上 <link href="2-7.css" type="text/css" rel="stylesheet" /> 语句，将 CSS 文件链接到页面中，对其中的标记进行样式控制。

说明　由于链接式在减少代码和减少维护量都非常的突出，所以链接式是最常用的一种方法。另外链接式也可以在一个页面中链接多个 CSS 文件。

链接式样式表最大的优势在于 CSS 代码与 HTML 代码完全分离，并且同一个 CSS 文件可以被不同的 HTML 所链接使用。因此在设计网站时，可以将所有的页面都链接到同一个 CSS 文件，使用相同的样式风格。如果需要对网站样式上的修改，只需修改一个 CSS 文件即可，大大减轻了代码量。

2.2.4 导入外部 CSS 样式

导入外部 CSS 样式与链接式 CSS 样式表的功能基本相同，都实现了页面与样式的文件分离，只是语法和运作方式上略有不同。采用 import 方式导入的样式表，在 HTML 文件初始化时，会被导入到 HTML 文件内，作为文件的一部分。这有点类似于内嵌式样式表。

在 HTML 文件中导入样式表，通常采用的是 @import 语句如【范例 2.8】。

【范例 2.8】 导入外部 CSS 样式（范例文件：ch02\2-8.html）

```
01 <!DOCTYPE html PUBLIC "-//W3C//DTD XHTML 1.0 Transitional//EN"
"http://www.w3.org/TR/xhtml1/DTD/xhtml1-transitional.dtd">
02 <html xmlns="http://www.w3.org/1999/xhtml">
03 <head>
04 <meta http-equiv="Content-Type" content="text/html; charset=utf-8" />
05 <title> 导入式 </title>
06 <style type="text/css">
07 <!--
08 @import url(2-7.css);
09 -->
10 </style>
11 </head>
12 <body>
13 <p class="red"> 导入外部样式表 1</p>
14 <p class="red"> 导入外部样式表 2</p>
15 <p class="red"> 导入外部样式表 3</p>
16 </body>
17 </html>
```

注 意　从代码中看出，样式表使用的还是链接式建立的 2-7.css 样式文件，不需要再建立。

　　显示效果如下图所示，发现导入式与链接式运行效果一样。这是因为它们使用的是同一个 CSS 样式的原因。

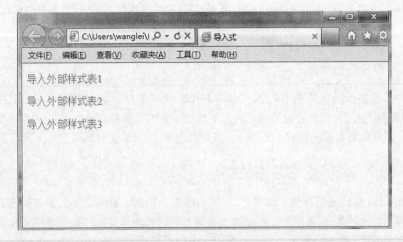

技 巧　导入式除了可以在同一页面中导入多个样式文件，还可以在样式文件中使用 import 语句进行样式文件的导入。

2.2.5 CSS 样式生效的优先级

所谓 CSS 样式优先级，也就是指 CSS 样式在浏览器中被解析的先后顺序。既然样式有优先级，那么就会有一个规则来约定这个优先级，而这个"规则"就是重点。

样式表允许以多种方式规定样式信息。样式可以规定在单个的网页元素中，在网页的头元素中，或在一个外部的 CSS 文件中。甚至可以在同一个网页中引用多个外部样式表。当同一个网页元素被不止一个样式定义时，会使用哪个样式呢？

在前面的章节当中总共介绍过 4 种样式表，它们分别是导入式、链接式、嵌入式样式及直接定义 CSS 样式（行内样式）。

它们的优先关系是：直接定义 CSS 样式优先级最高，其次是采用 <link> 标记的链接式，再次是位于 <style> 和 </style> 之间的内嵌式，最后才是 @import 导入式。

虽然各种 CSS 样式表加入页面的方式有先后的优先级，但是在建设网站时，最好只使用其中的 1~2 种，这样既有利于后期的维护和管理，也不会出现各种样式混乱的情况，便于设计者更好地控制网页。

 高手私房菜

>>

技巧 1：使用图形工具创建 CSS 样式

❶ 建立 CSS 样式表，也可以采用图形工具的方法，单击【新建 CSS 规则】，弹出"新建 CSS 规则"对话框，如下图所示。

❷ 单击选择器类型下拉框，可以选择"类"、ID、"标签"等选择器。下面用"类选择器"介绍使用方法，其他选择器的设置方法类似。选择"类"后，在选择器名称中输入具体的名称，例如".aaa"然后单击【确定】按钮，弹出".aaa 的 CSS 规则定义"对话框，该对话框分类项中有"分类"、"背景"、"区块"、"方框"、"边框"、"列表"、"定位"、"扩展"和"过渡"选项，选择不同选项，在右边可以设置不同的内容，设置完成后，单击【确定】按钮，即完成对应的 CSS 规则设置。

技巧 2：CSS 字体属性简写规则

一般用 CSS 设定字体属性是这样做的：

```
01  font-weight: bold;
02  font-style: italic;
03  font-varient: small-caps;
04  font-size: 1em;
05  line-height: 1.5em;
06  font-family: verdana,sans-serif
```

也可以把它们全部写到一行上去：

```
font: bold italic small-caps 1em/1.5em verdana,sans-serif
```

有一点要提醒的：这种简写方法只有在同时指定 font-size 和 font-family 属性时才起作用。而且，如果你没有设定 font-weight, font-style, 以及 font-varient，它们会使用默认值。

第 3 章

 本章教学录像：33 分钟

网页样式代码的生成方法

本章主要讲述如何通过手工方式和使用 Dreamweaver 软件两种方式，来进行 CSS 样式代码的编写。通过完成一个使用 CSS 基本技术的网页，让读者对 CSS 技术的使用流程有一个正确的认识和了解。

本章要点（已掌握的在方框中打勾）

□ 手工编写代码

□ 完成网页代码分析

□ 使用 Dreamweaver 辅助工具创建页面

□ 在 Dreamweaver 中新建 CSS 样式

□ 在 Dreamweaver 中编辑 CSS 样式

□ 为图像创建 CSS 样式

3.1 从零开始手工编写

 本节视频教学录像: 10 分钟

在第 2 章,读者已经初步接触了使用 Dreamweaver 软件创建网页文件,也学习了如何使用 CSS 来控制网页内容的显示方式,这些只是网页制作的初步知识,更深入的内容将从本章开始慢慢地介绍。现在从零开始,手工编写 HTML 文件,逐渐加深对编辑网页文件基本流程的熟悉。

3.1.1 手工编写 HTML 文件

首先需要建立页面的基本框架,可以按照以下步骤进行。

【范例 3.1】手工编写 HTML 文件(范例文件: ch03\3-1.html)

❶ 新建文本文档。在【我的电脑】中任何一个盘符下,单击鼠标右键,在菜单中选择【新建】▶【文本文档】,如下图所示。

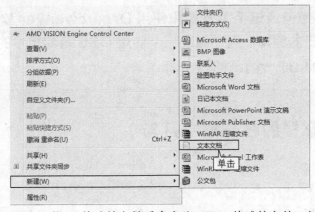

❷ 重命名文档为 3-1.html,将 txt 格式的文档重命名为 HTML 格式的文件。如下图所示。

❸ 在 3-1.html 上单击鼠标右键,选择【打开方式】▶【记事本】,如左图所示,使用记事本打开新建的页面文件,如右图所示。

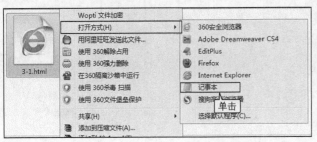

❹ 在新建的页面文件中，输入 HTML 的基本页面框架代码，内容包括标题和正文部分。页面的标题设为手工使用 CSS 体验，代码如下：

```
01  <html>
02  <head>
03  <title> 手工使用 CSS 体验 </title>      <!-- 定义网页标题  -->
04  </head>
05  <body>
06  </body>
07  </html>
```

❺ 在 <body> 标签中加入内容信息标题，代码如下：

```
<h3>CSS 简介 </h3>
```

❻ 在内容信息标题下使用 <div> 标记输入下面的正文内容，代码如下：

```
<div>CSS（Cascading Style Sheet），中文译为层叠样式表，是用于控制网页样式并
允许将样式信息与网页内容分离的一种标记性语言。CSS 是 1996 年由 W3C 审核通过，并且
推荐使用的。简单地说，CSS 的引入就是为了使得 HTML 能够更好地适应页面的美工设计。
它以 HTML 为基础，提供了丰富的格式化功能，如字体、颜色、背景、整体排版等，并且网页
设计者可以针对各种可视化浏览器设置不同的样式风格，包括显示器、打印机、打字机、投影仪、
PDA 等。CSS 的引入随即引发了网页设计的一个又一个新高潮，使用 CSS 设计的优秀页面层
出不穷。</div>
```

这个时候的页面只有标题和正文内容，没有任何效果，但是已经具有页面核心的框架，显示效果如下图所示。

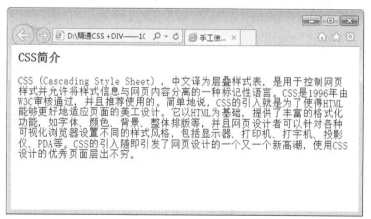

❼ 考虑到单纯的文字效果显得非常乏味，因此在信息标题和正文之间插入一张图片作为插图。使用 <img> 标记插入一张图片，代码如下：

```
<img src="car.jpg" border="0" width="300" height="200"/>   <!-- 定义显示图片
-->
```

此时显示的效果如下图所示。

到这里就完成了网页 HTML 的基本框架，但是此时图片和文字的排列比较混乱，需要加入控制内容的显示方式代码。下面的例子就是通过加入 CSS 技术，来实现网页内容的显示效果。

3.1.2 控制网页内容显示

分别加入以下 CSS 代码，控制网页内容不同部分按照一定格式显示。

标题字号应该比正文大，使用粗体也使得标题更加醒目。另外，给它加一个绿色背景，使用红色字体，将标题设为居中，并且与正文保持一定的间距。

在【范例 3.1】的实例文件 ch03\3-1.html 的基础上，在 <head> 标签中加入 <style> 标记，并书写 h3 的 CSS 应用规则，主要代码如下：

```
01 <style>
02 <!--
03 h3{
04 color:red;                              /* 文字颜色 */
05 background-color:green;      /* 设置背景色 */
06 text-align:center;                    /* 设置居中 */
07 padding:25px;                         /* 间距 */
08 }
09 -->
10 </style>
```

控制图片和文字的排列，产生图文混排的效果。在【范例 3.1】的实例文件 ch03\3-1.html 的基础上，继续完善代码，在 <style> 与 </style> 中加入如下代码（其中 03 行到 07 行是新加入的代码）：

```
01 <style>
02 <!--
03 img{
04 float:left;                              /* 居左 */
05 border:2px #F00 solid;              /* 设置边框 */
06 margin:5px;                            /* 设置边距 */
07 filter: alpha(opacity=200,finishopacity=0,style=2);        /* 渐变效果 */
08 }
09 -->
10 </style>
```

最终显示效果如下图所示，完整的程序代码详见实例文件：ch03\3-2.html。

3.2　完整网页代码分析

 本节视频教学录像：4 分钟

经过这样基本步骤，一个实现网页内容和表现形式的完整的网页代码也写完了。下面来看看完整的代码：

```
01  <html>
02  <head>
03  <title> 手工使用 CSS 体验 </title>
04  <style>
05  <!--
06  h3{
07  color:red;                              /* 文字颜色 */
08  background-color:green;          /* 设置背景色 */
09  text-align:center;                  /* 设置居中 */
10  padding:25px;                        /* 间距 */
11  }
12  img{float:left;                      /* 居左 */
13  border:2px #F00 solid;            /* 设置边框 */
14  margin:5px;                          /* 设置边距 */
15  filter: alpha(opacity=200,finishopacity=0,style=2);    /* 渐变效果 */
16  }
17  -->
18  </style>
19  </head>
20  <body>
21  <h3>CSS 简介 </h3>
22  <img src="car.jpg" border="0" width="300" height="200"/>
23  <div>CSS（Cascading Style Sheet），中文译为层叠样式表，是用于控制网页样
```
式并允许将样式信息与网页内容分离的一种标记性语言。CSS 是 1996 年由 W3C 审核通过，并且推荐使用的。简单地说，CSS 的引入就是为了使得 HTML 能够更好地适应页面的美工设计。</P>

<p class = p2> 它以 HTML 为基础，提供了丰富的格式化功能，如字体、颜色、背景、整体排版等，并且网页设计者可以针对各种可视化浏览器设置不同的样式风格，包括显示器、

打印机、打字机、投影仪、PDA 等。CSS 的引入随即引发了网页设计的一个又一个新高潮，使用 CSS 设计的优秀页面层出不穷。</div>

```
24  </body>
25  </html>
```

3.2.1 获取网页代码

在学习制作网页的过程中，以及学习 HTML、CSS 等各种语言时，参考其他网页的源码对快速掌握各种技巧，并加以运用到实际网页的制作中是非常有好处的。现在通过上一节的例子来学习如何获取网页的源码。在已打开的网页中选择【查看】▶【源文件】菜单命令，或者在窗口单击右键，选择查看源文件就可以查看网页中的源码，如图（左）所示。

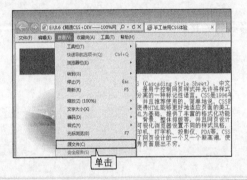

3.2.2 查看网页样式代码

如上图（右）所示，在网页源码的浏览窗口中可以看到，被 <style> 与 </style> 标记的就是网页的样式代码，如下所示：

```
01  <style>
02  <!--
03  h3{
04  color:red;                                    /* 文字颜色 */
05  background-color:green;          /* 设置背景色 */
06  text-align:center;                    /* 设置居中 */
07  padding:25px;                          /* 间距 */
08  }
09  img{float:left;                          /* 居左 */
10  border:2px #F00 solid;            /* 设置边框 */
11  margin:5px;                              /* 设置边距 */
12  filter: alpha(opacity=200,finishopacity=0,style=2);      /* 渐变效果 */
13  }
14  div{
15  font-size:15px;     /* 设置正文字号 */
16  text-indent:2em;   /* 设置字间距 */
17  line-height:130%;  /* 设置行间距 */
```

```
18  padding:6px;        /* 设置段落之间间距 */
19  }
20  body{
21  margin:0px;                /* 设置边距 */
22  background-color:yellow; /* 设置背景色 */
23  padding:0px;               /* 间距 */
24  }
25  .p1{ text-decoration:underline;   /* 下画线 */
26  }
27  .p2{ border-bottom:1px #FF0000 dashed; /* 加边框线 */
28  }
29  -->
30  </style>
```

3.3 使用 Dreamweaver 辅助工具创建页面

 本节视频教学录像：3 分钟

在手工编写制作页面的时候，需要各种代码进行准确的记忆，才能熟练编写，这对于刚刚接触 CSS 的新手来说是非常困难的。那么有没有什么软件能够帮助记忆这些标记呢？回答是肯定的。那就是通过工具软件进行辅助编写，这里介绍的是 Dreamweaver CS6。

使用 Dreamweaver 创建页面，非常简单，许多代码系统已经自动生成，简化了编写者的工作量。而且可以直接使用"所见即所得"的形式编写，也可以使用纯代码格式编写。在 1.4 节已经介绍过如何使用 Dreamweaver 软件创建一个 HTML 页面，在 2.2 节也介绍了如何使用 Dreamweaver 软件创建 CSS 文件。

通过分析使用 Dreamweaver 软件和手工书写代码的创建的 HTML 页面，可以发现二者结构基本上都是一样的。唯一的区别就是 Dreamweaver 软件会自动搭建好编写 html 的基本框架，用户只要向里面填入需要的标记就行。

目前，很多编辑网页的爱好者都使用 Dreamweaver 软件编辑网页，很少单纯用文本编辑器编写网页，主要原因是使用 Dreamweaver 软件简化了以前编辑网页的工作量。下面是二者之间的一些区别。

Dreamweaver 软件在代码编写过程中，增加了独特的往返 HTML 功能，它使用户可以同步访问设计视图 (Design View) 和 HTML 源代码，这就使得 Dreamweaver 自动生成的代码与手工输入的代码融为一体了。然而手工编写就没有实时视图预览功能，只能在编辑后再存盘浏览。

Dreamweaver 把主窗口分割成代码视图、设计视图和拆分视图，这样用户可以按照自己喜欢的方式查看网页代码，而无须离开文档窗口，方便对代码的修改。

Dreamweaver 软件在使用图形界面添加网页内容或者 CSS 样式的时候，软件会自动在 HTML 文件中加入 HTML 标准和编码方式。使得代码的兼容性更好。

3.4 在 Dreamweaver 中新建 CSS 样式

 本节视频教学录像：9 分钟

在 3.3 节中已经通过 Dreamweaver 工具实现了基本的网页框架，现在来学习如何新建 CSS 样式，详细步骤如下。

❶ 选中需要添加样式的标题，在【CSS样式】标记框中单击右键选择【新建】命令，或者在菜单中选中【格式】▶【CSS 式】▶【新建】进行创建规则。如图所示。

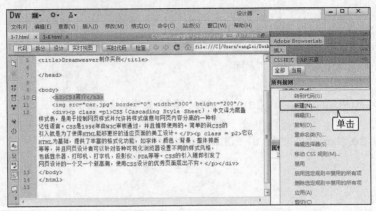

❷ 打开【新建 CSS 规则】对话框，如图所示。

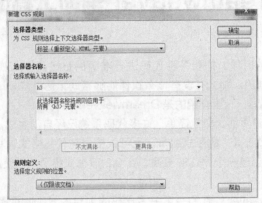

❸ 在【为 CSS 规则选择上下文类型】下拉框中选择【标签】，在【选择或输入选择器】下拉框中输入 h3，单击【确定】按钮，弹出【h3 的 CSS 规则定义】窗口，如图所示。

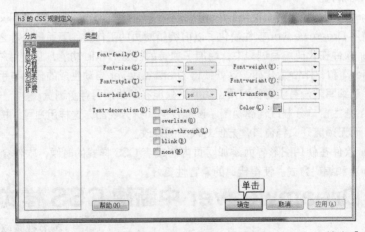

❹ 单击上图中类型区域中的 color，在弹出的颜色对话框中选择"红色"，单击【确定】按钮，把标题字体设为红色，如图所示。

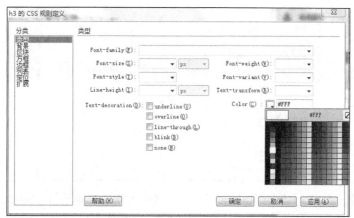

❺ 选择【h3 的 CSS 规则定义】▶【分类】▶【背景】选项，如图所示。选择 Background-color 的颜色为"绿色"。如下图所示。

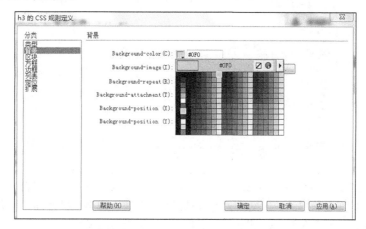

❻ 选择【h3 的 CSS 规则定义】▶【分类】▶【区块】选项。选择 Text-align 为 center，设置为居中，实现把标题文字居中。如下图所示。

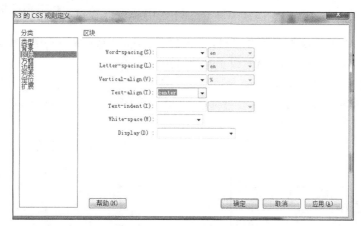

❼ 选择【h3 的 CSS 规则定义】▶【分类】▶【方框】选项，如图所示。

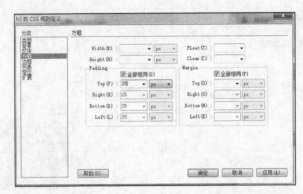

在右边方框设置 padding 为全部相同，值为 25。这样 h3 标签的属性值就全部设置完了，单击【确定】按钮，在页面文件中就已经增加了对应的 CSS 规则，如图所示。

在代码窗口中查看 Dreamweaver 软件自动添加的代码，可以看出使用工具自动添加的代码与前面范例中手工输入的代码是一样的。区别最大的就是使用工具能直观地选择代码。不需要手工输入，这样对于初学者来说，即使记不住 CSS 样式的代码也能很好地编写网页。

3.5 在 Dreamweaver 中编辑 CSS 样式

本节视频教学录像：3 分钟

在上一节中介绍了如何设置 h3 标记的属性，如果某一标记属性设置不合理，那么要怎么修改呢？在 Dreamweaver 软件中，有 3 种方式可以实现 CSS 规则的编辑。

第一种就是在代码区域内直接进行 CSS 代码进行修改，这是最方便快捷的，适合学习过一段时间 CSS 的设计人员，如图（左）所示。第二种就是在右边面板 CSS 样式区内单击 h3，在 h3 标记属性框中进行修改，如图（右）所示。

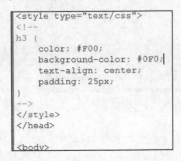

第三种就是在右边面板选中 CSS 样式中 h3 标记，右键单击【编辑】命令，如下图所示，打开【h3 的 CSS 规则定义】窗口，会弹出 "h3 的 CSS 规则定义" 对话框，然后对原有 CSS 规则进行修改。

3.6 为图像创建 CSS 样式

 本节视频教学录像：4 分钟

下面继续为图像创建 CSS 规则。为图像创建 CSS 样式和 3.4 节为标题创建 CSS 样式的步骤类似。

❶ 在 CSS 样式中单击【新建】，打开【新建 CSS 规则】对话框，选择【选择器的类型】为 "标签"，选择【选择器的名称】为 img，如下图所示。

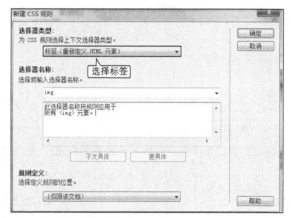

❷ 单击【确定】按钮，打开【img 的 CSS 规则定义】对话框。选择【方框】选项，在 Float 选项中选择 left，设置 Margin 为全部相同，值设为 5px。如下图所示。

❸ 单击【img 的 CSS 规则定义】左侧分类中的【边框】选项，设置边框右侧属性为全部相同，Style 值设为 solid，Width 值设为 2，Color 值设为 #F00，单击【确定】按钮，关闭规则编辑框。如下图所示。

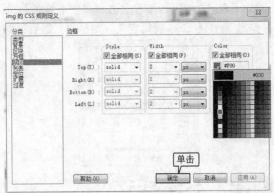

❹ 单击【img 的 CSS 规则定义】左侧分类中的【扩展】选项，在"视觉效果"下的 Filter 的选项中选择 Alpha(Opacity=？,FinishOpacity=？, Style=？) 手动修改为 Alpha(Opacity=200, Finishopacity=0, Style=2); 如下图所示。

　　按照上面步骤设置完成后，图像的 CSS 样式到这里也就创建完了，可以发现使用 Dreamweaver 软件编写代码的效果与手工编写的代码效果是一致的，但是更加快捷方便，非常适合初学者。

 高手私房菜

> >

技巧：复制和粘贴文本的方式

　　实际工作中，页面排版的内容大多是从别的文档复制文本到 Dreamweaver 中的，这也是为了减少代码的编写量，经常会发现段落挤成一团，不好处理。

　　Dreamweaver 复制和粘贴文本有两种方式。标准的方式是将对象连同对象的属性一起复制，把剪贴板的内容作为 HTML 代码。

　　另一种方式仅复制或粘贴文本，复制时忽视 html 格式，粘贴时则把 HTML 代码作为文本粘贴。多按一个 Shift 键即按后一种方式操作。当按下 Ctrl +Shift+V 组合键时会弹出如下图所示。

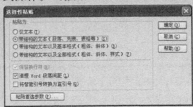

第4章

 本章教学录像：48 分钟

用 CSS 设置文本样式

　　文字是网页中最常用的也是最重要的页面因素之一，在网页设计中是永远不可缺少的元素。对文字进行排版和处理，适当设置文字的字体、大小、颜色、字间距、段落间距、文本对齐方式等各种样式，可以使网站更加吸引眼球，增强艺术感染力，产生强烈的艺术效果。本章从基础的文字设置开始，分别讲解在 CSS 中设置各种文字效果的方法。

本章要点（已掌握的在方框中打勾）

☐ 样式的参数单位

☐ 设置网页文本的基本样式

☐ 设置网页文本的行高与间距

☐ 设置网页文本的对齐方式

☐ 设置文字与背景的颜色

☐ 其他网页文本样式设置

▊ 4.1 样式的参数单位

本节视频教学录像：10 分钟

在前面章节的例子中，经常使用到 px 这个单位，但并没有说明这个单位是什么含义，实际上这个单位是一个长度单位，表示在浏览器上 1 个像素的大小。在网页设计过程中，无论是文字的大小、还是图片的长宽，通常都要用到像素或百分比这样的单位对其进行设置，同样，页面和文字的颜色也会根据实际需要进行颜色参数单位的设置。CSS 样式的参数单位是所有 CSS 属性的基础，主要用于修饰属性值。在 CSS 中，常用的主要有长度单位和颜色单位。

1. 长度单位

长度单位分为两类：绝对长度单位和相对长度单位。

绝对长度单位：是一个固定的值，常见的有 in（英寸）、cm（厘米）、mm（毫米）、pt（磅）、pc（派卡）。其中，in（英寸）、cm（厘米）、mm（毫米），这些绝对长度单位和实际中常用的单位完全相同，下表给出了常用绝对长度单位的描述。

绝对长度单位	描述
cm	厘米 Centimeters
in	英寸 Inches (1 英寸 = 2.54 厘米)
mm	毫米 Millimeters
pt	磅 Points (1 pt 等于 1/72 英寸)
pc	皮卡 Picas (1pc=1/6 in)

相对长度单位：表明了其长度单位会随着它的参考值的改变而变化，它的值不是固定的。在实际网页编辑中使用较多，主要包括 em、ex、px(像素) 等，下表给出了常用相对长度单位的描述。

相对长度单位	描述
%	百分比 Percentage
em	相对于当前对象内文本的字体尺寸。1em 等于当前的字体尺寸。例如，如果某元素以 12pt 显示，那么 2em 是 24pt
ex	相对于字符 "x" 的高度，此高度通常为字体尺寸的一半
px	像素是相对于显示器屏幕分辨率而言的，像素 Pixels 代表计算机屏幕上的一个点

上面是文字的单位，在实际使用过程中，色彩是人的视觉最敏感的东西，页面的色彩处理得好，可以锦上添花，达到事半功倍的效果。所以合理有效地使用颜色，有利于传递所要显示的信息内容。色彩的运用直接影响到网页的整体效果，下面给出网页中经常使用的颜色单位。

2. 颜色单位

在 CSS 标准里，颜色也被归类为单位。在具体使用中有直接使用颜色名称的，也常采用 RGB 颜色、百分比颜色以及十六进制颜色的命名方法。

颜色名称：通过使用颜色的名称来表示颜色是最直接和最常用的命名方法。其中，有 16 种颜色是规范的，下表列出了这 16 种颜色，主流的浏览器都能识别这 16 种颜色。还有一些颜色比如 pink、cyan 被很多浏览器支持，但这些颜色还没有被纳入 CSS 规范中，在实际使用中最好要避免声明这样的颜色名称。

black（黑）	white（白）	red（红）	green（绿）
lime（浅绿）	aqua（浅蓝）	silver（银）	blue（蓝）
gray（灰）	teal（蓝绿）	navy（深蓝）	olive（橄榄）
fuchsia（浅紫）	maroon（褐）	purple（紫）	yellow（黄）

RGB 颜色：使用数值设置 RGB 颜色，就是设置 R、G、B 三个颜色的值，R、G、B 三个颜色的取值范围都是从 0~255。若设三个值都为 255，则得到的颜色是白色。若设三个值都为 0，则得到的颜色是黑色。若设三个值相同，则得到的颜色是灰色。例如：

```
rgb(255,255,255);            /* 设置 RGB 颜色为白色 */
```

百分比颜色：使用百分比设置 RGB 颜色，就是设置 R、G、B 三个颜色的百分比。每个百分比的取值范围是从 0%~100%。若设三个百分比都为 0%，则得到的颜色是黑色。若设三个百分比都为 100%，则得到的颜色是白色。除了 0% 和 100% 外，若设三个百分比相同，则得到的颜色是灰色。如：

```
RGB(100%,100%,100%);            /* 设置 RGB 颜色为白色 */
```

十六进制颜色：以 6 个十六进制的数值来表示颜色的值，前面加上"#"符号。注意：十六进制表示颜色时"#"号一定不能省略。如：

```
color:#ff0000;            /* 设置颜色为红色 */
```

在实际使用过程中，也使用三个数字或者字母表示十六进制颜色（称为短十六进制）。例如，#ff0000 能用 #f00 表示。其中，ff 能简写成一个 f，00 能简写成一个 0。只有当三对数字都能被简写时，十六进制颜色才能使用短十六进制来简写。建议初学者不要这样使用，因为这样使用容易漏写数字。

下表概括了 4 种颜色单位的使用方式。下面通过实际的例子来说明各个参数单位的使用，如【范例 4.1】所示。

颜色单位	描述
颜色名称	颜色的英文名称，比如 red
RGB(x,y,z)	RGB 值，比如 RGB(255,0,0)
RGB(x%, y%, z%)	RGB 百分比值，比如 RGB(100%,0%,0%)
#RRGGBB	十六进制数，比如 #ff0000

【范例 4.1】 参数单位的设置（范例文件：ch04\4-1.html）

```
01  <!DOCTYPE html PUBLIC "-//W3C//DTD XHTML 1.0 Transitional//EN"
"http://www.w3.org/TR/xhtml1/DTD/xhtml1-transitional.dtd">
02  <html xmlns="http://www.w3.org/1999/xhtml">
03  <head>
04  <meta http-equiv="Content-Type" content="text/html; charset=utf-8" />
05  <title>css 样式单位 </title>
06  <style type="text/css">
07  <!--
08  .p1 {
09  font-size: 1cm;   /* 定义字体大小为 1cm*/
```

```
10  }
11  .p2 {
12  font-size: 20px;  /* 定义字体大小为 20px*/
13  }
14  .p3 {
15  color: red;  /* 定义文字颜色为红色 */
16  }
17  .p4 {
18  color: RGB(255,0,0);  /* 定义文字颜色为红色 */
19  }
20  .p5 {
21  color: RGB(100%,0%,0%);   /* 定义文字颜色为红色 */
22  }
23  .p6 {
24  color:#FF0000;   /* 定义文字颜色为红色 */
25  }
26  .p7 {
27  color:#F00;  /* 定义文字颜色为红色 */
28  }
29  -->
30  </style>
31  </head>
32  <body>
33  <p class="p1">绝对长度单位 font-size: 1cm</p>
34  <p class="p2">相对长度单位 font-size: 20px</p>
35  <p class="p3">颜色单位颜色名称 color: red</p>
36  <p class="p4">颜色单位 RGB 颜色 color: RGB(255,0,0)</p>
37  <p class="p5">颜色单位百分比颜色 color: RGB(100%,0%,0%)</p>
38  <p class="p6">颜色单位十六进制颜色 color:#FF0000</p>
39  <p class="p7">颜色单位短十六进制颜色 color:#F00</p></body>
40  </html>
```

其显示的效果如下图所示。可以看到，长度单位的区分是非常明显的，颜色全部相同，都显示红色。但是 CSS 代码却都不一样，分别使用了 4 种方法：直接使用颜色名称、采用 RGB 颜色、百分比颜色以及十六进制颜色的命名方法，通过本例子的代码可以看出颜色的代码虽然不一样，但显示效果相同。

4.2 设置网页文本的基本样式

 本节视频教学录像：12 分钟

使用过 Word 对文档进行编辑的用户一定知道，Word 可以对文字的字体、大小和颜色等各种属性进行设置，可以说是非常方便，CSS 同样可以很方便地实现这种功能。

下面分别介绍如何为网页文本添加颜色、设置不同行大小的文字字体以及如何为文字设置粗体或者斜体。

4.2.1 网页文本颜色的定义

文字的颜色能使网页丰富多彩，重点突出。在 CSS 中文字的颜色是通过 color 属性来设置的。通过上一节的例子可以知道，设置文字为红色的方法主要有以下 5 种方法。

```
01  H1 {color: red;}
02  H1 {color: RGB(255,0,0);}
03  H1 {color: RGB(100%,0%,0%);}
04  H1 {color:#FF0000;}
05  H1 {color:#F00;}
```

上面的方法都是设置 h1 标题的文本颜色为红色。在设置某一个具体的段落文字的颜色时，通常使用 <span> 标记将需要突出的部分进行单独标记，通过设置 <span> 标记的段落的文字就可以按预先设定的颜色显示。如【范例 4.2】所示。

【范例 4.2】 设置 <span> 标记的段落文字（范例文件：ch04\4-2.html）

```
01  <!DOCTYPE html PUBLIC "-//W3C//DTD XHTML 1.0 Transitional//EN"
"http://www.w3.org/TR/xhtml1/DTD/xhtml1-transitional.dtd">
02  <html xmlns="http://www.w3.org/1999/xhtml">
03  <head>
04  <meta http-equiv="Content-Type" content="text/html; charset=utf-8" />
05  <title> 网页文本颜色的定义 </title>
06  <style type="text/css">
07  <!--
08  h2 {    /* 定义 h2 标签, 颜色为红色 */
09  color: RGB(255,0,0);
10  }
11  p {    /* 定义 p 标签, 颜色紫为红色，大小为 14px*/
12  color:#C00;
13  font-size:14px;
14  }
15  span{ color:blue;      /* 定义 span 标签, 颜色为蓝色，大小为 24px*/
16  font-size:24px;}
17  -->
18  </style>
19  </head>
```

```
20  <body>
21  <h2 align="center"> 过年的由来 </h2>
22  <p> 相传：中国古时候有一种叫 <span>"年"</span> 的怪兽，头长尖角，凶猛
```
异常。<span>"年"</span> 兽长年深居海底，每到除夕，爬上岸来吞食牲畜伤害人命，
因此每到除夕，村村寨寨的人们扶老携幼，逃往深山，以躲避 <span>"年"</span> 的伤
害。某年的除夕，乡亲们都忙着收拾东西逃往深山，这时候村东头来了一个白发老人，他对一
户老婆婆说只要让他在她家住一晚，他定能将 <span>"年"</span> 兽驱走。众人不信，
老婆婆劝其还是上山躲避的好，老人坚持留下。众人见劝他不住，便纷纷上山躲避去了。当
<span>"年"</span> 兽像往年一样准备闯进村里肆虐的时候，突然传来白发老人燃响的
爆竹声，<span>"年"</span> 兽浑身颤栗，再也不敢向前走了。原来"年"兽最怕红
色、火光和炸响。这时大门打开，只见院内一位身披红袍的老人哈哈大笑，<span>"年"</
span> 兽大惊失色，仓惶而逃。</p> <p> 第二天，当人们从深山回到村里时，发现村里安
然无恙，这才恍然大悟，原来白发老人是帮助大家驱逐"年"兽的神仙。人们同时还发现了
白发老人驱逐"年"兽的三件法宝。从此，每年的除夕，家家都贴红对联，燃放爆竹，户户灯
火通明，守更待岁。这风俗越传越广，成了中国民间最隆重的传统节日 <span>"过年"</
span>。</p>
```
23  </body>
24  </html>
```

【范例 4.2】中，给 CSS 样式分别定义 3 个标签：h2、p 和 span。其中，h2 标签设置颜色为红色；
p 标签设置颜色为紫红色，文字大小为 14px；span 标签设置颜色为蓝色，文字大小为 24px。在网页
内容显示的时候，分别将不同标签作用于不同的对象，最后效果为将 h2 定义的标题颜色设置为红色。
<p> 标记的颜色为紫红色，然后设置了 <span> 标记进行强调，从而将正文中所有的"年"设置为蓝色，
凸显出来。其效果如下图所示。

4.2.2 网页文本字体的定义

在 html 语言中，文字的字体主要是通过 <font size = "字体名称"> 来进行设置的，而 CSS 样式
是通过 font-family 属性进行文本字体的控制。整体的页面文本样式可以通过 body 标记进行整体定义。
例如：

```
01  <!--
02  body {
03  font-family: "宋体";
04  }
```

表示定义整个页面的文本字体为宋体。详细实例如【范例 4.3】所示。

【范例 4.3】 定义整体页面文本样式（范例文件：ch04\4-3.html）

```
01 <!DOCTYPE html PUBLIC "-//W3C//DTD XHTML 1.0 Transitional//EN"
"http://www.w3.org/TR/xhtml1/DTD/xhtml1-transitional.dtd">
02 <html xmlns="http://www.w3.org/1999/xhtml">
03 <head>
04 <meta http-equiv="Content-Type" content="text/html; charset=utf-8" />
05 <title> 页面页面文本样式定义 </title>
06 <style type="text/css">
07 <!--
08 body {
09 font-family: " 黑体 ", " 宋体 ", sans-serif;  /* 定义页面字体的类型 */
10 }
11 -->
12 </style>
13 </head>
14 <body>
15 <h3> 二十四节气歌 </h3>
16  <p> 二十四节气歌，是为便于记忆我国古时历法中二十四节气而编成的小诗歌，流传至
今有多种版本，体现着我国古代劳动人民的劳动智慧。</p>
17 <p> 春雨惊春清谷天 </p>
18 <p> 夏满芒夏暑相连 </p>
19 <p> 秋处露秋寒霜降 </p>
20 <P> 冬雪雪冬小大寒 </P>
21 </body>
22 </html>
```

代码中在 <style> 标记之间定义了 <body> 标记的 font-family 属性，说明在这个 <body> 标记里面的文本样式都使用这个样式，通过这个 CSS 样式可以看出同时声明了 3 种字体，名称分别是 "黑体"、"宋体"、sans-serif. 整句代码的运行顺序是在系统字库中先寻找 "黑体"，如果计算机中没有黑体的字库，则接着寻找 "宋体"，如果 "黑体"、"宋体" 的字库都没有找到，再接着寻找 sans-serif，最后如果 font-family 中所声明的字体在计算机中都没有找到，则使用浏览器默认的字体显示。值得注意的是，这个范例中没有定义字体的大小，这个时候系统采用默认值 12px，由于标题是使用 <h3> 标记定义的，默认是三号字，文字加粗。所以本例中的显示效果如下图所示。

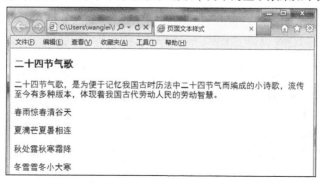

4.2.3 设置具体文字的字体

在【范例 4.3】中介绍的是如何设置页面整体文字的字体效果，会发现全部页面的字体都一样，没有什么重点性。现在通过下面这个范例，来了解如何为网页中具体的某些文字设置不同的字体，如【范例 4.4】所示。

【范例 4.4】 设置具体文字的字体（范例文件：ch04\4-4.html）

```
01 <!DOCTYPE html PUBLIC "-//W3C//DTD XHTML 1.0 Transitional//EN"
"http://www.w3.org/TR/xhtml1/DTD/xhtml1-transitional.dtd">
02 <html xmlns="http://www.w3.org/1999/xhtml">
03 <head>
04 <meta http-equiv="Content-Type" content="text/html; charset=utf-8" />
05 <title> 具体文字字体的设置 </title>
06 <style type="text/css">
07 <!--
08 body {
09 font-family: " 黑体 ", " 宋体 ", sans-serif; /* 定义页面字体的类型 */
10 }
11 h3 {
12 color: #F00;  /* 定义页 h3 标题的颜色为红色 */
13 }
14 .p1 {         /* 定义 p1 类字体的类型为 sans-serif、大小为 16px、不是粗体 */
15 font-family: sans-serif;
16 font-size: 16px;
17 font-weight: normal;
18 }
19 p {    /* 定义 p 标记字体的类型 16px、大小为 12px;、是粗体以及颜色为黑色 */
20 font-family: sans-serif;
21 font-size: 12px;
22 font-weight: bold;
23 color: #000;
24 }
25 -->
26 </style>
27 </head>
28 <body>
29 <h3> 二十四节气歌 </h3>
30    <p class="p1"> 二十四节气歌，是为便于记忆我国古时历法中二十四节气而编成的
小诗歌，流传至今有多种版本，体现着我国古代劳动人民的劳动智慧。</p>
31    <p> 春雨惊春清谷天 </p>
32 <p> 夏满芒夏暑相连 </p>
33 <p> 秋处露秋寒霜降 </p>
34 <P> 冬雪雪冬小大寒 </P>
```

```
35  </body>
36  </html>
```

　　这个范例在 CSS 样式定义中分别定义了 body、h3 和 p 标签，同时又定义了 ".p1" 类，分别实现不同的字体效果，然后在正文中作用于不同文字对象，在浏览器中的最终效果如下图所示：可以发现它和之前有很大的区别。它们的字体显示效果不一样，其中 p 标记定义的字体类型为 sans-serif、大小为 12px、粗体、黑色；而 p1 类定义的字体类型为 sans-serif、大小为 16px，并且不是粗体；h3 标题为红色，字体默认为宋体三号字。

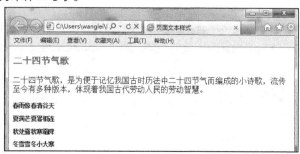

4.2.4　设置文字的倾斜效果

　　文字的倾斜效果在人们编写文档的时候也经常用到，文字的倾斜并不是真的通过把文字"拉斜"实现的，它本身是操作系统中某一个字库字体。在 CSS 中斜体字是通过设置 font-style 属性来实现的，该属性有三个取值：normal | italic | oblique。其中 normal 指定文本字体样式为正常的字体；italic 指定文本字体样式为斜体。对于没有斜体变量的特殊字体，将应用 oblique，实现真正的倾斜，就是把文字向右边倾斜一定角度达到效果。

技巧　在 Windows 中，并不能区分 italic 和 oblique，它们都是按照 italic 方式来显示的。

【范例 4.5】　设置文字的倾斜效果（范例文件：ch04\4-5.html）

```
01  <!DOCTYPE html PUBLIC "-//W3C//DTD XHTML 1.0 Transitional//EN"
"http://www.w3.org/TR/xhtml1/DTD/xhtml1-transitional.dtd">
02  <html xmlns="http://www.w3.org/1999/xhtml">
03  <head>
04  <meta http-equiv="Content-Type" content="text/html; charset=utf-8" />
05  <title> 文字倾斜 </title>
06  <style>
07  <!--
08  h1{ font-style:italic; }              /* 设置斜体 */
09  h1 span{ font-style:normal; }              /* 设置为标准风格 */
10  p{ font-size:20px; }      /* 设置字体大小为 20px */
11  .p1{ font-style:italic; }   /* 设置斜体 */
12  .p2{ font-style:oblique; }  /* 设置斜体 */
13  -->
```

```
14   </style>
15   </head>
16   <body>
17   <h1><span> 文字 </span> 倾斜 </h1>
18   <p class="p1"> 文字倾斜 </p>
19   <p class="p2"> 文字倾斜 </p>
20   </body>
21   </html>
```

【范例 4.5】中设置标题 h1 文字字体的样式为倾斜效果，但是在 h1 标记中加入了标准效果的 <span> 标记，将本身的斜体文字设置为正常的字体。两个 CSS 样式类 .p1，.p2 分别设置文字字体为斜体，最终效果如图所示。

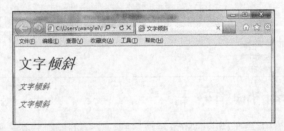

4.2.5 设置文字的加粗效果

在 HTML 中可以通过 <b> 标记或者 <strong> 标记将文字设置为粗体，在 CSS 中是使用 font-weight 属性控制文字的粗细，该属性不仅可以将本身是粗体的文字变为正常情况，并且可以进一步对文字粗细细分。该属性的取值包括 normal | bold | bolder | lighter | 100 | 200 | 300 | 400 | 500 | 600 | 700 | 800 | 900 | 继承值。

font-weight 的属性值有 3 种指定方法。

(1) 关键字法，关键字包括 normal 和 bold 两个。

(2) 相对粗细值法，相对粗细也是由关键字定义，但是它的粗细是相对于上级元素的继承值而言的，包括 bolder 和 lighter 两个。

(3) 数字法，包括从 100 到 900 的 9 个数字序列（注意，只能是 100、200 之类的整百数）。这些数字序列代表从最细（100）到最粗（900）的字体粗细程度。每一个数字定义的粗细都要比上一个等级稍微粗一些。

下面通过范例【范例 4.6】介绍一下文字加粗的设置方法。

【范例 4.6】 设置文字的加粗效果（范例文件：ch04\4-6.html）

```
01  <!DOCTYPE html PUBLIC "-//W3C//DTD XHTML 1.0 Transitional//EN"
    "http://www.w3.org/TR/xhtml1/DTD/xhtml1-transitional.dtd">
02  <html xmlns="http://www.w3.org/1999/xhtml">
03  <head>
04  <meta http-equiv="Content-Type" content="text/html; charset=utf-8" />
05  <title> 文字粗体 </title>
06  <style>
```

```
07  <!--
08  h1 span{ font-weight:lighter;}    /* 定义粗体程度相对降低 */
09  span{ font-size:28px; }
10  span.one{ font-weight:100; }   /* 定义粗体程度为 100*/
11  span.two{ font-weight:500; }   /* 定义粗体程度为 500*/
12  span.three{ font-weight:900; } /* 定义粗体程度为 900*/
13  span.four{ font-weight:bold; }   /* 定义粗体 */
14  span.five{ font-weight:normal; }   /* 定义粗体恢复正常 */
15  -->
16  </style>
17  </head>
18  <body>
19  <h1><span> 文字 </span> 粗体 </h1>
20  <p><span class="one"> 文字粗细 :100</span></p>
21  <p><span class="two"> 文字粗细 :500</span></p>
22  <p><span class="three"> 文字粗细 :900</span></p>
23  <p><span class="four"> 文字粗细 :bold</span></p>
24  <p><span class="five"> 文字粗细 :normal</span></p>
25  </body>
26  </html>
```

本例在 CSS 中分别设置 h1 span 标签，定义粗体相对于上级元素粗体的程度降低一些；另外分别设置了 5 个 CSS 类，前 3 个使用数值定义粗体的程度，第 4 个类定义粗体，第 5 个类恢复正常。显示效果如下图所示。

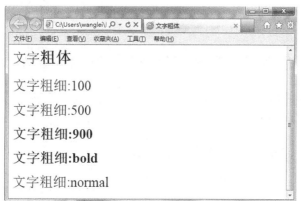

4.3　设置网页文本的行高与间距

 本节视频教学录像：10 分钟

上一节介绍了在 CSS 中设置网页文字的字体、大小、颜色、粗体和斜体。下面继续介绍在 CSS 样式中如何实现行间距以及段落间距，这在网页排版中使用非常普遍。在 CSS 样式中主要是通过 line-height、letter-spacing 和 margin 属性来轻松地实现行间距、字间距以及段落间距的设置，下面就分别介绍这几个属性的使用方法。

4.3.1 设置网页文字的间距

设置网页文字的间距主要使用 letter-spacing 属性，letter-spacing 属性通过增加或减少字符间的空白来控制文本字母之间的距离。其语法格式为：

语法：letter-spacing : normal l <length> l inherit

该属性的取值有 3 个：normal l <length> l inherit ，其中 normal 是默认的样式，相当于是等于零值。<length> 是具体的数值，和 CSS 中其他设置具体数值属性一样，可以设置为相对数值也可以设置为绝对数值。通常在静态网页中，文字的大小常常使用绝对数值，以便达到页面统一的效果。而对于论坛或者博客这些可以由用户自定义字体大小的页面，通常设置为相对数值，数值可以随用户自定义的字体大小改变而相应的改变。当 length 值为正数时，字符间距等于默认字符间距加上该 length 值。如果 length 值为负数，字符间距则等于默认字符间距减去该 length 值。例如：h1 {letter-spacing:2px} 表示设置 CSS 样式 h1 标签的格式为字符间距为 2px，单位是绝对长度单位；inherit 表示继承父类的属性。

【范例 4.7】给出了详细的使用方法。

【范例 4.7】 设置网页文字间距（范例文件：ch04\4-7.html）

```
01 <!DOCTYPE html PUBLIC "-//W3C//DTD XHTML 1.0 Transitional//EN"
"http://www.w3.org/TR/xhtml1/DTD/xhtml1-transitional.dtd">
02 <html xmlns="http://www.w3.org/1999/xhtml">
03 <head>
04 <meta http-equiv="Content-Type" content="text/html; charset=utf-8" />
05 <title> 字间距 </title><style>
06 <!--
07 .p1{
08 font-size:10pt;
09 letter-spacing:1pt;    /* 字间距，绝对数值 */
10 }
11 .p2{ font-size:18px; }
12 .p3{ font-size:11px; }
13 .p2, .p3{
14 letter-spacing: .5em;/* 字间距，相对数值 */
15 }
16 -->
17 </style>
18 </head>
19 <body>
20 <p class="p1"> 文字间距 </p>
21 <p class="p2"> 文字间距 2，相对数值 </p>
22 <p class="p3"> 文字间距 3，相对数值 </p>
23 </body>
24 </html>
```

这个例子在 CSS 样式中分别定义了 3 个类，其中 .p1 类定义字体大小为 10pt，字间距为 1pt；.p2 和 .p3 两个类的字体大小分别为 18px 和 11px，两个类控制的字间距都为 5em，使用的是相对单位。这些 CSS 样式在网页显示中控制对应文字显示不同的效果，具体的显示效果如下图所示，可以看出文字间距属性 letter-spacing 可以使用相对和绝对数值表示。

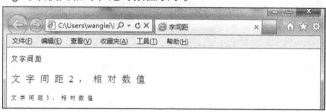

4.3.2 设置网页文字行间距

设置网页文字行间距是通过 line-height 属性，其语法格式为：

语法： line-height : normal | < 实数 > | < 长度 > | < 百分比 > | inherit

其中 normal 为默认行高，一般为 1~1.2pt； 实数是代表实数值，是缩放因子，设置的数字会与当前的字体尺寸相乘来设置行间距； 长度代表合法的长度值，可为负数，但这个长度值同样与字体的尺寸有关，特别在效果显示的时候，下面的范例可以更加明确地理解这个概念；它和 CSS 中其他设置具体数值属性一样，可以设置为相对数值也可以设置为绝对数值。百分比取值是基于当前字体尺寸的百分比行间距；inherit 表示继承父类的属性。

【范例 4.8】 设置网页文字行间距（范例文件：ch04\4-8.html）

```
01 <!DOCTYPE html PUBLIC "-//W3C//DTD XHTML 1.0 Transitional//EN"
"http://www.w3.org/TR/xhtml1/DTD/xhtml1-transitional.dtd">
02 <html xmlns="http://www.w3.org/1999/xhtml">
03 <head>
04 <meta http-equiv="Content-Type" content="text/html; charset=utf-8" />
05 <title> 行间距 </title>
06 <style>
07 <!--
08 p.one{
09 font-size:12pt;
10 line-height:10pt;      /* 行间距，绝对数值，行间距小于字体大小 */
11 }
12 p.two{ line-height:18px; }    /* 行间距，绝对数值，行间距大于字体大小 */
13 p.three{ line-height:80%; }   /* 行间距，使用百分比 */
14 -->
15 </style>
16 </head>
17 <body>
18 <h2 align="center"> 冬至节的由来 </h2>
19 <p class="one"> 冬至过节源于汉代，盛于唐宋，相沿至今。《清嘉录》甚至有"冬
```

至大如年"之说。这表明古人对冬至十分重视，人们认为冬至是阴阳二气的自然转化，是上天赐予的福气。</p>

20   <p class="two"> 汉朝以冬至为"冬节"，官府要举行祝贺仪式称为"贺冬"，例行放假。《后汉书》中有这样的记载："冬至前后，君子安身静体，百官绝事，不听政，择吉辰而后省事。"所以这天朝庭上下要放假休息，军队待命，边塞闭关，商旅停业，亲朋各以美食相赠，相互拜访，欢乐地过一个"安身静体"的节日。</p>

21   <p class="three"> 唐、宋时期，冬至是祭天祭祖的日子。皇帝在这天要到郊外举行祭天大典，百姓在这一天要向父母尊长祭拜，现在仍有一些地方在冬至这天过节庆贺。</p>

22 </body>

23 </html>

该范例的显示效果如下图所示，在这个例子中，首先在 CSS 样式中定义 3 个类 .one、.two 和 .three。其中，.one 类使用绝对单位定义行间距，行间距小于字体大小；作为对比，.two 类定义的行间距大于字体大小；.three 类使用百分比的定义。从显示效果可以看到，第一段采用的绝对数值并且将行间距间隔设置的比文字要小，因此可以看到文字发生了部分重叠的显示。第二段设置了不同的数值，行间距变宽。第三段使用百分比数值不仅取决于百分比的值，也取决于字体的大小。

4.3.3 设置网页文字段落间距

CSS 作为强大网页样式的控制语言，只要灵活运用，不仅可以设置网页文字的间距和文字行间距，还可以控制段与段之间的距离，margin 属性可以解决这一问题，通过设定文字内容 <p> 标签的 margin-top 和 margin-bottom 值，margin 属性在后面第 8 章介绍"盒子模型"的时候还会重点提到，这里先使用该属性实现文字段落间距的设置。代码如【范例 4.9】所示。

【范例 4.9】设置网页文字段落间距（范例文件：ch04\4-9.html）

```
01 <!DOCTYPE html PUBLIC "-//W3C//DTD XHTML 1.0 Transitional//EN"
"http://www.w3.org/TR/xhtml1/DTD/xhtml1-transitional.dtd">
02 <html xmlns="http://www.w3.org/1999/xhtml">
03 <head>
04 <meta http-equiv="Content-Type" content="text/html; charset=utf-8" />
05 <title> 段落间距的设置 </title>
06 <style>
07 <!--
08 p{
09 font-family: sans-serif," 黑体 ";
10 margin:30px 0px; /* 设置段落间距 */
11 }
```

```
12   p.one{
13   font-size:12pt;
14   line-height:10pt;        /* 行间距，绝对数值，行间距小于字体大小 */
15   }
16   p.two{ line-height:18px; }      /* 行间距，绝对数值，行间距大于字体大小 */
17   p.third{ line-height:80%; }   /* 行间距，使用百分比 */
18   -->
19   </style>
20   </head>
21   <body>
22   <h2 align="center"> 冬至节的由来 </h2>
23    <p class="one"> 冬至过节源于汉代，盛于唐宋，相沿至今。《清嘉录》甚至有"冬
至大如年"之说。这表明古人对冬至十分重视，人们认为冬至是阴阳二气的自然转化，是上天
赐予的福气。</p>
24     <p class="two"> 汉朝以冬至为"冬节"，官府要举行祝贺仪式称为"贺冬"，例行放假。
《后汉书》中有这样的记载："冬至前后，君子安身静体，百官绝事，不听政，择吉辰而后省事。"
所以这天朝庭上下要放假休息，军队待命，边塞闭关，商旅停业，亲朋各以美食相赠，相互拜访，
欢乐地过一个"安身静体"的节日。</p>
25       <p class="three"> 唐、宋时期，冬至是祭天祭祖的日子。皇帝在这天要到郊外举
行祭天大典，百姓在这一天要向父母尊长祭拜，现在仍有一些地方在冬至这天过节庆贺。</p>
26   </body>
27   </html>
```

其显示效果如下图所示。和【范例 4.8】中图相比，在 CSS 样式定义中，增加了一个 p 标签，定
义了字体为黑体，以及定义了段落间距，通过最终结果可以发现段与段之间距离明显加宽。

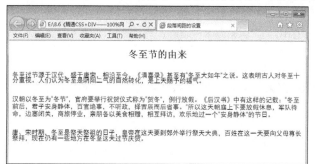

4.4 设置网页文本的对齐方式

 本节视频教学录像：5 分钟

　　使用过 Word 进行编辑的人们，经常使用"左对齐"、"右对齐"、"居中对齐"等对齐方式，
文本的对齐方式在网页中起到非常重要的作用，可以使所编辑的网页内容更加美观，使文章看起来更
加整齐，赏心悦目，增加了文章的可读性。在 CSS 样式中，主要使用的有水平对齐方式和垂直对齐方
式两种。

4.4.1 设置文本的水平对齐方式

在 CSS 样式中，文本水平对齐是通过 text-align 属性来设置的，其基本语法格式为：

text-align: 属性值

text-align 属性的值可以设置为 left（左对齐），center（居中），right（右对齐）和 justify（两端对齐）等。例如：h1{text-align:left} 表示使 h1 标题的文字左对齐。

【范例 4.10】给出了如何在网页设计中设置文本的水平对齐方式。

【范例 4.10】 控制文本的水平对齐方式（范例文件：ch04\4-10.html）

```
01 <!DOCTYPE html PUBLIC "-//W3C//DTD XHTML 1.0 Transitional//EN"
"http://www.w3.org/TR/xhtml1/DTD/xhtml1-transitional.dtd">
02 <html xmlns="http://www.w3.org/1999/xhtml">
03 <head>
04 <meta http-equiv="Content-Type" content="text/html; charset=utf-8" />
05 <title> 水平对齐 </title>
06 <style type="text/css">
07 <!--
08 p.one {
09 text-align: left;  /* 设置文本左对齐 */
10 }
11 p.two {
12 text-align: center;  /* 设置文本居中对齐 */
13 }
14 p.three{
15 text-align: right;  /* 设置文本右对齐 */
16 }
17 p.four {
18 text-align: justify;   /* 设置文本两端对齐 */
19 }
20 -->
21 </style>
22 </head>
23 <body>
24 <p class="one"> 文本左对齐 text-align: left</p>
25    <p class="two"> 文本居中 text-align: center</p>
26    <p class="three"> 文本右对齐 text-align: right</p>
27    <p class="four"> 文本两端对齐 </p>
28 </body>
29 </html>
```

这个范例中在 CSS 样式定义中，分别为 p 标签定义了 4 个类，分别定义文本左对齐、文本右对齐、文本居中对齐和文本两端对齐，这些定义的类分别在不同网页内容对象上实现控制，按照不同的对齐方式显示，其显示效果如下图所示。分别使用了 text-align 的 4 个值，实现了和 Word 相类似的左对齐，右对齐，居中对齐和两端对齐的对齐方式。

<table><tr><td>说 明</td><td>两端对齐和其他 3 种对齐方式不太一样，其他 3 种对齐方式可以对英文内容和对汉字起作用。而两端对齐只对英文内容起作用。</td></tr></table>

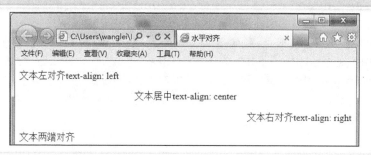

4.4.2 设置文本的垂直对齐方式

上面介绍了在 CSS 中实现文本的水平对齐方式，同样在 CSS 样式中也可以实现垂直对齐方式。文本的垂直对齐是通过 vertical-align 属性来控制的，其基本语法格式为：

vertical-align: 属性值

文本的垂直对齐方式属性值有 top（顶端对齐），middle（垂直居中对齐），bottom（底端对齐）。在目前的浏览器中，只能用表格单元格中的对象竖直方向的对齐设置，而对于一般的块级元素，都不起作用，例如 <p> 和 <div> 等标记。关于块级元素的概念，后面章节中还会详细提到，下面这个实例就给出了在 CSS 中如何设置文本垂直对齐方式。

【范例 4.11】 设置文本的垂直对齐方式（范例文件：ch04\4-11.html）

```
01 <!DOCTYPE html PUBLIC "-//W3C//DTD XHTML 1.0 Transitional//EN"
"http://www.w3.org/TR/xhtml1/DTD/xhtml1-transitional.dtd">
02 <html xmlns="http://www.w3.org/1999/xhtml">
03 <head>
04 <meta http-equiv="Content-Type" content="text/html; charset=utf-8" />
05 <title> 垂直对齐 </title>
06 <style>
07 <!--
08 td.top{ vertical-align:top; }                    /* 顶端对齐 */
09 td.bottom{ vertical-align:bottom; }              /* 底端对齐 */
10 td.middle{ vertical-align:middle; }              /* 中间对齐 */
11 -->
12 </style>
13 </head>
14 <body>
```

```
15   <table cellpadding="2" cellspacing="0" border="1">
16   <tr>
17   <td><img src="1.jpg" border="0"></td>
18   <td class="top"> 垂直对齐方式，top</td>
19   </tr>
20   <tr>
21   <td><img src="1.jpg" border="0"></td>
22   <td class="bottom"> 垂直对齐方式，bottom</td>
23   </tr>
24   <tr>
25   <td><img src="1.jpg" border="0"></td>
26   <td class="middle"> 垂直对齐方式，middle</td>
27   </tr>
28   </table>
29   </body>
30   </html>
```

这个范例中在 CSS 定义中为 td 标签分别定义了 3 个类，实现文本在单元格的顶端对齐、居中对齐、底端对齐，然后在网页内容中建立了一个 3 行 2 列的表格，表格的左侧均显示图片，右侧是文字显示，按照定义的类所设定的方式显示，其显示效果如下图所示。

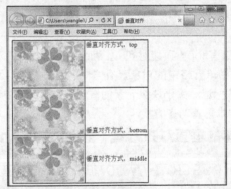

4.5 设置文字与背景的颜色

 本节视频教学录像：4 分钟

前面主要介绍了设置文本的字体、大小、文字间距以及对齐方式。本节主要介绍如何设置文本和背景的颜色。设置文本颜色和设置背景颜色分别通过属性 color 和属性 bgcolor，两个属性的取值可以为数值或百分比。

4.5.1 使用样式参数进行设置

在 4.1 节已经介绍过颜色样式的参数单位，颜色的样式参数可以是颜色名称、RGB 百分数、RGB 数值，也可以是十六进制数，在 4.1 节的表 4.4 概括了这 4 种方法。

下面修改【范例 4.9】的代码，分别使用 color 属性设置其中部分段落文字的颜色，使用 bgcolor 属性设置背景颜色。

【范例 4.12】 使用 color 属性设置文字颜色，使用 bgcolor 属性设置背景颜色（范例文件：ch04\4-12.html）

```
01 <!DOCTYPE html PUBLIC "-//W3C//DTD XHTML 1.0 Transitional//EN"
"http://www.w3.org/TR/xhtml1/DTD/xhtml1-transitional.dtd">
02 <html xmlns="http://www.w3.org/1999/xhtml">
03 <head>
04 <meta http-equiv="Content-Type" content="text/html; charset=utf-8" />
05 <title> 无标题文档 </title>
06 <style>
07 <!--
08 p{
09 font-family: sans-serif," 黑体 ";
10 margin:30px 0px; /* 设置段落间距 */
11 color:rgb(255,0,0)  /* 定义颜色，使用颜色数字 */
12 }
13 p.one{
14 font-size:12pt;
15 line-height:10pt;      /* 行间距，绝对数值，行间距小于字体大小 */
16 color:rgb(10%,0%,0%)    /* 定义颜色，使用颜色百分比 */
17 }
18 p.two{ line-height:18px; }
19 p.three{ line-height:80%; }
20 -->
21 </style>
22 </head>
23 <body bgcolor="rgb(100%,100%,100%)">    /* 定义背景颜色，使用颜色百分比
*/
24 <h2 align="center"> 冬至节的由来 </h2>
25 <p class="one"> 冬至过节源于汉代，盛于唐宋，相沿至今。《清嘉录》甚至有"冬
至大如年"之说。这表明古人对冬至十分重视，人们认为冬至是阴阳二气的自然转化，是上天
赐予的福气。</p>
26 <p class="two"> 汉朝以冬至为"冬节"，官府要举行祝贺仪式称为"贺冬"，例行放假。
《后汉书》中有这样的记载："冬至前后，君子安身静体，百官绝事，不听政，择吉辰而后省事。"
所以这天朝庭上下要放假休息，军队待命，边塞闭关，商旅停业，亲朋各以美食相赠，相互拜访，
欢乐地过一个"安身静体"的节日。</p>
27 <p class="three"> 唐、宋时期，冬至是祭天祭祖的日子。皇帝在这天要到郊外举行祭
天大典，百姓在这一天要向父母尊长祭拜，现在仍有一些地方在冬至这天过节庆贺。</p>
28 </body>
29 </html>
```

这个范例在 CSS 样式定义中在原有的 p 标签中添加一个使用属性 color 定义文本颜色的代码，使用的是颜色数字参数单位；在网页的正文内容开始加入一条语句"<body bgcolor="rgb(100%,100%,100%)">"，

用于设置网页的背景颜色，最后在不同段落中使用 CSS 样式中定义的不同类，以实现不同的文字颜色效果，其最终显示效果如下图所示，在这个例子中，文字和背景颜色采用的格式分别采用 rgb 的百分数（color:rgb(10%,0%,0%)）和数字（color:rgb(255,0,0)）形式，但是这样有一个问题，如果事先不知道什么颜色对应什么数字，或者相应 rgb 的百分数，那么就没法设置满意的网页颜色效果。

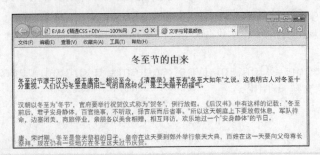

4.5.2　更简洁的解决方案

通过上一个例子可以看出，如果事先不知道什么颜色对应什么数字，或者相应 rgb 的百分数，那么就没法设置满意的网页颜色效果。所以需要一个更加快捷的方案对文本和背景颜色进行设置。先来看一下下面这个实例。

【范例 4.13】　更快捷的解决方案（范例文件：ch04\4-13.html）

```
01 <!DOCTYPE html PUBLIC "-//W3C//DTD XHTML 1.0 Transitional//EN"
"http://www.w3.org/TR/xhtml1/DTD/xhtml1-transitional.dtd">
02 <html xmlns="http://www.w3.org/1999/xhtml">
03 <head>
04 <meta http-equiv="Content-Type" content="text/html; charset=utf-8" />
05 <title> 文字与背景颜色 </title>
06 <style>
07 <!--
08 p{
09 font-family: sans-serif," 黑体 ";
10 margin:30px 0px; /* 设置段落间距 */
11 color:red    ; /* 定义颜色，使用颜色名称 */
12 p.one{
13 font-size:12pt;
14 line-height:10pt;        /* 行间距，绝对数值，行间距小于字体大小 */
15 color:black;    /* 定义颜色，使用颜色名称 */
16 }
17 p.two{ line-height:18px; }
18 p.three{ line-height:80%; }
19 -->
20 </style>
21 </head>
22 <body bgcolor="#663333">   <!-- /* 定义背景颜色，使用十六进制数 -->
```

```
23  <h2 align="center"> 冬至节的由来 </h2>
24  <p class="one"> 冬至过节源于汉代，盛于唐宋，相沿至今。《清嘉录》甚至有"冬
至大如年"之说。这表明古人对冬至十分重视，人们认为冬至是阴阳二气的自然转化，是上天
赐予的福气。</p>
25      <p class="two"> 汉朝以冬至为"冬节"，官府要举行祝贺仪式称为"贺冬"，例
行放假。《后汉书》中有这样的记载："冬至前后，君子安身静体，百官绝事，不听政，择吉
辰而后省事。"所以这天朝庭上下要放假休息，军队待命，边塞闭关，商旅停业，亲朋各以美
食相赠，相互拜访，欢乐地过一个"安身静体"的节日。</p>
26      <p class="three"> 唐、宋时期，冬至是祭天祭祖的日子。皇帝在这天要到郊外举
行祭天大典，百姓在这一天要向父母尊长祭拜，现在仍有一些地方在冬至这天过节庆贺。</p>
27  </body>
28  </html>
```

这个范例中，定义颜色分别使用了颜色名称和十六进制数，其中十六进制数的使用可以使用 Dreamweaver 的颜色提示工具，当输入代码 <body 后，按键盘上的空格键，出现如下图（左）所示提示，在其中选择 bgcolor 按 Enter 键，出现下图（右）所示的颜色面板，当鼠标在不同颜色上移动时，会出现对应颜色的十六进制数，选择所需颜色即可达到预期效果。

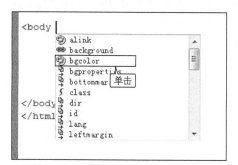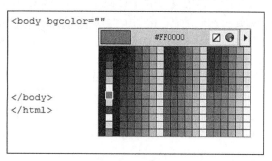

最终显示效果如下图所示，和上一节【范例 4.12】中图的效果基本相同。可以发现，使用颜色名称，或者使用 Dreamweaver 的颜色提示工具的十六进制表示颜色会更加简便。

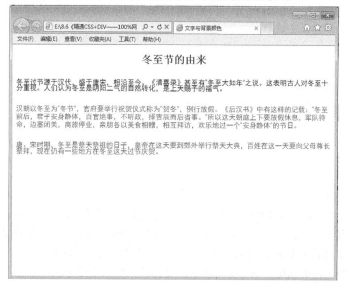

4.6 设置其他网页文本样式

 本节视频教学录像：7 分钟

除了前面介绍的一些常用网页文本样式的设置属性，CSS 还提供很多实用的功能，例如英文字母大小写自动转换、控制文字的大小、实现网页文字的装饰以及设置段落首行缩进等，下面分别进行介绍。

4.6.1 英文字母大小写自动转换效果

英文字母大小写的自动转换是 CSS 提供的很实用的功能之一，只需要设定英文文本的 text-transform 属性，就能很轻松地实现大小写的转换。text-transform 属性取值为：capitalizeluppercasellowercase。其中，当 text-transform 的属性值为 capitalize 时表示单词首字母大写；当 text-transform 属性值为 uppercase 时表示所有字母转换为大写；当 text-transform 属性值为 lowercase 时表示所有字母全部转换为小写。来看下面的具体实例。

【范例 4.14】 英文字母大小写自动转换的实现（范例文件：ch04\4-14.html）

```
01 <!DOCTYPE html PUBLIC "-//W3C//DTD XHTML 1.0 Transitional//EN"
"http://www.w3.org/TR/xhtml1/DTD/xhtml1-transitional.dtd">
02 <html xmlns="http://www.w3.org/1999/xhtml">
03 <head>
04 <meta http-equiv="Content-Type" content="text/html; charset=utf-8" />
05 <title> 英文字母大小写转换 </title>
06 <style>
07 <!--
08 p{ font-size:20px; }
09 p.one{ text-transform:capitalize; }          /* 单词首字母大写 */
10 p.two{ text-transform:uppercase; }           /* 全部大写 */
11 p.three{ text-transform:lowercase; }          /* 全部小写 */
12 -->
13 </style>
14 </head>
15 <body>
16 <p class="one">p.one{ text-transform:capitalize; }        </p>
17 <p class="two">p.two{ text-transform:uppercase; }</p>
18 <p class="three">P.TWO{ TEXT-TRANSFORM: lowercase; }</p>
19 </body>
20 </html>
```

在这个范例中，在 CSS 中分别定义了 p 标签的三个类，分别使用 text-transform 属性定义英文字母的大小写转换，其中类 p.one 中 text-transform 属性设为 capitalize，表示单词首字母大写；类 p.two 中 text-transform 属性设为 uppercase，表示所有字母转换为大写；类 p.three 中 text-transform 属性设为 lowercase，表示所有字母全部转换为小写。其显示效果如下图所示。

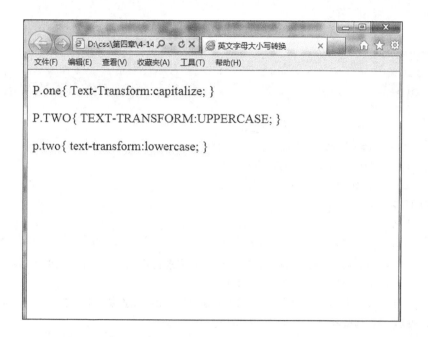

4.6.2　网页文字的装饰效果

在使用Word进行文档编辑的时候，可以为文字添加"下画线"和"删除线"，以及其他一些特殊的效果。使用CSS也可以实现这些效果，这些效果是通过text-decoration属性来实现的。其语法格式为：

text-decoration：属性值

其中属性值包括underline（下画线）；overline（顶画线）；line-through（删除线）；blink（闪烁）。下面来看一个范例。

【范例 4.15】　网页文字的装饰效果（范例文件：ch04\4-15.html）

```
01 <!DOCTYPE html PUBLIC "-//W3C//DTD XHTML 1.0 Transitional//EN"
"http://www.w3.org/TR/xhtml1/DTD/xhtml1-transitional.dtd">
02 <html xmlns="http://www.w3.org/1999/xhtml">
03 <head>
04 <meta http-equiv="Content-Type" content="text/html; charset=utf-8" />
05 <title> 无标题文档 </title>
06 <style>
07 <!--
08 p.one{ text-decoration:underline; }              /* 下画线 */
09 p.two{ text-decoration:overline; }               /* 顶画线 */
10 p.three{ text-decoration:line-through; }      /* 删除线 */
11 p.four{ text-decoration:blink; }                  /* 文字闪烁 */
```

```
12  -->
13  </style>
14  </head>
15  <body>
16  <p> 正常文字 </p>
17  <p class="one"> 文字添加下画线 </p>
18  <p class="two"> 文字添加顶画线 </p>
19  <p class="three"> 文字添加删除线 </p>
20  <p class="four"> 文字闪烁 </p>
21  </body>
22  </html>
```

在 CSS 定义中通过 text-decoration 属性分别对文字进行添加下画线、顶画线、删除线的效果。其显示效果如下图所示，对文字的突出具有很好的作用。

但是需要说明的是，文字闪烁功能在 IE、Chrome 或 Safari 浏览器中是不支持 blink 属性值的，但是在 Firefox 和 Opera 浏览器中是可以完美支持的。

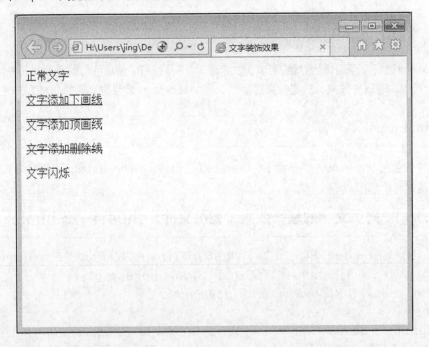

4.6.3 段落首行缩进效果

在使用 Word 对文档进行编辑的时候，用得最多的一项功能就是首行缩进效果。这个效果使用 CSS 也是可以完成的，在 CSS 中可以通过使用 text-indent 属性来完成这一设置，使用中直接使用缩进距离作为数值即可，可以使用绝对单位，也可以使用相对单位。下面通过【范例 4.16】来学习一下这个属性的使用方法。

【范例 4.16】 设置段落首行缩进效果（范例文件：ch04\4-16.html）

```
01 <!DOCTYPE html PUBLIC "-//W3C//DTD XHTML 1.0 Transitional//EN"
"http://www.w3.org/TR/xhtml1/DTD/xhtml1-transitional.dtd">
02 <html xmlns="http://www.w3.org/1999/xhtml">
03 <head>
04 <meta http-equiv="Content-Type" content="text/html; charset=utf-8" />
05 <title> 首行缩进 </title>
06 <style>
07 <!--
08 p.one{
09 font-family:Arial, Helvetica, sans-serif;  /* 设置字体类型 */
10 font-size:20px;   /* 设置字体大小 */
11 text-indent:35px;  /* 设置首行缩进 */
12 }
13 p{
14 font-family:Arial, Helvetica, sans-serif;  /* 设置字体类型 */
15 font-size:20px;  /* 设置字体大小 */
16 }
17 -->
18 </style>
19 </head>
20 <body>
21 <p> 正常未缩进 </p>
22     <p class="one"> 首行缩进 </p>
23     <p> 正常未缩进 </p>
24 </body>
25 </html>
```

在这个范例中，在 CSS 样式定义中，使用 Text-indent 属性实现首行缩进。其显示效果如下图所示。

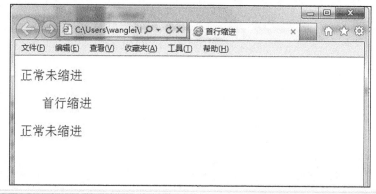

要实现首行文字缩进两个汉字，只需设置 "text-indent: 2em;"。
em 是相对单位，2em 即现在一个字大小的两倍。

技 巧

高手私房菜

>>>

技巧：标题的图像替换

在前面介绍过，网页文字的显示字体，特别是标题文字，依赖于用户计算机系统所装的字体库，当用户的计算机没有所定义的字库时，用户所看到的网页不能达到设计者的意图，影响网页的美观。特别是汉字的中文字体，用户计算机上一般只有很基本的宋体、黑体等几种字体。为了美观的要求，需要考虑使用图像代替文本，不过因为搜索引擎理解和网页收录要考虑这些标题文本，并且为了便于维护的考虑，一般采用加入 <img> 标记将图像嵌入网页，同时在 <h1> 代码中仍然给出文本，但定义 <h1> 标记不让这些文本显示，这样既可以实现用图像代替文本，又可以满足搜索引擎的需要。

例如，要显示的文字内容为"热烈欢迎"，而要使用的图像文件名为 banner.gif 保持图像的高度为 60 像素，这是为了和标题文字的高度一致。按下面步骤进行设置。

❶ 首先在 HTML 代码中加入 h1 标题：

```
<h1><span> 热烈欢迎 </span></h1>
```

❷ 设置 h1 的 CSS 属性，将需要代替的图像作为 h1 的背景图像，并设置为不平铺，高度为 60 像素：

```
h1{
    background:url(banner.gif) no-repeat;
    height:60px;
}
```

❸ 将 span 元素使用 display 属性，设置为不显示，即把原来文本显示的文字隐藏。

```
h1 span{
    display:none;
}
```

这时即可实现用图像代替显示的文字。

第 5 章

 本章教学录像：37 分钟

用 CSS 设置网页图像特效

  一个只有文字的网站显得非常单调，通过增加适当的图像可以使网站更加吸引眼球。图像是目前网页设计中不可缺少的页面元素之一，各种各样的图片信息组成了丰富多彩的页面。能让人更直观地感受到页面所要传递出的信息。本章详细介绍 CSS 设置图片风格样式的各种技巧，并结合实例综合讲解文字和图片的各种运用。

本章要点（已掌握的在方框中打勾）

☐ 图片边框的基本属性

☐ 设置图片边框

☐ 图片缩放功能的实现

☐ 图文混排

☐ 设置图片与文字的间距

☐ 设置图片的对齐方式

5.1 设置图片边框

 本节视频教学录像：10 分钟

在 HTML 语言中，可以直接通过 <img> 标记的 border 属性为图片添加边框。border 属性的取值代表着边框的粗细。显然这样的定义具有很多的局限性，如不能更换边框的颜色，或者改变边框的线型，并且定义的边框都是实线。

在 CSS 中修改图片边框更方便，CSS 支持的边框属性见下表，可以分别通过 border-width、border-style 和 border-color 属性设置边框粗细、边框样式以及边框颜色。下面就介绍在 CSS 中如何对图片边框进行设置的方法。

属性	描述	参数及注释
border-width	用于设置边框粗细	thin（定义为细边框） medium（默认粗细，中等边框） thick（定义粗边框） length（自定义边框）
border-style	用于设置边框样式	none（定义为无边框） hidden（解决边框冲突，与 none 相同） dotted（定义点状边框） dashed（定义虚线） solid（定义实线） double（定义双线） groove（定义 3d 凹槽边框。效果取决于 border-color） ridge（同上） insert（同上） outset（同上）
border-color	用于设置边框颜色	color_name（定义颜色值为颜色名称的边框颜色，如 red) hex_number（定义颜色值为十六进制的边框颜色，如 #ff0000) rgb_number（定义颜色值为 rgb 代码的边框颜色，如 rgb(0,0,0)) transparent（默认值，边框颜色为透明）

5.1.1 图片边框的基本属性

上表给出了 CSS 中 border-style 的参数以及注释，在 CSS 中可以通过 border-style 属性为图片添加各式各样的边框，除此之外，还可以使用 border-width 属性调整边框的粗细和颜色，丰富了边框的表现形式。下面是一个具体使用的例子。

【范例 5.1】 为图片添加边框（范例文件：ch05\5-1.html）

```
01 <!DOCTYPE html PUBLIC "-//W3C//DTD XHTML 1.0 Transitional//EN"
"http://www.w3.org/TR/xhtml1/DTD/xhtml1-transitional.dtd">
```

```
02 <html xmlns="http://www.w3.org/1999/xhtml">
03 <head>
04 <meta http-equiv="Content-Type" content="text/html; charset=utf-8" />
05 <title> 图片边框 </title>
06 <style>
07 <!--
08 img.one{
09 border-color:red;       /* 边框颜色为红色 */
10 border-style:dotted; /* 边框为点状 */
11 border-width:5px;             /* 边框粗细为 5px */
12 }
13 img.two{
14 border-color:blue;               /* 边框颜色为蓝色 */
15 border-style:dashed;/* 边框为虚线 */
16 border-width:2px;               /* 边框粗细为 2px */
17 }
18 -->
19 </style>
20 </head>
21 <body>
22 <img src="cat.jpg" class="one" />
23 <img src="cat.jpg" class="two" />
24 </body>
25 </html>
```

在这个范例中，分别为 img 标签定义了两个类，每个类都定义了不同的边框样式、颜色和粗细。这些定义的类作用与网页正文中个，实现下列效果，第一幅图片设置的是红色点状边框。第二幅图片定义的是蓝色虚线边框，其显示效果如下图所示。

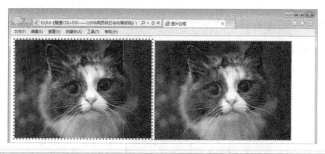

5.1.2 为不同的边框分别设置样式

在 CSS 中还可以为同一幅图片的不同边框分别设置不同的样式，主要包括上边框 (border-top)、右边框 (border-right)，下边框 (border-bottom) 和左边框 (border-left)。设置这些不同边框的属性是在原有的属性 border-width、border-style 和 border-color 中间加入 top、right、bottom 和 left，例如 border-left-width 属性表示用来设置左边框的边框粗细。

下面通过【范例 5.2】来进一步了解这些属性的使用。

【范例 5.2】 为不同的边框分别设置样式（范例文件：ch05\5-2.html）

```
01 <!DOCTYPE html PUBLIC "-//W3C//DTD XHTML 1.0 Transitional//EN"
"http://www.w3.org/TR/xhtml1/DTD/xhtml1-transitional.dtd">
02 <html xmlns="http://www.w3.org/1999/xhtml">
03 <head>
04 <meta http-equiv="Content-Type" content="text/html; charset=utf-8" />
05 <title> 不同边框设置样式 </title>
06 <style type="text/css">
07 img{
08 border-left-style:dashed;        /* 左虚线边框 */
09 border-left-color:#906;          /* 左边框颜色 */
10 border-left-width:3px;                 /* 左边框粗细 */
11 border-right-style:dotted;  /* 右点状边框 */
12 border-right-color: #0F0; /* 右边框颜色为绿色 */
13 border-right-width:2px;  /* 右边框宽度为 2px*/
14 border-top-style:groove;         /* 上 3d 凹槽边框 */
15 border-top-color: #666;         /* 上边框颜色 */
16 border-top-width:5px;                 /* 上边框粗细 */
17 border-bottom-style:solid;  /* 下实线 */
18 border-bottom-color: #F09;   /* 下边框颜色为粉红色 */
19 border-bottom-width:4px;  /* 下边框宽度为 4px*/
20 }</style>
21 </head>
22 <body>
23 <img src="cat.jpg" width="250" height="250" />
24 </body>
25 </html>
```

在这个范例中，CSS 定义中分别使用 img 标签定义了图片的左边框、右边框、上边框和下边框的不同的风格样式，然后通过正文图片显示出，通过这样的设置使得图片更加具有美感。其显示效果如下图所示。

▌5.2 图片缩放功能的实现

 本节视频教学录像：5 分钟

每一幅图片都有自身的宽和高，适当改变这个值可以对图片进行缩放。在 CSS 样式中，控制图片缩放可以通过 width 和 height 两个属性来实现，其基本语法格式为：

width：属性值
height：属性值

其中属性值可以使用相对单位，也可以使用绝对单位，在实际使用中常常通过变化宽或高的值进行图片的缩放。

【范例 5.3】给出了在实际网页设计中使用绝对单位的情况。

【范例 5.3】 图片缩放功能的实现（范例文件：ch05\5-3.html）

```
01 <!DOCTYPE html PUBLIC "-//W3C//DTD XHTML 1.0 Transitional//EN"
"http://www.w3.org/TR/xhtml1/DTD/xhtml1-transitional.dtd">
02 <html xmlns="http://www.w3.org/1999/xhtml">
03 <head>
04 <meta http-equiv="Content-Type" content="text/html; charset=utf-8" />
05 <title> 使用相对单位进行图片缩放 </title>
06 <style>
07 <!--
08 img.one{
09 width:200px;;            /* 使用绝对单位 */
10 height:100px;
11 }
12 -->
13 </style>
14 </head>
15 <body>
16   <div><p> 原图 </p>
17     <img src="rb.jpg" />
18   </div>
19   <div><p> 缩放后 </p>
20     <img src="rb.jpg"  class="one"/>
21   </div>
22 </body>
23 </html>
```

在这个范例中，使用了绝对单位定义变化后图像的宽度和高度，如下图（左）和下图（右）所示，在浏览器大小改变后，可以发现图片的大小固定，没有随着浏览器的变化而变化。

下面来看一下使用相对单位的效果，【范例 5.4】给出了在实际网页设计中使用相对单位的情况。

【范例 5.4】 图片缩放功能的实现（范例文件：ch05\5-4.html）

```
01 <!DOCTYPE html PUBLIC "-//W3C//DTD XHTML 1.0 Transitional//EN"
"http://www.w3.org/TR/xhtml1/DTD/xhtml1-transitional.dtd">
02 <html xmlns="http://www.w3.org/1999/xhtml">
03 <head>
04 <meta http-equiv="Content-Type" content="text/html; charset=utf-8" />
05 <title> 使用相对单位进行图片缩放 </title>
06 <style>
07 <!--
08 img.one{
09 width:50%;              /* 相对宽度为 50% */
10 }
11 -->
12 </style>
13 </head>
14 <body>
15   <div><p> 原图 </p>
16     <img src="rb.jpg" />
17   </div>
18   <div><p> 缩放后 </p>
19     <img src="rb.jpg"  class="one"/>
20   </div>
21 </body>
22 </html>
```

在文件的 CSS 样式定义中，为 img 标签定义一个类，该类的作用使得图像宽度相对原图像缩小 50%，显示效果如下图（左）所示。

 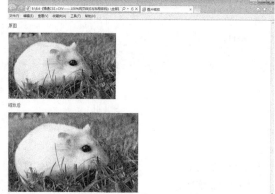

但是当变化浏览器的大小的时候，图片的宽度和高度都发生了变化，如上图（右）所示。
注意，如果我们修改上面程序代码"09"行如下。

```
09  height:50%;            /* 相对高度为 50% */
```

高度使用相对数值的时候，可以发现高度不会随相对数值的变化而发生改变，所以在使用相对数值对图片进行设置缩放效果时，只需要设置图片宽度的相对数值即可。

5.3 图文混排

 本节视频教学录像：7 分钟

所谓图文混排，就是将文字与图片混合排列，文字可在图片的四周、嵌入图片下面、浮于图片上方等。在网页中可以通过 CSS 设置各种图文混排效果，下面分别介绍在图文混排中经常使用到的技术。

5.3.1 文字环绕

文字环绕图片是网页排版中应用非常广泛的一种排版方式，通过文字环绕可以使窗口更加美观，在 CSS 样式中是通过 float 属性来实现文字环绕的效果，float 属性定义所选元素在哪个方向浮动，使文本围绕在图像周围。其基本语法格式如下。

```
float: 属性值
```

其属性值一般有 left、right、none 和 inherit。left 表示所设定的元素向左边浮动；right 表示表示所设定的元素向右面浮动；none 是默认值，不环绕。而 inherit 规定应该从父元素继承 float 属性的值。例如：float:right 使得所设定的元素向右边附送。
下面的例子给出了网页设计中 float 属性具体的使用方法。

【范例 5.5】 文字环绕图片（范例文件：ch05\5-5.html）

```
01 <!DOCTYPE html PUBLIC "-//W3C//DTD XHTML 1.0 Transitional//EN"
"http://www.w3.org/TR/xhtml1/DTD/xhtml1-transitional.dtd">
02 <html xmlns="http://www.w3.org/1999/xhtml">
03 <head>
04 <meta http-equiv="Content-Type" content="text/html; charset=utf-8" />
05 <title> 文字环绕 </title>
```

```
06  <style type="text/css">
07  img{
08  float:left;                          /* 文字环绕图片向左浮动 */
09  }
10  p{
11  color:blue;                          /* 文字颜色为蓝色 */
12  }
13  span{
14  float:left;                          /* 首字放大 */
15  font-size:60px;                      /* 字体大小为 60px*/
16  font-family: 黑体;                   /* 字体为黑体 */
17  }
18  </style>
19  </head>
20  <body>
21  <img src="cat.jpg" width="200" height="200" />
22  <p><span> 猫 </span>（cat）又叫家狸，是鼠的敌人，到处都在畜养，有黄、黑、白、
花等各种颜色。身形像狸，外貌像老虎，毛柔而齿利。以尾长腰短，目光如金银，上腭棱多的最好。
因小巧，样子很招人喜爱。猫头圆、颜面部短。前肢五指，后肢四趾，趾端具锐利而弯曲的爪，
爪能伸缩。趾行性。以伏击的方式猎捕其他动物，大多能攀缘上树。猫的趾底有脂肪质肉垫，
捕鼠时不会惊跑鼠，猫在休息和行走时爪缩进去，捕鼠时伸出来，以免在行走时发出声响，防
止爪被磨钝。<p>
23  </body>
24  </html>
```

在这个范例的代码中，设置了一张图片和一段文字，并把文字首字放大，通过为 img 标签设置
float:left 属性，使得图像向左浮动，其运行结果如下图所示。

如果把 CSS 定义中图片的 float 属性设为 right，图片将会移动到页面的右边，如下图所示。

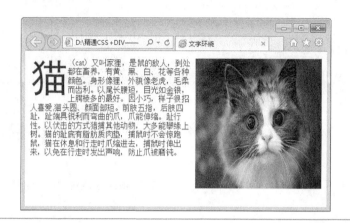

```
01  img{
02  float:right;                              /* 文字环绕图片向右浮动 */
03  }
```

5.3.2　设置图片与文字的间距

在上例中，文字紧密的环绕在图片周围，给人一种压迫感，这样的表现形式不是太美观，如果图片本身和文字有一定的距离，这样就看着更加舒适。在 CSS 样式中，只需要给 <img> 标记添加 margin 属性就可以调整图片和文字的距离。margin 属性在一个声明中设置所有外边距属性。该属性可以有 1~4 个值。基本语法格式如下。

margin: 1~4 个属性值

其属性值之间用空格分割。如果 4 个属性值都写，分别表明是上外边距、右外边距、下外边距和左外边距；如果只写 3 个属性，分别表明是上外边距、右（左）外边距和下外边距，即中间数值同时表示左、右边距；如果只写 2 个属性，分别表明是上（下）外边距和右（左）外边距，即第一个数值表示上、下边距，第二个数值表示左、右边距。如果只写 1 个数值，则所有 4 个边距都是这个数值。例如：

margin:10px 5px 15px 20px;

表示上外边距是 10px，右外边距是 5px，下外边距是 15px，左外边距是 20px。

margin: 10px 5px 15px;

表示上外边距是 10px，右外边距和左外边距都是 5px，下外边距是 15px。
下面的【范例 5.6】是在【范例 5.5】基础上完善的，它给出了 margin 属性在网页设计中的使用方法。

【范例 5.6】　调整图片和文字的距离（范例文件：ch05\5-6.html）

```
01 <!DOCTYPE html PUBLIC "-//W3C//DTD XHTML 1.0 Transitional//EN"
"http://www.w3.org/TR/xhtml1/DTD/xhtml1-transitional.dtd">
02  <html xmlns="http://www.w3.org/1999/xhtml">
```

```
03  <head>
04  <meta http-equiv="Content-Type" content="text/html; charset=utf-8" />
05  <title> 图片与文字距离 </title>
06  <style type="text/css">
07  img{
08  float:left;                                    /* 文字环绕图片向左浮动 */
09  margin:10px 40px;     /* 表示上、下外边距是 10px，右、左外边距都是 40px。*/
10  }
11  p{
12  color:blue;                              /* 文字颜色为蓝色 */
13  }
14  span{
15  float:left;                                    /* 首字放大 */
16  font-size:60px;                    /* 文字大小为 60px*/
17  font-family: 黑体;                   /* 文字类型为黑体 */
18  }
19  </style>
20  </head>
21  <body>
22  <img src="cat.jpg" width="200" height="200" />
23  <p><span> 猫 </span>（ cat ）又叫家狸，是鼠的敌人，到处都在畜养，有黄、黑、白、
花等各种颜色。身形像狸，外貌像老虎，毛柔而齿利。以尾长腰短，目光如金银，上腭棱多的最好。
因小巧，样子很招人喜爱，猫头圆、颜面部短。前肢五指，后肢四趾，趾端具锐利而弯曲的爪，
爪能伸缩。趾行性。以伏击的方式猎捕其他动物，大多能攀缘上树。猫的趾底有脂肪质肉垫，
捕鼠时不会惊跑鼠，猫在休息和行走时爪缩进去，捕鼠时伸出来，以免在行走时发出声响，防
止爪被磨钝。<p>
24  </body>
25  </html>
```

在 CSS 定义中修改原先 img 标签，在其中添加"margin:10px 40px;"，它的作用是设置图片与
周围文字的边距，使得上外边距是 10px，右外边距和左外边距都是 40px，下外边距是 10px。其显示
效果如下图所示，可以看到文字和图片的距离明显变得宽了。

　　如果在使用中将数值变为负数，则文字将移到图片的上方。例如把上面程序代码 09 行换成如下内容，则显示结果如下图所示。

```
09  margin:10px -40px;   /* 表示上、下外边距是 10px，右、左外边距都是 -40px。*/
```

5.4 案例——个人养生网页

 本节视频教学录像：9 分钟

　　本节主要通过综合案例进一步巩固图文混排技术的使用，并且把该技术运用到实际的网页制作中来。该案例主要以个人养生网页为题材，充分利用 CSS 图文混排的方法，学习在实际制作中如何灵活运用，效果如下图所示。

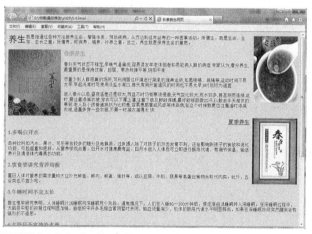

【范例 5.7】　设置图片对齐方式（范例文件：ch05\5-7.html）

　❶ 将所需文字放到网页中。使用 Dreamweaver 软件按照前面章节介绍方法新建一个 HTML 文件，然后从本章范例目录 ch05 中附带的文件 neirong.txt 中复制里面全部内容，单击【编辑】▶【选择性粘贴】命令，弹出如下图所示对话框，选择"带结构的文本（段落、列表、表格等）"单选按钮，即可将文字内容添加到网页中。

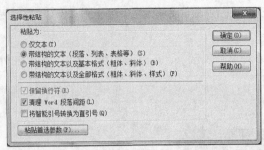

❷ 分别加入所需图像，具体加入的位置可参考 ch05/5-7.html，也可以自己定义图像所在位置。

```
01  <img src="yangsheng1.jpg" width="152" height="220" class="p1" />
02  <img src="pengzu.jpg" width="180" height="220"  class="p2"/>
03  <img src="yangsheng2.jpg" width="155" height="220"   class="p1"/>
04  <img src="yangsheng3.jpg" width="200" height="158"   class="p2"/>
05  <img src="yangsheng4.jpg" width="200" height="180"   class="p1"/>
```

❸ 为整个页面选取一个背景颜色，以及定义页面文字大小，并按照前面章节的介绍分别加入图片混排和首字放大的代码。

```
01  <style type="text/css">
02  <!--
03  body{
04  background-color:#3F9;        /* 页面背景色为青绿色 */
05  }
06  p{
07  font-size:15px;                        /* 段落文字大小为 15px */
08  }
09  img.p1{
10  float:right;                          /* 文字环绕图片向右浮动 */
11  margin-left:10px;                     /* 图片左端与文字的距离为 10px */
12  margin-bottom:5px;                    /* 图片下端空白为 5px*/
13  }
14  img.p2{
15  float:left;                          /* 文字环绕图片向左浮动 */
16  margin-right:10px;                   /* 图片右端与文字的距离为 10px */
17  margin-bottom:5px;                   /* 图片下端空白为 5px*/
18  }
19  span{
20  float:left;                          /* 首字放大 */
21  font-size:30px;                      /* 文字大小为 30px*/
22  font-family: 黑体 ;                  /* 文字类型为黑体 */
23  }
24  -->
25  </style>
```

❹ 为每个小标题添加一个 CSS 控制，使其根据图片的位置做相应的变化。具体代码如下：

```
01  p.t1{                                    /* 左侧标题定义 */
02  text-decoration:underline;   /* 为文字加下画线 */
03  font-size:18px;              /* 文字大小为 18px*/
04  font-weight:bold;                    /* 文字为粗体 */
05  text-align:left;             /* 文字左对齐 */
06  color: #F90;                        /* 标题颜色为橙色 */
07  }
08  p.t2{                                    /* 右侧标题 */
09  text-decoration:underline;        /* 为文字加下画线 */
10  font-size:18px;              /* 文字大小为 18px*/
11  font-weight:bold;            /* 文字为粗体 */
12  text-align:right;            /* 文字右对齐 */
13  color: #F90;                 /* 标题颜色为橙色 */
14  }
15  p.t3{                                    /* 小标题 */
16  font-size:18px;           /* 文字大小为 18px*/
17  font-weight:bold;            /* 文字为粗体 */
18  text-align:left;          /* 文字左对齐 */
19  color: #F90;              /* 标题颜色为橙色 */
20  }
```

❺ 在网页正文中将需要显示的首字放大，不同正文给予不同的类选择，实现预定的效果。

通过图文混排后，文字能够更好地利用有限的版面空间。就像 Word 中使用图文混排那样。最后所有的代码在这里就不在重复了。读者可以参照 ch05/5-7.html 文件里面有所有的代码。

5.5 设置图片与文字的对齐方式

 本节视频教学录像：6 分钟

当网页中同时出现文字和图片的时候，图片和文字的对齐方式就显得尤其重要了。如果能够合理地将图片和文字对齐到理想的位置，页面将显得更加协调统一。本节分别介绍 CSS 设置图片与文字的对齐方式，包括横向对齐方式和纵向对齐方式。

5.5.1 横向对齐方式

图片的对齐方式与前面介绍的文字的水平对齐方式基本相同，都是通过 text-align 属性进行设置，可以实现图片与文字的左、中、右三种对齐效果，其主要属性值如下表所示。

属性值	描述
left	用于把图片向左对齐
center	用于把图片居中对齐
right	用于把图片向右对齐

不同的是图片的对齐方式是通过为其父元素设置定义 text-align 属性来实现，见下面代码所示（元素 <img> 继承父元素 <td> 的 text-align 属性，而不能在元素 <img> 中定义对齐方式）：

```
01    <td style="text-align:left;">  <!-- 控制图片向左对齐 -->
02    <img src="cat.jpg" width="200" height="100">
03    </td>
```

再来看下面这个实例，进一步了解使用方法。

【范例 5.8】 设置图片对齐方式（范例文件：ch05\5-8.html）

```
01 <!DOCTYPE html PUBLIC "-//W3C//DTD XHTML 1.0 Transitional//EN"
"http://www.w3.org/TR/xhtml1/DTD/xhtml1-transitional.dtd">
02 <html xmlns="http://www.w3.org/1999/xhtml">
03 <head>
04 <meta http-equiv="Content-Type" content="text/html; charset=utf-8" />
05 <title> 横向对齐方式 </title>
06 <style type="text/CSS">
07 <!--
08 td.one {
09 text-align: left;          /* 文字左对齐 */
10 font-size:16px;          /* 文字大小为 16px*/
11 color:#F00;        /* 文字颜色为 */
12 }
13 td.two {
14 text-align:center;          /* 文字居中对齐 */
15 font-size:16px;          /* 文字大小为 16px*/
16 color:#F00;      /* 文字颜色为 */
17 }
18 td.three{
19 text-align:right;          /* 文字右对齐 */
20 font-size:16px;          /* 文字大小为 16px*/
21 color:#F00;          /* 文字颜色为 */
22 }
23 -->
24 </style>
25 </head>
26 <body>
27 <table width="100%" border="1">
28 <tr>
29 <td style="text-align:left;">  <!-- 控制图片向左对齐 -->
30 <img src="cat.jpg" width="200" height="100">
31 </td>
32 <td class="one"> 向左对齐 </td>
33 </tr>
```

```
34  <tr>
35  <td style="text-align:center;"> <!-- 控制图片居中对齐 -->
36  <img src="cat.jpg" width="200" height="100">
37  </td>
38  <td class="two"> 居中对齐 </td>
39  </tr>
40  <tr>
41  <td style="text-align:right;">  <!-- 控制图片向右对齐 -->
42  <img src="cat.jpg" width="200" height="100">
43  </td>
44  <td class="three"> 向右对齐 </td>
45  </tr>
46  </table>
47  </body>
48  </html>
```

在本范例中，在文件代码中每幅图像显示的代码前面分别加入控制代码 <td style="text-align:left;">、 <td style="text-align:center;"> 和 <td style="text-align:right;">，可以控制图像左对齐、居中对齐和右对齐。其显示效果如下图所示：可以看到图片在表格中分别以向左、居中、向右的方式对齐，文字和图片一样分别向左，居中和向右对齐。如果直接在图片上设置水平对齐方式，则浏览器不会识别，达不到预期的效果。

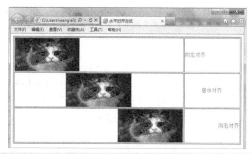

5.5.2 纵向对齐方式

图片竖直方向对齐与文本竖直方向对齐也是相似的，主要体现在与文字的搭配上。在 CSS 中是使用 vertical-align 属性实现这种效果，该属性的取值见下表。

属性值	描述
Baseline	默认。元素放置在父元素的基线上
Sub	垂直对齐文本的下标
Super	垂直对齐文本的上标
Top	把元素的顶端与行中最高元素的顶端对齐
text-top	把元素的顶端与父元素字体的顶端对齐
Middle	把此元素放置在父元素的中部
Bottom	把元素的顶端与行中最低的元素的顶端对齐

续表

属性值	描述
text-bottom	把元素的底端与父元素字体的底端对齐
length	定义由基线算起的偏移量
%	使用 line-height 属性的百分比值来排列此元素。允许使用负值
Inherit	规定应该从父元素继承 vertical-align 属性的值

【范例 5.9】给出了 vertical-align 属性使用方法，并对每一个属性值分别举例展示。

【范例 5.9】 设置图片纵向对齐（范例文件：ch05\5-9.html）

```
01  <!DOCTYPE html PUBLIC "-//W3C//DTD XHTML 1.0 Transitional//EN"
"http://www.w3.org/TR/xhtml1/DTD/xhtml1-transitional.dtd">
02  <html xmlns="http://www.w3.org/1999/xhtml">
03  <head>
04  <meta http-equiv="Content-Type" content="text/html; charset=utf-8" />
05  <title> 纵向对齐方式 </title>
06  <style type="text/CSS">
07  p{ font-size:15px;       /* 文字大小为 15px*/
08  border:1px red solid;}   /* 边界宽度为 1px，红色实线 */
09  img{ width:50px;             /* 宽度为 50px*/
10    border: 1px solid #000055; }  /* 边界宽度为 1px，实线 */
11  </style>
12  </head>
13  <body>
14  <p> 竖直对齐 <img src="cat.jpg" width="60" height="60" style="vertical-
align:baseline;"> 方
15     式 :baseline<img src="rb.jpg" width="30" height="30" style="vertical-
align:baseline;"> 方式 </p>
16  <p> 竖直对齐 <img src="cat.jpg" width="60" height="60" style="vertical-
align:top"> 方式 :top<img
17    src="rb.jpg" width="30" height="30" style="vertical-align:top"> 方式 </p>
18  <p> 竖直对齐 <img src="cat.jpg" width="60" height="60" style="vertical-
align:middle;"> 方
19     式 :middle<img src="rb.jpg" width="30" height="30" style="vertical-
align:middle;"> 方式 </p>
20  <p> 竖直对齐 <img src="cat.jpg" width="60" height="60" style="vertical-
align:bottom;"> 方
21     式 :bottom<img src="rb.jpg" width="30" height="30" style="vertical-
align:bottom;"> 方式 </p>
22  <p> 竖直对齐 <img src="cat.jpg" width="60" height="60" style="vertical-
align:text-bottom;"> 方
23     式 :text-bottom<img src="rb.jpg" width="30" height="30" style="vertical-
```

align:text-bottom;"> 方式 </p>

  24 <p> 竖 直 对 齐 <img src="cat.jpg" width="60" height="60" style="vertical-align:text-top;"> 方

  25   式 :text-top<img src="rb.jpg" width="30" height="30" style="vertical-align:text-top;"> 方式 </p>

  26 <p> 竖 直 对 齐 <img src="cat.jpg" width="60" height="60" style="vertical-align:sub;"> 方式 :sub<img

  27 src="rb.jpg" width="30" height="30" style="vertical-align:sub;"> 方式 </p>

  28 <p> 竖 直 对 齐 <img src="cat.jpg" width="60" height="60" style="vertical-align:super;"> 方 式 :super<img 29 src="rb.jpg" width="30" height="30" style="vertical-align:super;"> 方式 </p>

  29 </body>

  30 </html>

其显示效果如下图所示。

 高手私房菜

>>>

技巧 1：解决在浏览器中图片无法显示的问题

图片在网页中属于嵌入对象，并不保存在网页中，网页只是保存了指向图片的路径。浏览器在解释 HTML 文件时，会按指定的路径去寻找图片，如果在指定的位置不存在图片，就无法正常显示。为了保证图片的正常显示，制作网页时需要注意以下几点。

(1) 图片格式一定是网页支持的，其中 jpg、gif、png、bmp 是网页支持的图片格式。

jpg 文件相对较小，有利于加载，但是它不能保证图片的原有色。gif 可以有简单的动画，一帧一帧地跳动，很有卡通感觉。简单的小动画跳动可以给人活跃的感觉，让人爱不释手。需要注意的是，动画尺寸大，而且动画长的话，那这个文件就会很大，加载就慢了。png 能保证图片的颜色，很清晰，很干净。在网页上能实现半透明效果。bmp 是 Window 标准文件，体积比较大，加载相对慢，网上用得很少。

(2) 图片的路径一定要正常，并且图片文件扩展名不能省略。

(3) HTML 文件位置发生改变时，图片一定要跟随着改变，即图片位置和 HTML 文件位置始终保持相对一致，并且在 HTML 文件中调用图片的时候使用相对路径，这样便于保持程序的一致性，不用修改即可。最好的方法就是将 HTML 文件和图片文件都放到同一文件夹中，移动的时候，把文件夹一起移动。

技巧 2：解决图片超出撑破 DIV 的问题

使用 CSS 控制该对象 IMG 标签宽度即可，假如该对象为设置宽度为 500px，那就只需如下设置：

```
01  img{max-width:500px;
02  width:600px;
03  width:expression(document.body.clientWidth>600?"600px":"auto");
04  overflow:hidden;}
```

但是在 IE 6 中 max-width 属性是失效的，在 IE 7 以上版本才有效。

其中 03 行的作用是当图片大于 600px，自动缩小为 600px，小于 600px 自适应大小。04 行的作用是超出的部分隐藏，避免控制图片大小失败而引起的撑开变形。

第 6 章

 本章教学录像：29 分钟

用 CSS 设置网页背景颜色与背景图像

对一个网页的背景设置颜色，以及在背景中加入图像在实际网站中经常采用到，任何一个网站页面，它的背景颜色和背景图片的基调都会给用户留下第一印象，因此控制网站页面背景通常是网页设计的一个很重要的环节。本章将通过简单的实例首先介绍如何使用 CSS 设置网页的背景颜色和背景图像；然后讲解如何设置背景图像的平铺；并进一步讲解如何固定背景图片的位置以及将标题的图像进行替换；最后介绍使用滑动门效果显示标题的方法。

本章要点（已掌握的在方框中打勾）

☐ 设置背景颜色

☐ 设置背景图像

☐ 设置背景图像平铺

☐ 设置背景图像位置

☐ 设置固定的背景图像位置

☐ 设置图像替换标题

☐ 设置滑动门效果的标题

6.1 设置背景颜色

 本节视频教学录像：6 分钟

网页背景颜色的设置主要使用 background-color 属性，其基本语法格式为：

background-color: 颜色参数值

background-color 属性可以用来设置背景颜色，为背景元素设置一种纯色。其中颜色参数值可以使用 4.1 节所介绍的 4 种颜色单位，即直接使用颜色名称、采用 RGB 颜色、百分比颜色以及十六进制颜色的命名方法。

例如：p { background-color: yellow } 表示将网页的段落背景设置为红色。

【范例 6.1】 使用 background-color 属性设置背景颜色（范例文件：ch06\6-1.html）

新建记事本，编写以下 HTML 代码。

```
01 <!DOCTYPE html PUBLIC "-//W3C//DTD XHTML 1.0 Transitional//EN"
"http://www.w3.org/TR/xhtml1/DTD/xhtml1-transitional.dtd">
02 <html xmlns="http://www.w3.org/1999/xhtml">
03 <head>
04 <meta http-equiv="Content-Type" content="text/html; charset=utf-8" />
05 <title>background-color 属性 </title>
06 <style>
07 <!--
08 h1{background-color:green;  /* 设置标题的背景颜色 */
09 color:#F00; /* 设文字的颜色 */
10 text-align:center
11 }
12 p{color:red; /* 设文字的颜色 */
13 font-size:18px;
14 background-color:#CCC} /* 设置标题的背景颜色 */
15 -->
16 </style>
17 </head>
18 <body>
19 <h1> 背景颜色 </h1>
20    <p>
21      背景颜色配置对网页的表现效果起到很重要的作用。如果一篇较长的文章使用白色背
景，长时间的关注，会引起眼睛疲劳，而使用深色背景可以避免这种情况发生。
22    </p>
23 </body>
24 </html>
```

【运行结果】

使用 IE 浏览器打开文件，预览效果如图所示。

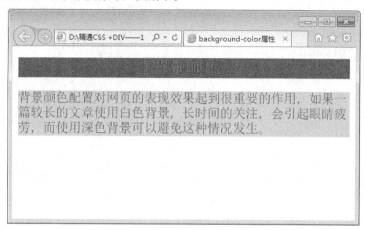

【范例分析】

在这个范例中的 CSS 代码定义中，分别为 h1 和 p 标签定义了背景颜色，正文内容包含一段文字和一个标题。定义的 CSS 代码分别作用于这两个对象，使不同对象的背景颜色不同，标题的背景颜色在样式表中设置为绿色，文字的背景颜色设置为灰色。

6.2 设置背景图像

 本节视频教学录像：3 分钟

网页背景图像的设置主要使用 background-image 属性，其基本语法格式为：

```
background-image: none/url
```

background-image 属性可以用来为标记添加背景图片，取值为 none 以及 url。background-image 属性的默认值是 none，表示背景上没有放置任何图像。如果需要设置一个背景图像，必须为这个属性设置一个 URL 值：URL 值既可以使用相对路径也可以使用绝对路径，推荐使用相对路径，相对路径便于代码的移植。

例如：body{background-image: url（"action.gif"）} 可以将当前文件夹的图片 action.gif 图片设置为背景图片。【范例 6.2】给出了 background-image 属性在网页设计中设置背景图像的使用方法。

【范例 6.2】 使用 background-image 属性设置背景图像的方法（范例文件：ch06\6-2.html）

新建记事本，编写以下 HTML 代码。

```
01 <!DOCTYPE html PUBLIC "-//W3C//DTD XHTML 1.0 Transitional//EN"
"http://www.w3.org/TR/xhtml1/DTD/xhtml1-transitional.dtd">
02 <html xmlns="http://www.w3.org/1999/xhtml">
03 <head>
```

```
04  <meta http-equiv="Content-Type" content="text/html; charset=utf-8" />
05  <title>background-image 属性 </title>
06  <style>
07  <!--
08  body{background-image: url (tree.jpg);}   /* 设置背景图像 */
09  div{font-family:" 华文隶书 " ;color: #F00;}
10  -->
11  </style>
12  </head>
13  <body>
14  <div>
15  <font size="6"><b> 美丽的景色 </b></font>
16  </div>
17  </body>
18  </html>
```

【运行结果】

使用 IE 浏览器打开文件，预览效果如图所示。

【范例分析】

这个范例代码不多，在头文件的 CSS 样式定义中，使用 background-image 属性定义了一幅图像作为背景，由于是直接定义 url 值，所以浏览器自动将图片覆盖整个网页。

6.3 设置背景图像平铺

 本节视频教学录像：5 分钟

背景图像平铺的设置主要使用 background-repeat 属性，其语法格式为：

background-repeat: 属性值

这个属性可以用来设置平铺背景图像的平铺方式，使得图像自动适应页面的大小。background-repeat 属性取值为 repeat、no-repeat、repeat-x、repeat-y。其中，repeat 为默认值，表示背景图像在纵向和横向上平铺；no-repeat 背景图像不平铺；repeat-x 背景图像仅在横向上平铺；repeat-y 背景图像仅在纵向上平铺。如下表所示。

属性值	描述
repeat-x	背景图像在横向上平铺
repeat-y	背景图像在纵向上平铺
repeat	背景图像在横向和纵向平铺
no-repeat	背景图像不平铺
round	背景图像自动缩放直到适应且填充满整个容器（CSS3）
space	背景图像以相同的间距平铺且填充满整个容器或某个方向（CSS3）

例如：body{background-image: url（"action.gif"）background-repeat: repeat-y}; 表示把背景图片沿纵向平铺。【范例 6.3】给出了在网页代码中设置背景图像平铺的使用方法。

【范例 6.3】 使用 background-repeat 属性设置背景图像平铺（范例文件：ch06\6-3.html）

新建记事本，编写以下 HTML 代码。

```
01 <!DOCTYPE html PUBLIC "-//W3C//DTD XHTML 1.0 Transitional//EN"
"http://www.w3.org/TR/xhtml1/DTD/xhtml1-transitional.dtd">
02 <html xmlns="http://www.w3.org/1999/xhtml">
03 <head>
04 <meta http-equiv="Content-Type" content="text/html; charset=utf-8" />
05 <title> 设置背景图像平铺 </title>
06 <style>
07 <!--
08
09 div{font-family:" 华文隶书 " ;color: #F00;
10 background-color:#FFF;
11 background-image:url(flower.jpg);  /* 设置背景图像平铺 */
12 font-family:" 华文隶书 ";
13 background-repeat:repeat-y}  /* 设置背景图像沿纵向平铺 */
14 -->
15 </style>
16 </head>
17 <body>
18 <font size="+6" color="#FF0000"> 美丽的景色 </font>
```

```
19  <div>
20    <br />
21    <p><font size="+4"> 花 </font></p><br /> <br />
22      <p> 花的海洋 </p><br /><br /> <br />
23        <p> <h4> 关爱大自然，珍惜生命！ </h4></p><br /> <br />
24    </div>
25  </body>
26  </html>
```

【运行结果】

使用 IE 浏览器打开文件，预览效果如图所示。

【范例分析】

在这个范例中，在头文件的 CSS 样式定义中，分别使用 background-image 属性和 background-repeat 属性定义背景图像以及图像的平铺方式。可以发现，背景图片没有铺满整个屏幕，而是在竖直方向上进行平铺。如果将 background-repeat 属性的值设置为 repeat-x，则图片将在水平方向平铺显示。

6.4 设置背景图像位置

 本节视频教学录像：3 分钟

在默认情况下，图片都是从左上角开始出现的，但是实际中，用户往往希望背景图片出现在指定的地方。背景图像位置的设置主要使用 background-position 属性，其基本语法格式为：

background-repeat: 属性值

background-position 属性可以设置或者检索背景图像的位置。其值可以是任意的两个长度单位或者是百分数组成，如 100px 或 5cm，最后也可以使用百分数值。不同类型的值对于背景图像的放置稍有差异。另外也可以使用 top、center、bottom、left、center、right 等关键字作为它的值，图像放置关键字最容易理解，其作用如其名称所表明的。例如，top right 使图像放置在元素内边距区的右上角。该属性的具体取值见下表。下面【范例 6.4】介绍了在网页设计中如何设置图像的位置。

属性值	描述
`<percentage>`	用百分比指定背景图像填充的位置。可以为负值
`<length>`	用长度值指定背景图像填充的位置。可以为负值
center	背景图像横向和纵向居中
left	背景图像在横向上填充从左边开始
right	背景图像在横向上填充从右边开始
top	背景图像在纵向上填充从顶部开始
bottom	背景图像在纵向上填充从底部开始

【范例 6.4】 使用 background-position 属性设置背景图像位置（范例文件：ch06\6-4.html）

新建记事本，编写以下 HTML 代码。

```
01  <!DOCTYPE html PUBLIC "-//W3C//DTD XHTML 1.0 Transitional//EN"
"http://www.w3.org /TR/xhtml1/DTD/xhtml1-transitional.dtd">
02  <html xmlns="http://www.w3.org/1999/xhtml">
03  <head>
04  <meta http-equiv="Content-Type" content="text/html; charset=utf-8" />
05  <title> 设置背景图像位置 </title>
06  <style>
07  <!--
08  body{
09  padding:0px;
10  margin:0px;
11  background-image:url(bg1.jpg);           /* 背景图片 */
12  background-repeat:no-repeat;             /* 不重复 */
13  background-position:bottom right; /* 背景位置，右下 */
14  background-color:#eeeee8;
15  }
16  span{                           /* 首字放大 */
17  font-size:70px;
18  float:left;
19  font-family: 黑体 ;
20  font-weight:bold;
21  }
22  p{
23  margin:0px; font-size:14px;
```

```
24    padding-top:10px;
25    padding-left:6px; padding-right:8px;
26    }
27    h2{
28    color:#F00; text-align:center;}
29    -->
30    </style>
31    </head>
32    <body>
33    <h2> 冰的形成 </h2>
34       <p> <span> 自 </span> 然界中的水，具有气态、固态和液态三种状态。液态的
```
我们称之为水，气态的水叫水汽，固态的水称为冰。冰的熔化热是 3.35×10^5J/kg</p>
```
35       <p> 水是一种特殊的液体。它在 4℃时密度最大。温度在 4℃以上，液态水遵守一般
```
热胀冷缩规律。4℃以下，原来水中呈线形分布的缩合分子中，出现一种象冰晶结构一样的似冰
缔合分子，叫做 " 假冰晶体 "。因为冰的密度比水小，"假冰晶体"的存在，降低了水的密度，
这就是为什么水在 4℃时密度最大，低于 4℃密度又要减小的秘密。
```
36    到目前为止，已经能够在实验室里制造出 8 种冰的晶体，但只有天然冰能在自然条件下
```
存在，其他都是高压冰，在自然界不易存在。</p>
```
37       <p> 天然冰中水分子的缔合是按六方晶系的规则排列起来的。所谓结晶格子，最简
```
单的例子是紧密地堆砌的砖块，如果在这些砖块的中心处代之以一个假设的原子，便得到了一
个结晶格子。冰的晶格为一个带顶锥的三棱柱体，六个角上的氧原子分别为相邻六个晶胞所共
有。三个棱上氧原子各为三个相邻晶胞所共有，二个轴顶氧原子各为二个晶胞所共有，只有中
央一个氧原子算是该晶胞所独有。</p>
```
38    </body>
39    </html>
```

【运行结果】

使用 IE 浏览器打开文件，预览效果如图所示。

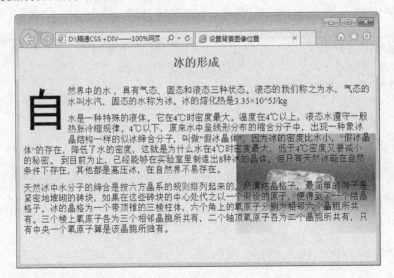

【范例分析】

在这个范例的 CSS 代码中，为 body 标签分别使用 background-image 属性、background-repeat 属性和 background-position 属性定义背景图像以及图像的平铺方式，并给出图像的显示位置。可以发现，通过 CSS 的设置，图片已经转移到右下方，使得网页具有很好的契合效果。

6.5 设置固定的背景图像位置

 本节视频教学录像：4 分钟

如果文档比较长，那么当文档向下滚动时，背景图像也会随之滚动。当文档滚动到超过图像的位置时，图像就会消失。此时通过 background-attachment 属性防止这种滚动。其基本语法格式为：

```
background-attachment: fixed/ scroll
```

background-attachment 属性用来设置或检索背景图片在网页中的依附形式。其取值为：scroll（固定），fixed（滚动）。默认值为 scroll 表示图像是随着窗口一起滚动的。fixed 标记是背景图像固定。通过这个属性，可以声明图像相对于可视区是固定的（fixed），因此不会受到滚动的影响。下面这个范例给出了使用的方法。

【范例 6.5】 使用 background-attachment 属性设置背景图片位置固定（范例文件：ch06\6-5.html）

新建记事本，编写以下 HTML 代码。

```
01 <!DOCTYPE html PUBLIC "-//W3C//DTD XHTML 1.0 Transitional//EN"
"http://www.w3.org /TR/xhtml1/DTD/xhtml1-transitional.dtd">
02 <html xmlns="http://www.w3.org/1999/xhtml">
03 <head>
04 <meta http-equiv="Content-Type" content="text/html; charset=utf-8" />
05 <title> 图像位置固定 </title>
06 <style>
07 <!--
08 body{
09 padding:0px; margin:0px;
10 background-image:url(bg2.jpg);          /* 背景图片 */
11 background-repeat:no-repeat;            /* 不重复 */
12 background-attachment:fixed;            /* 固定背景图片 */
13 }
14 p{
15 margin:0px;
16 font-size:18px;
17 padding-top:10px;
18 padding-left:6px;
```

```
19  padding-right:8px;
20  color:yellow;
21  font-weight: bold;
22  font-family: " 黑体 ";
23  }
24  h2{
25  color:#F00; text-align:center;}
26  -->
27  </style>
28  </head>
29  <body>
30  <h2> 冰的形成 </h2>
31     <p> <span> 自 </span> 然界中的水 ，具有气态、固态和液态三种状态。
</p> <!-- 由于文字内容太多，就只写到这里了，大家可以参看源码 -->
32  </body>
33  </html>
```

【运行结果】

使用 IE 浏览器打开文件，预览效果如图所示。

【范例分析】

这个范例也是在 CSS 定义中，为 body 标签使用 background-image 属性、background-repeat 属性和 background-attachment 属性定义背景图像以及图像的平铺方式，并设置背景图像固定。

6.6 设置图像替换标题

 本节视频教学录像：4 分钟

搜索引擎是通过网页文本读取以达到检索效果，而且文本在浏览器中可以通过不同字号、字体、颜色展现，做出美观的网页。但是一般电脑的字体有限，而且当用户客户端电脑没有设计者选择的字体时，无法达到设计的效果，因此需要使用一些图像替换文字。也就是说，文字（标题）的图像替换是为了追求更好的美观效果，同时为了便于搜索引擎理解和收录网页。

这种文字（标题）的图像替换的效果，使用 background 属性，其基本语法格式为：

```
background: url
```

其中，url 属性后跟一个包含路径的图像文件名。【范例 6.6】给出了 background 属性的使用方法。

【范例 6.6】 设置标题图像替换的方法（范例文件：ch06\6-6.html）

新建记事本，编写以下 HTML 代码。

```
01 <!DOCTYPE html PUBLIC "-//W3C//DTD XHTML 1.0 Transitional//EN"
"http://www.w3.org /TR/xhtml1/DTD/xhtml1-transitional.dtd">
02 <html xmlns="http://www.w3.org/1999/xhtml">
03 <head>
04 <meta http-equiv="Content-Type" content="text/html; charset=utf-8" />
05 <title> 设置背景图像位置 </title>
06 <style>
07 <!--
08 body{
09 padding:0px;
10 margin:0px;
11 background-repeat:no-repeat;              /* 不重复 */
12 background-position:bottom right; /* 背景位置，右下 */
13 background-color:#eeeee8;
14 }
15 span{
16 display:none;
17 }
18 p{
19 margin:0px; font-size:14px;
20 padding-top:10px;
21 padding-left:6px; padding-right:8px;
22 }
23 h2{   /* 标题替换 */
24 background:url(bg1.jpg) no-repeat; height:5cm;}
25 -->
26 </style>
27 </head>
28 <body>
29 <h2><span> 冰的形成 </span></h2>
30    <p> 自然界中的水 ，具有气态、固态和液态三种状态。   </p>  <!一由于文字内容
太多，就只写到这里了，大家可以参看源码。-->
31 </body>
32 </html>
```

【运行结果】

使用 IE 浏览器打开文件，预览效果如图所示。

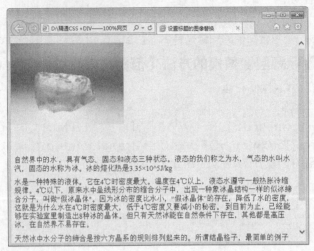

【范例分析】

在这个范例中间，为标题 h2 标签定义了一个 background 属性，当主页内容中标题 2 无法显示的时候，使用 background 属性中所定义的图像代替。图中标题被隐藏了，这是因为设置了 <span> 标签，通过 display 属性将原先的文本设置为隐藏，实现了图像替换标题的目的。

▌6.7 设置滑动门效果的标题

 本节视频教学录像：4 分钟

"滑动门技术"是指两个嵌套的元素分别使用一个背景图像，二者的中间部分重叠，但是两端却不重叠。这样，左右两端的背景就可以都被显示出来，中间部分的宽度可以自动适应。因此，当宽度发生变化时，左右两端的图案不变。"滑动门"这个名称形象地描述了这种方法的本质，两个图像就像两扇门，可以滑动，当宽度小的时候，就多重叠一些，宽度大的时候，就少重叠一些。

只需要对【范例 6.4】中的样式代码做一下修改，就能看到滑动门的效果，修改过的样式【范例 6.7】。

【范例 6.7】 滑动门的效果（范例文件：ch06\6-7.html）

新建记事本，编写以下 HTML 代码。

```
01 <!DOCTYPE html PUBLIC "-//W3C//DTD XHTML 1.0 Transitional//EN"
"http://www.w3.org/TR/xhtml1/DTD/xhtml1-transitional.dtd">
02 <html xmlns="http://www.w3.org/1999/xhtml">
03 <head>
04 <meta http-equiv="Content-Type" content="text/html; charset=utf-8" />
05 <title> 设置背景图像位置 </title>
06 <style>
07 <!--
08 body{
```

```
09  padding:0px;
10  margin:0px;
11  background-image:url(bg1.jpg);              /* 背景图片 */
12  background-repeat:no-repeat;                 /* 不重复 */
13  background-position:bottom right; /* 背景位置，右下 */
14  background-color:#eeeee8;
15  }
16  span{                                        /* 首字放大 */
17  display:block;
18  padding-right:40px;
19  background:url(bg4.gif) no-repeat right;
20  }
21  p{
22  margin:0px; font-size:14px;
23  padding-top:10px;
24  padding-left:6px; padding-right:8px;
25  }
26  h2{
27  color:#F00; text-align:center;padding-left:40px;
28  background:url(bg3.jpg) no-repeat;
29  width:400px;    /* 修改这个值即可改变宽度，且保持两端的花纹。*/}
30  -->
31  </style>
32  </head>
33  <body>
34  <h2><span> 冰的形成 </span></h2>
35     <p> 自然界中的水，具有气态、固态和液态三种状态。
36  </p>
37  </body>
38  </html>
```

【运行结果】

使用 IE 浏览器打开文件，预览效果如图所示。

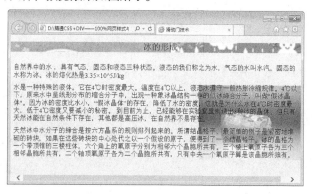

【范例分析】

在这个范例代码中，可以看到，<h2> 标签和 <span> 标签都使用 background 属性设置了背景图像，两幅图像的中间部分重叠，但是两端却不重叠。当修改 h2 标签中 width 属性的大小时，中间重叠部分会变化。

 高手私房菜

>>

技巧：网页文字颜色的搭配技巧

对于网页制作的初学者来说，可能更习惯于使用一些漂亮的图片作为自己网页的背景，但是当浏览许多大型的商业网站的时候，会发现很多网站更多运用的是白色、蓝色、黄色等，使得网页显得典雅、大方和温馨。更重要的是，这样可以大大加快浏览者打开网页的速度。

一般来说，网页的背景色应该柔和一些、淡一些，再配上深色的文字，使人看起来自然、舒畅。而为了追求醒目的视觉效果，可以为标题使用较深的颜色。

下面这些颜色可以做正文的底色，也可以做标题的底色，再搭配不同的字体，会有不错的效果。

Bgcolor K" # F1FAFA" ——做正文的背景色好，淡雅。

Bgcolor K" # E8FFE8" ——做标题的背景色较好，与上面的颜色搭配很协调。

Bgcolor K" # E8E8FF" ——做正文的背景色较好，文字颜色配黑色。

Bgcolor K" # 8080C0" ——上配黄色白色文字较好。

Bgcolor K" # E8D098" ——上配浅蓝色或蓝色文字较好。

Bgcolor K" # EFEFDA" ——上配浅蓝色或红色文字较好。

Bgcolor K" # F2F1D7" ——配黑色文字素雅，如果是红色则显得醒目。

Bgcolor K" # 336699" ——配白色文字好看些。

Bgcolor K" # 6699CC" ——配白色文字好看些，可以做标题。

Bgcolor K" # 66CCCC" ——配白色文字好看些，可以做标题。

Bgcolor K" # B45B3E" ——配白色文字好看些，可以做标题。

Bgcolor K" # 479AC7" ——配白色文字好看些，可以做标题。

Bgcolor K" # 00B271" ——配白色文字好看些，可以做标题。

Bgcolor K" # FBFBEA" ——配黑色文字比较好看，一般作为正文。

Bgcolor K" # D5F3F4" ——配黑色文字比较好看，一般作为正文。

Bgcolor K" # D7FFF0" ——配黑色文字比较好看，一般作为正文。

Bgcolor K" # F0DAD2" ——配黑色文字比较好看，一般作为正文。

Bgcolor K" # DDF3FF" ——配黑色文字比较好看，一般作为正文。

浅绿色底配黑色文字，或白色底配蓝色文字都很醒目，但前者突出背景，后者突出文字。红色底配白色文字，比较深的底色配黄色文字显得非常有效果。

第 7 章

 本章教学录像：29 分钟

掌握 CSS 的高级特性

在前面的章节中，介绍了很多 CSS 的基本特性，例如如何设置文本的字体、大小、颜色、字体间距等，并且介绍了基本 CSS 选择器：标记选择器、类别选择器和 ID 选择器。然而仅仅依靠这些基本特性完成页面制作，有时会比较烦琐，本章将在这些基本特性的基础上进一步深入。通过本章的学习，加深对基础选择器的使用理解，并掌握复合选择器、CSS 的继承性和层叠性。通过使用这些高级特性，在提高页面制作的效率上会有很大帮助。

本章要点（已掌握的在方框中打勾）

□ "交集"选择器

□ "并集"选择器

□ 后代选择器

□ 继承关系

□ CSS 继承的运用

□ CSS 的层叠特性

7.1 复合选择器

 本节视频教学录像：17 分钟

在 2.5 节中学习过 CSS 的基本选择器，并且通过简单实例掌握了 3 种基本选择器（标识选择器、类别选择器、ID 选择器）的使用方法，现在以这 3 种基本选择器为基础，通过组合产生新的选择器，实现更强大、方便的选择功能。复合选择器是对基本选择器进行不同组合而构成的，它由两个或多个基本选择器通过不同方式连接而成。

7.1.1 "交集"选择器

"交集"选择器是由两个不同的 CSS 选择器通过"."号连接构成的。构成方法是选中二者各自元素范围的交集。其中第一个选择器必须是标记选择器，第二个选择器必须是类选择器或者是 ID 选择器。构成条件是两个选择器之间不能有空格，必须连续书写通过"."号连接。

这种方式构成的选择器，将同时满足前后二者定义的元素，即前者定义的标记类型并且指定了后者的类别或者 ID 的元素，因此也称这样的选择器为"交集"选择器。例如：

GIF 是支持透明、动画的图片格式，但色彩只有 256 色。JPEG 是一种不支持透明和动画的图片格式，但是色彩模式比较丰富，保留大约 1670 万种颜色。

```
01  h1{ font-size:30px;}
02  h1.special{color:blue; font-size:20px;}
03  .special{color:red;}
```

其中，h1 是标记选择器，class 是类别名称，所定义的复合选择器 h1.special 实现的功能是文字蓝色，同时字体大小为 20px。下图给出了这个"交集"选择器的选择范围。

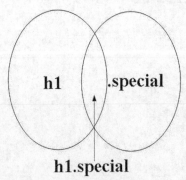

下面来看一个例子，以加深对"交集"选择器的理解。

【范例 7.1】 "交集"选择器（范例文件：ch07\7-1.html）

新建记事本，编写以下 HTML 代码。

```
01 <!DOCTYPE html PUBLIC "-//W3C//DTD XHTML 1.0 Transitional//EN"
"http://www.w3.org/TR/xhtml1/DTD/xhtml1-transitional.dtd">
02  <html xmlns="http://www.w3.org/1999/xhtml">
```

```
03  <head>
04  <meta http-equiv="Content-Type" content="text/html; charset=utf-8" />
05  <title> 交集选择器 </title>
06  <style type="text/css">
07  p{color:blue;font-size:20px;} /* 定义标记选择器 */
08  p.p1{color:red;font-size:24px;}   /* 交集选择器 */
09  .p1{ color:black;}  /* 定义类别选择器 */
10  </style>
11  </head>
12  <body>
13  <p> 使用 p 标记 </p>
14  <p class="p1"> 指定了 p.p1 类别的段落文本 </p>
15  <h2 class="p1"> 指定了 .p1 类别的标题 </h>
16  </body>
17  </html>
```

【运行结果】

使用 IE 浏览器打开文件，预览效果如图所示。

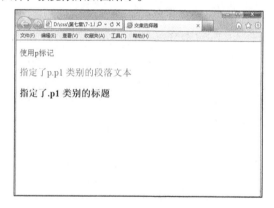

【范例分析】

由代码可以知道，在代码中分别定义了 p 标记选择器、.p1 类别选择器，以及复合选择器 p.p1 的样式，p.p1 的样式会作用在 <P class="p1"> 标记上，所以在浏览器中显示的效果是红色 24px 字体。由于 p.p1 中定义的样式不会影响到 <h2> 标记，所以 <h2> 标记使用的是 .p1 类别样式，显示的效果是黑色字体。

7.1.2　"并集"选择器

"并集选择器"也叫做"集体声明"，它是同时选中多个基本选择器，作用范围是多个基本选择器所选择的范围。任何形式的选择器（包括标记选择器、类选择器、ID 选择器）都可以作为"并集选择器"的一部分。

并集选择器的语法构成是多个选择器通过逗号连接（选择器 1，选择器 2...{ 属性：值 }）。在声明各种 CSS 选择器时，如果某些选择器的风格是完全相同的，或者只有部分相同，那么就可以利用并集选择器集体声明的方法，将风格相同的 CSS 选择器同时声明。例如：

```
h1, special{color:blue; font-size:20px;}
```

表示定义了"并集"选择器 h1，.special，其作用和分别定义 h1，.special 效果一样，该选择器的选择范围如图所示。

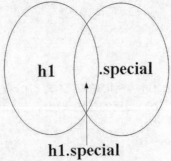

下面来看【范例 7.2】，以加深对"并集"选择器的理解。

【范例 7.2】 "并集"选择器（范例文件：ch07\7-2.html）

新建记事本，编写以下 HTML 代码。

```
01 <!DOCTYPE html PUBLIC "-//W3C//DTD XHTML 1.0 Transitional//EN"
"http://www.w3.org/TR/xhtml1/DTD/xhtml1-transitional.dtd">
02 <html xmlns="http://www.w3.org/1999/xhtml">
03 <head>
04 <meta http-equiv="Content-Type" content="text/html; charset=utf-8" />
05 <title> 并集选择器 </title>
06 <style type="text/css">
07 <!--
08 h1, h2, h3,p{                    /* 集体声明 */
09   color:purple;                  /* 文字颜色 */
10   font-size:20px;                /* 字体大小 */
11 }
12 h2.tag, .tag, #one{              /* 集体声明 */
13   text-decoration:underline; /* 下划线 */
14 }
15 -->
16 </style>
17 </head>
18 <body>
19 <h1> 并集选择器 h1</h1>
20 <h2 class="special"> 并集选择器 h2</h2>
```

```
21  <p> 并集选择器 p1</p>
22  <p class="tag"> 并集选择器 p2</p>
23  <p id="one"> 并集选择器 p3</p>
24  </body>
25  </html>
```

【运行结果】

使用 IE 浏览器打开文件，预览效果如图所示。

【范例分析】

可以看到所有的颜色都是紫色，字体大小都是 20px。这是因为 h1、h2、h3、p 定义了相同的样式，而 h2.tag、.tag、#one 定义了相同的集体声明，都有下划线。

7.1.3　后代选择器

后代选择器（descendant selector）又称为包含选择器。用户可以定义后代选择器来创建一些规则，使这些规则在某些文档结构中起作用，而在另外一些结构中不起作用。后代选择器的写法就是把外层的标记写在前面，内层标记写在后面，中间用空格分隔。

例如，用户希望只对 h1 元素中的 em 元素应用样式，可以这样写成：

```
h1 em{color:red;}
```

上面这个规则会把作为 h1 元素后代的 em 元素的文本变为红色。其他 em 文本（如段落或块引用中的 em）则不会被这个规则选中。下面来看一个例子，以加深对后代选择器的认识。

【范例 7.3】　后代选择器（范例文件：ch07\7-3.html）

新建记事本，编写以下 HTML 代码。

```
01  <!DOCTYPE html PUBLIC "-//W3C//DTD XHTML 1.0 Transitional//EN"
"http://www.w3.org/TR/xhtml1/DTD/xhtml1-transitional.dtd">
02  <html xmlns="http://www.w3.org/1999/xhtml">
03  <head>
```

```
04   <meta http-equiv="Content-Type" content="text/html; charset=utf-8" />
05   <title> 后代选择器 </title>
06   <style type="text/css">
07   <!--
08   h1 em{color:#F00;} /* 后代选择器 */
09   em{ color:blue}
10   -->
11   </style>
12   </head>
13   <body>
14   <h1> h1 元素后代的 <em> em </em> 元素 </h1>
15     <p> 非 h1 元素后代的 <em> em </em> 元素 </p>
16   </body>
17   </html>
```

【运行结果】

使用 IE 浏览器打开文件，预览效果如图所示。

【范例分析】

在 CSS 定义中，把 <h1> 标记后面紧跟着 <em> 标记，二者写在一起构成后代选择器，其功能为设置颜色变为红色，而单独的 <em> 标记功能为设置蓝色。

7.2 CSS 的继承特性

 本节视频教学录像：7 分钟

学习过面向对象的读者，一定知道继承（Inheritance）这个概念。在 CSS 语言中，继承并不像在 C++ 和 Java 等语言中那么复杂，简单地说，就是把各个 HMTL 标记看成一个大的容器，其中有很多小容器，这些小容器会继承包含它的大容器的风格样式。下面详细地介绍 CSS 的继承。

7.2.1 继承关系

具体地说，继承就是将指定的 CSS 属性向下传递给子孙元素的过程。CSS 中的继承相应比较简单。要了解CSS样式表的继承，就要先从下图所示的文档树（HTML DOM）开始。文档树由HTML 元素组成，其中处于最上端的 <html> 标记是文档树的根（root），它是所有标记的源头，在每一个分支中，上层标记称为下层标记的"父标记"，下层标记称为上层标记的"子标记"。例如 <head> 标记是 <html>

标记的子标记，同时它也是 <title> 的父标记。所有的"子标记"继承"父标记"的属性，CSS 语句就是基于各个标记之间的这种继承关系。

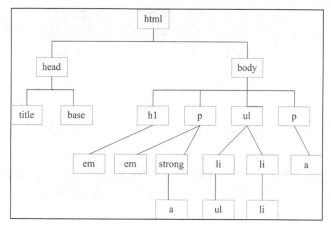

为了更好地理解继承关系，从 HTML 文件的组织结构开始学习 CSS 的继承关系，如【范例 7.4】所示。

【范例 7.4】 继承关系（范例文件：ch07\7-4.html）

新建记事本，编写以下 HTML 代码。

```
01 <!DOCTYPE html PUBLIC "-//W3C//DTD XHTML 1.0 Transitional//EN"
"http://www.w3.org/TR/xhtml1/DTD/xhtml1-transitional.dtd">
02 <html xmlns="http://www.w3.org/1999/xhtml">
03 <head>
04 <meta http-equiv="Content-Type" content="text/html; charset=utf-8" />
05 <title> 继承关系 </title>
06 </head>
07 <body>
08  <h1> 中国最美的城市 <em> 上海 </em></h1>
09    <p> 欢迎来到中国最美的城市 <em> 上海 </em>，这里是全国 <strong> 政治、
<em> 经济 </em>、文化 </strong> 的中心 </p>
10 <ul>
11    <li> 在这里，你可以：
12 <ul>
13 <li> 感受大自然的魅力 </li>
14 <li> 体验生活的乐趣 </li>
15 <li> 领略大城市的繁华 </li>
16 </ul>
17 </li>
18    </ul>
19 </body>
20 </html>
```

【运行结果】

使用 IE 浏览器打开文件，预览效果如图所示。

【范例分析】

这里重点考虑的是各个标记之间的嵌套关系，处于最外层的 <html> 标记成为根（root），它是所有标记的源头往下层层包含。在每个层中称上层标记为下层标记的父标记，下层标记称为上层标记的子标记。

7.2.2 CSS 继承的运用

通过对上一小节的讲解，已经对各个标记之间的父子关系有了一定的了解。下面进一步了解 CSS 在继承的运用。

CSS 继承是指子标记会继承父标记的所有样式风格，并且还可以在父标记的基础之上加以修改，产生新的样式，而子标记的样式风格完全不影响父标记的样式风格。

例如，在【范例 7.4】中加入如下代码，给标记 <h1> 加上下划线和颜色，CSS 代码如下。

```
01  <style type="text/css">
02  <!--
03  h1{
04  color:red;                              /* 颜色 */
05  text-decoration:underline;   /* 下划线 */
06  }
07  -->
08  </style>
```

其显示效果如下图所示，可以看到其子标记 <em> 也显示出下划线及红色。

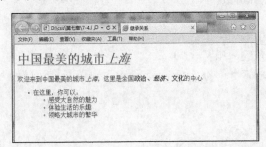

如果再给 <em> 标记加入 CSS 选择器，并进行风格样式的调整，利用 CSS 代码改变字体和颜色，代码如下所示。

```
01  <style type="text/css">
02  <!--
03  h1{
04  color:red;                    /* 颜色 */
05  text-decoration:underline;    /* 下划线 */
06  }
07  h1 em{                        /* 嵌套选择器 */
08  color:#004400;                /* 颜色 */
09  font-size:40px;               /* 字体大小 */
10  }
11  -->
12  </style>
```

显示效果如下图所示，<em> 标记继承了 <h1> 标记中设置的下划线样式，并且有自己的颜色和字体大小，而 <h1> 标记中颜色和字体大小仍然采用了原先设置的样式。

CSS 的继承一直贯穿整个 CSS 设计的始终，每个标记都遵循 CSS 继承的概念，同样可以利用这样巧妙的继承关系，大大缩减代码的编写量，提高可读性。

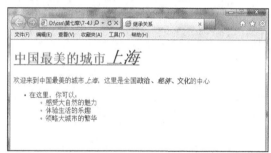

7.3 CSS 的层叠特性

 本节视频教学录像：7 分钟

CSS 自身的意思就是层叠样式表，所以"层叠"是 CSS 的一个最为重要的特征。"层叠"和前面介绍的"继承"有着本质的区别，可以理解为覆盖的意思，是 CSS 中发生样式冲突时的一种解决方法。这一点可以通过下面两个实例进行说明。

【范例 7.5】 同一选择器被多次定义（范例文件：ch07\7-5.html）

新建记事本，编写以下 HTML 代码。

```
01  <!DOCTYPE html PUBLIC "-//W3C//DTD XHTML 1.0 Transitional//EN"
"http://www.w3.org/TR/xhtml1/DTD/xhtml1-transitional.dtd">
02  <html xmlns="http://www.w3.org/1999/xhtml">
03  <head>
04  <meta http-equiv="Content-Type" content="text/html; charset=utf-8" />
```

```
05  <title> 层叠实例 </title>
06  <style type="text/css">
07  h2{
08  color:blue;
09  }
10  h2{      color:red;}
11  h2{      color:green;  /* 颜色 */
12  }
13  </style>
14  </head>
15  <body>
16  <h2> 层叠实例一 </h1>
17  </body>
18  </html>
```

【运行结果】

使用 IE 浏览器打开文件，预览效果如图所示。

【范例分析】

在代码中，为 h2 标记分别被定义了 3 次颜色：蓝色、红色和绿色。这时候就产生了冲突，在 CSS 规则中，最后有效的样式将覆盖前边的样式，所以最后显示的效果就是绿色。

【范例 7.6】 在同一标记中运用不同类型选择器（范例文件：ch07\7-6. html）

新建记事本，编写以下 HTML 代码。

```
01  <!DOCTYPE html PUBLIC "-//W3C//DTD XHTML 1.0 Transitional//EN"
"http://www.w3.org/TR/xhtml1/DTD/xhtml1-transitional.dtd">
02  <html xmlns="http://www.w3.org/1999/xhtml">
03  <head>
04  <meta http-equiv="Content-Type" content="text/html; charset=utf-8" />
05  <title> 无标题文档 </title>
06  <style type="text/css">
07  p{
08  color:black;
```

```
09  }
10  .red{
11  color:red;
12  }
13  .purple {
14  color:purple;
15  }
16  #p1{
17  color:blue;
18  }
19  </style>
20  </head>
21  <body>
22  <p > 层叠样式 1</p>
23  <p class="red"> 层叠样式 2</p>
24  <p id="p1" class="red"> 层叠样式 3</p>
25  <p style="color:green;" id="p1"> 层叠样式 4</p>
26  <p class=" purple red"> 层叠样式 5</p>
27  </body>
28  </html>
```

【运行结果】

使用 IE 浏览器打开文件，预览效果如图所示。

【范例分析】

在代码中，有 5 个 p 标记，并且声明了 4 个选择器。

第 1 行 p 标签没有使用类别选择器或者 ID 选择器，所以第一行的颜色就是 p 标记选择器定义的颜色。

第 2 行使用了类别选择器，这就与 P 标记选择器产生了冲突，此时将根据优先级的先后顺序确定到底显示谁的颜色。由于类别选择器优先于标记选择器，所以第二行的颜色就是红色。

第 3 行由于 ID 选择器优先于类别选择器，所以显示蓝色。

第 4 行由于行内样式优先于 ID 选择器，所以显示绿色。

第 5 行是两个类选择器，它们的优先级是一样的，这时候就按照层叠覆盖处理，颜色是样式表中最后定义的那个选择器，所以显示紫色。

各样式之间的优先级顺序为：

说　明 　行内样式 >ID 样式 > 类别样式 > 标志样式。

高手私房菜

>>

技巧 1：继承性

通过对 CSS 选择器的巧妙运用，设计出千变万化、绚丽多彩的网页效果。然而 CSS 选择器远未发挥它们的潜力，有的时候用户还趋向于使用过多的和无用的 class、id、div、span 等选择器，把网页设计搞得很凌乱，在使用过程中需要注意。

首先，有些属性是不能继承的，例如 Border（边框）属性、Padding（补白）、Margin（边界）、背景等，都没有继承性。有时候继承也会带来些错误，比如说下面这条 CSS 定义：

```
Body{color:red; }
```

在有些浏览器中，这句定义会使除表格之外的文本变成红色。从技术上来说，这是不正确的，但是它确实存在。所以用户经常需要借助于某些技巧，比如将 CSS 定义成这样：

```
Body,table,th,td{color:red;}
```

这样表格内的文字也会变成红色。

技巧 2：组选择器

当一些元素类型、class 或者 id 都有共同的一些属性的时候，可以使用组选择器来避免多次的重复定义。

例如：如果需要定义所有标题的字体、颜色和 margin，代码可以这样写：

```
01  h1,h2,h3,h4,h5,h6 {
02  font-family:"Lucida Grande",Lucida,Arial,Helvetica,sans-serif;
03  color:#333;
04  margin:1em 0;
05  }
```

如果在使用时，有个别元素需要定义独立样式，可以单独再加上新的定义，也可以覆盖旧的定义，例如：

```
01  h1 { font-size:2em; }
02  h2 { font-size:1.6em; }
```

第 2 篇

CSS+DIV
美化和布局篇

本篇主要介绍使用 CSS 3 和 DIV 美化和布局，包括 CSS 定位与 DIV 布局核心技术、CSS+DIV 盒子的浮动与定位以及 CSS 3+DIV 美化与布局实战等内容，通过本章额学习，读者能掌握使用 CSS 3 和 DIV 美化和布局网页的操作。

▶ 第 8 章 CSS 定位与 DIV 布局核心技术

▶ 第 9 章 CSS+DIV 盒子的浮动与定位

▶ 第 10 章 CSS+DIV 美化与布局实战

第8章

 本章教学录像：53 分钟

CSS 定位与 DIV 布局核心技术

在前面的章节中，通过丰富多彩的实例，读者了解到 CSS 的基本概念和特性，熟悉了如何使用 Dreamweaver 软件创建自己的网页，并学会了设置文本样式和网页特效，也熟悉了网页制作过程中如何使用各种选择器简化网页制作过程。本章重点了解网页设计过程中经常使用的盒子模型的基本概念，并通过实际例子介绍如何用盒子模型美化页面布局。

本章要点（已掌握的在方框中打勾）

☐ 块级元素和行内级元素

☐ 使用 DIV 标记与 Span 标记布局网页级元素

☐ 盒子模型

☐ 可视性

☐ 制作图文层叠效果

☐ 制作歌曲编辑列表

8.1 块级元素和行内级元素

 本节视频教学录像：13 分钟

在进行页面布局的时候，一般会将 HTML 元素分为块级元素和行内元素，先来看看它们的基本定义和特性。

块级元素 (block element)：块级元素不可以和其他元素位于同一行，块级元素可以设定元素的宽（width）和高（height）。块级元素一般都是其他元素的容器，它可以容纳块级元素以及行内元素。常见的块级元素有 <div>，<p>，h1~h6 等。

行内级元素 (inline element)：也叫内联元素，可以和其他行内级元素位于同一行，但行内级元素不可以设置宽（width）和高（height），行内级元素中不可以包含块级元素。行内级元素的高度一般由元素内部的字体大小决定，宽度由内容的长度控制。常见的行内元素有 <a>、<em>、<strong> 等。

例如给 <div> 标记或 <p> 标记应用下面样式，但是对于 <a> 标记来说却无法应用下面的样式。

```
.one{width:100px; height:100px;}    /* 高度和宽度都是 100px*/
```

还可以通过样式 display 属性来改变元素的显示方式。当 display 的值设为 block 时，元素将以块级方式呈现；当 display 值设为 inline 时，元素将以行内形式呈现。

```
.two{display:block; width:50px; height:50px;}   /* 以块级元素显示宽度和高度都是 50px*/
```

另外，如果想让一个元素可以设置宽度高度，又想让它以行内形式显示，这时可以设置 display 的值为 inline-block。

```
a{display:inline-block; width:100px; height:100px;} /* 以行内级元素显示宽度和高度都是 1000px*/
```

8.1.1 块级元素和行内级元素的不同

前面简单给出了块级元素和行内级元素的定义和一些使用方法，块级元素和行内级元素的主要区别是：块级元素只会占一行显示，而行内级元素则可以在一行中并排显示。

需要注意的是，对行内元素来说：

(1) 设置宽度 (width) 和设置高度 (height) 无效，但是可以通过 line-height 来设置高度。

(2) 设置 margin 属性时，只有左右 margin 有效，上下无效。

(3) 设置 padding 属性时，只有左右 padding 有效，上下则无效。

下面来看一个实例，来进一步了解块级元素和行内级元素。

【范例 8.1】 块级元素和行内级元素（范例文件：ch08\8-1.html）

新建记事本，编写以下 HTML 代码。

```
01 <!DOCTYPE html PUBLIC "-//W3C//DTD XHTML 1.0 Transitional//EN"
"http://www.w3.org /TR/xhtml1/DTD/xhtml1-transitional.dtd">
```

```
02  <html xmlns="http://www.w3.org/1999/xhtml">
03  <head>
04  <meta http-equiv="Content-Type" content="text/html; charset=utf-8" />
05  <title> 块级元素与行内级元素 </title>
06  <style type="text/css">
07  <!--
08  .one{
09      width:240px;
10      height:20px;
11      background-color:#0F9;
12      font-size:12px;}
13  .two{
14      width:180px;
15      height:30px;
16      background-color:#cbfeff;
17      color:#ff7000;}
18  .three{
19      width:160px;
20      height:20px;
21      background-color:#fffbcb;
22      font-size:12px;}
23  .four{
24      width:180px;
25      height:30px;
26      background-color:#cbfeff;
27      color:#ff7000;}
28  -->
29  </style>
30  </head>
31  <body>
32  <div class="one" > 块级 div 标记 1</div>
33      <p class="two"> 块级 p 标记 2</p>
34      <span class="three"> 行内级元素 span</span>
35      <em class="four"> 行内级元素 em</em>
36  </body>
37  </html>
```

【运行结果】

　　使用 IE 浏览器打开文件，预览效果如图所示。

【范例分析】

在这个范例中，<div> 和 <p> 标记是块级元素，<span> 和 <em> 是行内级元素，在 CSS 定义中定义了 4 个类别选择器。在网页内容显示上，4 个类别选择器分别作用于块级元素和行内级元素，块级元素和行内级元素在显示上有差别：块级元素只会占一行显示，而行内级元素则可以在一行中并排显示。

8.1.2 DIV 元素和 Span 元素

在 CSS 网页布局排版中，经常会接触到两个标记 <div> 标记和 <span> 标记。通过使用这两个标记，结合 CSS 技术进行排版，就能达到各种效果，这就是常常说的 DIV+CSS 布局。

<div> 与 <span> 标记的区别主要是：

(1) <div> 是一个块级元素，在它里面的元素会自动换行。

(2) <span> 是一个行内级元素，在它前后的元素不会换行。

(3) 此外 <span> 标记可以包含于 <div> 标记之中，成为它的子元素。反过来却无法成立，<span> 标记不能包含 <div> 标记。

来看下面这个例子。

【范例 8.2】　Div 元素和 Span 元素（范例文件：ch08\8-2.html）

新建记事本，编写以下 HTML 代码。

```
01 <!DOCTYPE html PUBLIC "-//W3C//DTD XHTML 1.0 Transitional//EN"
"http://www.w3.org/TR/xhtml1/DTD/xhtml1-transitional.dtd">
02 <html xmlns="http://www.w3.org/1999/xhtml">
03 <head>
04 <meta http-equiv="Content-Type" content="text/html; charset=utf-8" />
05 <title>div 与 span 的区别 </title>
06    </head>
07 <body>
08 <p>div 标记不同行: </p>
09 <div><img src="flower.jpg" border="0"></div>
10 <div><img src="flower.jpg" border="0"></div>
11 <div><img src="flower.jpg" border="0"></div>
12 <p>span 标记同一行: </p>
```

```
13  <span><img src="flower.jpg" border="0"></span>
14  <span><img src="flower.jpg" border="0"></span>
15  <span><img src="flower.jpg" border="0"></span>
16  </body>
17  </html>
```

【运行结果】

使用 IE 浏览器打开文件，预览效果如图所示。

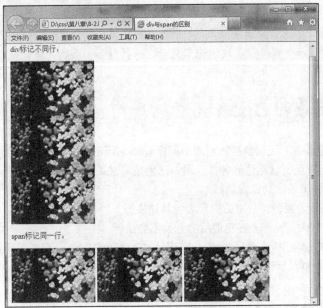

【范例分析】

<div> 标记的 3 幅图片分别被分在 3 行，而 <span> 标记的图片则显示在同一行。

8.2 使用 DIV 标记与 Span 标记布局网页级元素

本节视频教学录像：5 分钟

在使用 CSS 对网页进行布局时，<div> 与 <span> 是两个最常用的标记。用户可以利用这两个标记以及 CSS 样式控制，实现各种页面效果。

<div> 标记早在 HTML 3.0 时代就已经出现，然而当时并没有普及使用，在 CSS 出现并流行后，<div> 标记才逐渐发挥出它的优势；而 <span> 标记在 HTML 4.0 时才被引入，该标记是针对样式表设计的。

简单而言，<div>(division) 是一个区块容器标记，即 <div> 标记与 </div> 之间相当于一个容器，在容器里面可以容纳标题，表格，图片，乃至章节等各种 HTML 元素。因此可以把 <div> 与 </div> 中的内容视为一个独立的对象，用于 CSS 的控制。在声明时只需要对 <div> 进行相应的控制，其中的标记和元素都会因此而改变。

如果把 <div> 标记替换成 <span> 标记，样式表中把 div 替换成 span，执行后会发现效果不一样。下面这个实例给出了使用 <div> 标记和 <span> 标记的区别。

【范例 8.3】 <div> 标记与 <span> 标记（范例文件：ch08\8-3.html）

新建记事本，编写以下 HTML 代码。

```
01  <!DOCTYPE html PUBLIC "-//W3C//DTD XHTML 1.0 Transitional//EN"
"http://www.w3.org/TR/xhtml1/DTD/xhtml1-transitional.dtd">
02  <html xmlns="http://www.w3.org/1999/xhtml">
03  <head>
04  <meta http-equiv="Content-Type" content="text/html; charset=utf-8" />
05  <title>div 标记与 span 标记 </title>
06  <style type="text/css">
07  <!--
08  div{
09  font-size:18px;                        /* 字号大小 */
10  font-weight:bold;                      /* 字体粗细 */
11  font-family:Arial;                     /* 字体 */
12  color:#FF0000;                            /* 颜色 */
13  background-color:#FFFF00;                  /* 背景颜色 */
14  text-align:center;                     /* 对齐方式 */
15  width:300px;                           /* 块宽度 */
16  height:100px;                          /* 块高度 */
17  }
18  span{
19  font-size:20px;                        /* 字号大小 */
20  font-weight:bold;                      /* 字体粗细 */
21  font-family:Arial;                     /* 字体 */
22  color:blue;                            /* 颜色 */
23  background-color:red;                  /* 背景颜色 */
24  text-align:center;                     /* 对齐方式 */
25  line-height:100px;
26  }
27  -->
28  </style>
29  </head>
30  <body>
31  <div> 这是 div 标记 </div>
32      <span> 这是 span 标记 </span>
33  </body>
34  </html>
```

【运行结果】

使用 IE 浏览器打开文件，预览效果如图所示。

【范例分析】

在这个范例的 CSS 定义中，分别定义了 <div> 和 <span> 标记选择器，然后将这些选择器应用到不同网页内容上，使用 <div> 标记和 <span> 标记布局网页时会产生很多意想不到的效果。因为 <span> 标记对高度和宽度设置无效，只能使用 line-height 设置其高度。

8.3 盒子模型

本节视频教学录像：18 分钟

盒子模型是 CSS 中的一个很重要的概念，页面中的所有元素都可以看成一个盒子，它占据着页面一定的空间。一个页面有很多盒子组成，盒子之间会互相影响，只有很好地掌握了盒子模型以及其中的每个属性的用法，才能真正控制好页面元素。本节主要介绍盒子模型，并讲解 CSS 定位方法。

8.3.1 盒子模型的概念

在日常生活中随处可见"盒子"形状的物品，如电视机、窗户和墙上的画等，这些物品都是矩形形状的。用墙上的画作为例子，首先它有一个"边框"（border）；中间的画和边框一般都会有一定的距离，也称"内边距"（padding）；如果并排放两幅画，则两幅画之间的距离称为"外边距"（margin）。这些矩形对象被统称为"盒子"（box），也称 padding-border-margin 模型。

CSS 中的盒子模型是用于描述一个由 HTML 元素形成的矩形对象，占据着页面一定的空间。可以通过调整盒子的边框和距离等参数，来调整盒子的大小。一个独立的盒状模型是由 margin（边界）、border（边框）、padding（内边距）和 content（内容）4 个属性组成，盒子模型的示意图如图所示。

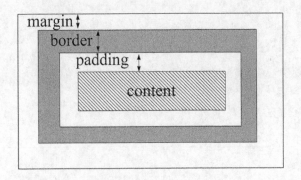

content 内容就是盒子里面自带的东西，padding（内边距）就是怕盒子里装的东西损坏而添加的泡沫或者其他抗震防挤压的辅料，border（边框）就是盒子本身了，margin（边界）则说明盒子摆放的时候不能紧挨着周围物体，要与周围物体之间留一定空隙。

padding、border、margin 都可以进一步细化为上下左右 4 个部分，在 CSS 中可以分别单独设置，如图所示。

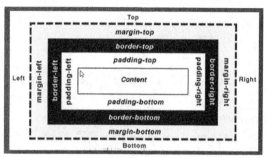

可以看出一个盒子的实际高度（或者宽度）是由 content+padding+border+margin 组成的。在 CSS 中可以通过 width 和 height 的值来控制 content 的大小，并且对于任何一个盒子，都可以分别设置每个边的 border，padding 和 margin。因此，只要利用好这些盒子的属性，就能够实现各种各样的排版效果。

8.3.2　网页 border 区域定义

border（边框）是围绕在内容和边界之间的一条或多条线，使用边框属性可以定义边框的样式，颜色和宽度。边框分为上边框、下边框、左边框和右边框，而每个边框又包含三个属性：style（边框样式）、color（边框颜色）和 width（边框宽度）。在 CSS 中，分别使用 border-style、border-color 和 border-width 设置。

边框样式：可以用于设置所有边框的样式，也可以单独地设置某个边的边框样式。常用的边框样式的属性值及其含义如表所示。

边框类型	说明
none	没有边框，无论边框宽度设为多大
dotted	点线式边框
dashed	破折线式边框
solid	直线式边框
double	双线式边框
groove	槽线式边框
ridge	脊线式边框
inset	内嵌效果的边框
outset	凸起效果的边框

例如：

---

border-style: dotted

定义边框样式为点线式边框。

边框颜色：它的设置方法与文字的 color 属性完全一样，在 border–color 后面直接跟颜色参数单位，中间用 "：" 分割，颜色参数单位可以直接使用颜色名称，也可以采用 RGB 颜色、百分比颜色以及十六进制颜色的命名方法。例如：

---

border-color: red

定义边框颜色为红色。

边框宽度：用来指定 border 的粗细程度，可以设为 thin、medium、thick 和 <length>。其中，<length> 表示具体的数值，默认值为 medium，一般的浏览器默认宽度为 2px 宽。例如：

---

border-border: 5px

定义边框宽度为 5px。

在设置 border–style、border–color 和 border–width 样式时，如果只设置一个参数，该参数将作用于上下左右 4 个边框，即 4 个边的样式风格一样；如果设置两个参数，那么第一个参数作用于上下边框，第二个参数作用于左右边框；如果设置 3 个参数，则第一个参数作用于上边框，第二个参数作用于左右边框，第三个参数作用于下边框，如果设置了 4 个参数，则按照上 – 右 – 下 – 左的顺序作用于 4 个边框。

还可以为某一条边框单独设置不同的属性，例如：

---

border-left: 5px red solid

表示将左边框设置为 5 个像素、红色的实线。

下面来看一个设置边框的例子。

【范例 8.4】 设置边框（范例文件：ch08\8-4.html）

新建记事本，编写以下 HTML 代码。

```
01 <!DOCTYPE html PUBLIC "-//W3C//DTD XHTML 1.0 Transitional//EN"
"http://www.w3.org/TR/xhtml1/DTD/xhtml1-transitional.dtd">
02 <html xmlns="http://www.w3.org/1999/xhtml">
03 <head>
04 <meta http-equiv="Content-Type" content="text/html; charset=utf-8" />
05 <title>border 的应用范例 </title>
06 <style type="text/css">
07   <!--
08   h1
09   {
10     text-align:center;
11     color:pink;
```

```
12    border-color:cyan; /* 设置边框为青色 */
13    border-width:thick; /* 设置边框宽 */
14    border-style:dotted; /* 设置边框为点线 */
15    }
16    p
17    {
18    font-size:30px;
19    text-align:center;
20    border-top-style:solid; /* 设置上边框为实线 */
21    border-bottom-style:dashed; /* 设置下边框为虚线 */
22    border-bottom-color:blue; /* 设置下边框颜色为蓝色 */
23    border-left-width:10px; /* 设置左边框宽度为 10px*/
24    border-left-style:ridge; /* 设置左边框为脊线式边框 */
25    letter-spacing: 8px;
26    }
27    -->
28  </style>
29    </head>
30  <body>
31   <h1>border 的应用范例 </h1>
32      <p> 早发白帝城   <br>
33       朝辞白帝彩云间， <br>
34       千里江陵一日还。<br>
35       两岸猿声啼不住， <br>
36       轻舟已过万重山。
37      </p>
38  </body>
39  </html>
```

【运行结果】

使用 IE 浏览器打开文件，预览效果如图所示。

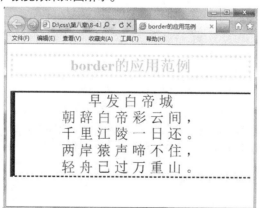

【范例分析】

在这个范例的 CSS 定义中，使用 border 属性为标题和内容分别设置边框样式。设置标题内容为粉红色，并为其添加 4 个边添加青色的点线式边框；同时给内容添加边框，上边框设置为实线、左边框为脊线式边框，下边框为蓝色破折线式边框。

8.3.3 网页 padding 区域定义

在 CSS 中 padding 属性用于定义内容与边框之间的距离，不允许设置负值，可以使用长度和百分比设置。当使用百分比作为距离的值时，该值是基于其父元素的宽度计算得出的。

padding 属性可以用于设置 4 个边的内边距。如果只设置一个值，则该设置值作用于 4 个边；如果有两个设置值，则第一个设置值作用于上下边，第二个设置值作用于左右边；如果有 3 个值，则第一个值作用于上边，第二个值作用于左右边，第三个值作用于下边；如果有 4 个值，则按照上、右、下、左的顺序作用于 4 个边。如果单独设置一个方向的 padding，可以使用 padding-left、padding-right、padding-top 和 padding-bottom 属性来设置。例如：

```
padding: 20px 30px 10px  /* 设置上内边距为 20px，左右内边距都为 30px，下内边距为 10px*/
padding-left: 10px  /* 设置左内边距为 10px*/
```

通过【范例 8.5】来进一步熟悉这个属性的使用方法。

【范例 8.5】 网页 padding 区域定义（范例文件：ch08\8-5.html）

新建记事本，编写以下 HTML 代码。

```
01 <!DOCTYPE html PUBLIC "-//W3C//DTD XHTML 1.0 Transitional//EN"
"http://www.w3.org/TR/xhtml1/DTD/xhtml1-transitional.dtd">
02 <html xmlns="http://www.w3.org/1999/xhtml">
03 <head>
04 <meta http-equiv="Content-Type" content="text/html; charset=utf-8" />
05 <title>padding 的应用范例 </title>
06  <style type="text/css">
07    <!--
08    h1
09    {
10      text-align:center;
11      border-style:dashed; /* 定义边框样式为虚线 */
12      border-color:brown; /* 定义边框颜色为棕色 */
13      border-width:medium; /* 定义边框宽度为默认值 */
14      padding-top:10px; /* 定义上内边距为 10px*/
15      padding-bottom:1cm; /* 定义下内边距为 1cm*/
16    }
17    p
18    {
```

```
19          color:blue;
20          font-size:20px;
21          border-style:dotted; /* 定义边框样式为点化线 */
22          border-color: purple; /* 定义边框颜色为紫色 */
23          padding-top:20px; /* 定义上内边距为 20px*/
24          padding-left:25px; /* 定义左边距为 25px*/
25          padding-right:50px; /* 定义右内边距为 50px*/
26       }
27       -->
28      </style>
29  </head>
30  <body>
31  <h1>padding 的应用范例 </h1>
32      <p>padding 属性可以用于设置 4 个边的内边距。如果只设置一个值，则该设置值
作用于 4 个边：如果有两个设置值，则第一个设置值作用于上下边，第二个设置值作用于左右边；
如果有 3 个值则第一个值作用于上边，第二个值作用于左右边，第三个值作用于下边；如果有
4 个值，则按照上—右—下—左的顺序作用于 4 个边。</p>
33  </body>
34  </html>
```

【运行结果】

使用 IE 浏览器打开文件，预览效果如图所示。

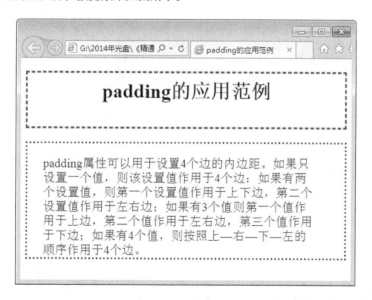

【范例分析】

在这个范例的 CSS 定义中，为 h1 标题定义了边框宽度和颜色，并定义了上内边距和下内边距；
另外为 p 标记定义了上内边距、左内边距和右内边距。

8.3.4 网页 margin 区域定义

　　margin（边界）属性用于设置页面中的元素和元素之间的距离。margin 的属性值可以为负值，如果设置某个元素的边界是透明的则无法添加背景色。因为 body 本身也是一个盒子，在默认情况下会定位于浏览器窗口的左上角。

　　margin 属性和 padding 的设置方法一样，也可以同时定义上下左右 4 个边的边界。如果只设置一个值，则该设置值作用于 4 个边；如果有两个设置值，则第一个设置值作用于上下边，第二个设置值作用于左右边；如果有 3 个值则第一个值作用于上边，第二个值作用于左右边，第三个值作用于下边；如果有 4 个值，则按照上一右一下一左的顺序作用于 4 个边。

　　通过下面这个具体例子，可以了解 margin 属性的使用方法。

【范例 8.6】 网页 margin 区域定义（范例文件：第 8 章 \8-6.html）

　　新建记事本，编写以下 HTML 代码。

```
01 <!DOCTYPE html PUBLIC "-//W3C//DTD XHTML 1.0 Transitional//EN"
"http://www.w3.org/TR/xhtml1/DTD/xhtml1-transitional.dtd">
02 <html xmlns="http://www.w3.org/1999/xhtml">
03 <head>
04 <meta http-equiv="Content-Type" content="text/html; charset=utf-8" />
05 <title>margin 的应用范例 </title>
06   <style type="text/css">
07     <!--
08     h1
09     {
10      text-align:center;
11      border-bottom-style:solid; /* 定义了下边框为实线 */
12      margin-bottom:50px; /* 定义了下边界为 50px*/
13     }
14     img
15     {
16        width:150px;
17        height:150px;
18        margin-left:5cm; /* 定义了左边界为 5cm*/
19     }
20     p
21     {
22        text-align:center;
23        border-top-style:dotted; /* 定义了上边框为点划线 */
24        margin-top:1cm; /* 定义了上边界为 1cm*/
25     }
26     -->
27   </style>
```

```
28      </head>
29      <body>
30        <h1>margin 的应用范例 </h1>
31        <img src="flower.jpg">
32        <p>margin 属性单独为其四个边设置边界 <br>
33          设置上边界：margin-top<br>
34          设置下边界：margin-bottom<br>
35          设置左边界：margin-left<br>
36          设置右边界：margin-right<br>
37          标题单独设置了下边界，图片单独设置了左边界，该文本单独设置了上边界．
38        </p>
39      </body>
40    </html>
```

【运行结果】

使用 IE 浏览器打开文件，预览效果如图所示。

【范例分析】

在这个范例的 CSS 定义中，分别为 h1、img 和 p 标记选择器定义了边界距离，其中在 h1 标记中定义了下边界；在 img 标记中定义了左边界；在 p 标记中定义了上边界。

8.4　box 类型和 display 属性

 本节视频教学录像：3 分钟

上一节介绍了盒子模型，熟悉了盒子模型的 4 个属性：margin（边界）、border（边框）、padding（内边距）和 content（内容）的使用方法。在网页设计过程中，盒子类型会影响网页布局的呈现，基本的 box（盒子）的类型有两种：块级盒子（block-level box）和行内级盒子（inline-level box），当然还存在其他类型的 box（例如 table 等）。使用 CSS 的 display 属性可以定义 box（盒子）的类型，也可以改变一个元素默认的 box（盒子）类型。该属性的语法格式为：

display：属性值

其中属性值有很多，下表给出了常用的一些属性值及其功能描述。

属性值	功能描述
block	块级 box
none	隐藏 box
inline	行内级 box
compact	这个属性定义的 box 类型是基于上下文环境，要么作为块级 box，要么作为行内级 box
run-in	这个属性定义的 box 类型是基于上下文环境，要么生成块级 box，要么生成行内级 box

8.4.1 HTML 元素默认的 box 类型

HTML 是由 HTML 元素组成，而 HTML 元素指的是从开始标签（start tag）到结束标签（end tag）的所有代码，元素的内容是开始标签与结束标签之间的内容。尽管 display 属性的初始值是 inline，客户端浏览器的默认样式表可以覆盖它，但是不同的浏览器可能有不同的默认样式表。下表给出了 HTML 元素对应的 box 类型以及默认的类型：HTML 是由 HTML 元素组成，而 HTML 元素指的是从开始标签（start tag）到结束标签（end tag）的所有代码，元素的内容是开始标签与结束标签之间的内容。尽管 display 属性的初始值是 inline，客户端浏览器的默认样式表可以覆盖它，但是不同的浏览器可能有不同的默认样式表。下表给出了 HTML 元素对应的 box 类型以及默认的类型。

属性值	功能描述
block	Html，address，blockquote，body，dd，div，dl，dt，fieldset，form，frame，frameset，h1，H2，h3，h4，h5，h6，noframes，ol，p，ul，center，dir，hr，menu，pre HTML5 新增的元素有：Article，aside，details，figcaption，figure，footer，header，hgroup，menu，nav，Section
list-item	li
none	head
table	table
table-row	tr
table-header-group	thead
table-row-group	tbody
table-footer-group	tfoot
table-cell	td，th

续表

属性值	功能描述
table-caption	caption
inline-block	input,select
inline	其他元素默认值都是 inline

8.4.2　块级元素和块级 box

8.1 节已经介绍过块级元素和行内级元素的不同，下面进一步来了解块级元素的特性。块级元素一般作为容器出现，用来组织结构，但也有一些块级元素作为它用。例如有些块级元素，如 <form> 只能包含块级元素；其他的块级元素则可以包含行级元素，如 <P>；也有一些则既可以包含块级，也可以包含行级元素，如 <div>、<li>。

CSS 中的盒子也有块级盒子和行级盒子之分，可以用 display 属性控制盒子的类型。Display 的某些属性值可以产生块级元素，这些属性值包括 block、list-item、compact、run-in 和 table。如把一个行级元素转换成块级元素，但是这种转换并不能改变元素本质，不能让他包含其他的块级元素，转换的只是 CSS 的盒子的外观。下表给出了常用的块元素。

元素名称	作用	元素名称	作用
address	地址	blockquote	块引用
center	举中对齐块	dir	目录列表
div	常用块级容易，也是 css layout 的主要标签	dl	定义列表
fieldset	form 控制组	form	交互表单
H1~H6	标题	hr	水平分隔线
isindex	input prompt	menu	菜单列表
noframes	frames 可选内容	noscript	可选脚本内容
ol	排序列表	p	段落
pre	格式化文本	table	表格
ul	非排序列表		

8.4.3　行内级元素和行内级 box

前面介绍过行内级元素也称为内联元素（inline element），只能容纳文本或者其他内联元素，常见内联元素见下表。

元素名称	作用	元素名称	作用
a	锚点	abbr	缩写
acronym	首字	b	粗体
bdo	bidi override	big	大字体
br	换行	cite	引用
code	计算机代码	dfn	定义字段
em	强调	font	字体设定
kbd	定义键盘文本	label	表格标签
q	短引用	s	中划线
samp	定义范例计算机代码	select	项目选择
small	小字体文本	span	常用内联容器，定义文本内区块
strike	中划线	strong	粗体强调
sub	下标	sup	上标
textarea	多行文本输入框	tt	电传文本
u	下划线	var	定义变量

行内级元素一般只能包含文字或其他行内级元素。Display 属性的属性值也可以产生行内级元素，这些属性值包括 inline、inline-table、compact 和 run-in。行内级元素产生行内级 box。行内级 box 作用如下：

在块级 box 内，一个行内级 box 参与行内级格式化环境。

精简式行内级 box 在块级 box 的边距内进行定位。

符号（marker）box 在块级 box 之外进行定位。

8.4.4 插入式 box

一个插入式的 box 是 display 属性设置为 run-in 的 box，其表现行为如下：

(1) 如果插入式 box 包含一个块级 box，那么该 box 变成一个块级 box。

(2) 如果一个块级 box 跟随在一个插入式 box 之后，则该插入式 box 成为该块级 box 的第一个行内级 box。

(3) 若以上条件都不满足，则该插入式 box 成为一个块级 box。

8.5 可视性

 本节视频教学录像：3 分钟

元素的可视性，是指元素是否可见，在 CSS 中，可以通过可视性 (visibility) 属性控制元素的可视性。使用可视属性，只能完全显示或者隐藏相应元素，无法显示部分元素内容。

visibility 属性的属性值及其功能描述如下。

(1) visible：元素是可见的，默认值。

(2) Hidden：元素是不可见的。

(3) Collapse：当在表格元素中使用时，此值可删除一行或者一列，但是不影响表格的布局。如果此值用到其他元素上，会呈现 hidden。

(4) Inherit：规定应该从父元素继承 visibility 属性的值。

可视性 (visibility) 属性基本语法格式为：

Visibility: visible/ Hidden/ Collapse/ Inherit

通过下面这个实例来体验一下这个属性的使用方法。

【范例 8.7】 元素的可视性（范例文件：ch08\8-7.html）

新建记事本，编写以下 HTML 代码。

```
01 <!DOCTYPE html PUBLIC "-//W3C//DTD XHTML 1.0 Transitional//EN"
"http://www.w3.org/TR/xhtml1/DTD/xhtml1-transitional.dtd">
02 <html xmlns="http://www.w3.org/1999/xhtml">
03 <head>
04   <title>CSS 可视性 </title>
05   <meta http-equiv="Content-Type" content="text/html; charset=utf-8" />
06   <style>
07    div {
08  visibility: hidden;  /* 定义元素的可视性为隐藏 */
09  width: 300px;
10  height: 100px;
11  background: #666666;
12  }
13  span {
14  background: #999999;
15  }
16   </style>
17   </head>
18 <body>
19   <div> 这是一个隐藏可视性的元素 </div>
20   <span> 这是一个内联元素 </span>
21   </body>
22 </html>
```

【运行结果】

使用 IE 浏览器打开文件，预览效果如图所示。

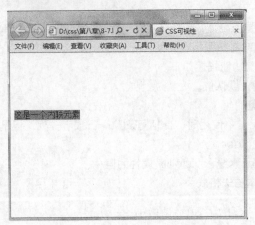

【范例分析】

在这个范例的 CSS 定义中，为 <div> 标记定义了元素的可视性为隐藏，从图中可以看到，代码中 "<div> 这是一个隐藏可视性的元素 </div>" 要显示的内容被隐藏了。

如上图所示，使用可视性属性隐藏元素之后，元素占有的物理空间并没有发生变化，页面中的其他元素按照隐藏元素依然存在的方式进行排列。

在 CSS 中，可视属性用来控制元素是否显示，显示方式属性用来定义元素的显示方式，如果在显示方式属性中定义了元素显示方式为隐藏(none)，那么无论使用什么可视属性值，元素依然无法显示。来看下面这个实例。

【范例 8.8】 在显示方式属性中定义元素显示方式为隐藏（范例文件：ch08\8-8.html）

新建记事本，编写以下 HTML 代码。

```
01 <!DOCTYPE html PUBLIC "-//W3C//DTD XHTML 1.0 Transitional//EN"
"http://www.w3.org/TR/xhtml1/DTD/xhtml1-transitional.dtd">
02 <html xmlns="http://www.w3.org/1999/xhtml">
03 <head>
04 <meta http-equiv="Content-Type" content="text/html; charset=utf-8" />
05 <title>CSS 可视性 </title>
06  <style>
07   div {
08    display: none;  /* 定义元素的显示性为隐藏 */
09 visibility: visible;  /* 定义元素的可视性为可视 */
10 width: 300px;
11 height: 150px;
12 background: #666666;
13   }
```

```
14    p {
15      width: 400px;
16 height: 150px;
17 border: 2px solid #000000;
18 background: #999999;
19    }
20   </style>
21   </head>
22   <body>
23   <div> 这是一个块元素 </div>
24   <p> 这是另一个块元素 </p>
25   </body>
26   </html>
```

【运行结果】

使用 IE 浏览器打开文件，预览效果如图所示。

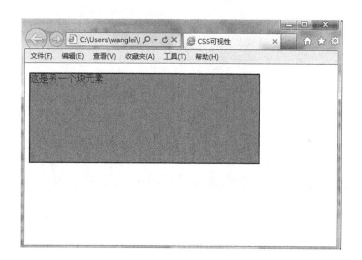

【范例分析】

在 CSS 中为 div 标签分别定义了显示方式和可视属性，由于在显示方式中定义了隐藏属性值，所以即使在可视属性中定义属性值为可见，依然无法显示元素及其内容。

8.6 案例 1——图文层叠效果

 本节视频教学录像：6 分钟

图文层叠效果是一个比较容易实现的一个效果，层叠的实质就是在图片上加入一些其他的元素，比如说明信息等，虽然也可以使用 Photoshop、美图秀秀等图像处理软件来完成，但并不是每个人都熟悉这些软件。使用 CSS 定位技术可以实现这种效果。基本过程大致如下：

❶ 找到需要放到网页上的图片素材（这里使用的是代码目录下的文件 example.jpg，读者也可以使用其他图形文件，在代码中把文件名更换即可）。

❷ 在代码的 CSS 定义中，分别定义两个 ID 样式，其中 #block1 用于定义图片的盒子，并且使用盒子模型的方法给图片加上边框，#block2 用于定义文字的盒子，使用 position 定位，再设置相应的文字颜色和字体即可。

```
01  #block1{ /* 给图片加框 */
02  padding:10px;          /* 定义边框的内边距 */
03  border:1px solid #000000;   /* 定义边框样式、颜色 */
04  float:left;
05  }
06  #block2{              /* 定义文字所在块的位置 */
07  color:red;
08  padding:10px;
09  position:absolute;
10  left:255px;
11  top:205px;
12  }
```

❸ 在网页的内容中，把两个 ID 样式分别作用于图片和文字。

```
01  <div>
02  <div id="block1"><img src="example.jpg" border="0"></div>
03  <div id="block2"> 美丽的景色 </div>
04  </div>
```

详细代码如【范例 8.9】所示。

【范例 8.9】 图文层叠效果（范例文件：ch08\8-9.html）

新建记事本，编写以下 HTML 代码。

```
01  <!DOCTYPE html PUBLIC "-//W3C//DTD XHTML 1.0 Transitional//EN"
"http://www.w3.org/TR/xhtml1/DTD/xhtml1-transitional.dtd">
02  <html xmlns="http://www.w3.org/1999/xhtml">
03  <head>
04  <meta http-equiv="Content-Type" content="text/html; charset=utf-8" />
05  <title> 图文层叠 </title>
06  <style type="text/css">
07  <!--
08  body{
09  margin:15px;
10  font-family:Arial;
11  font-size:30px;
12  font-style:italic;
```

```
13  }
14  #block1{ /* 给图片加框 */
15  padding:10px;          /* 定义边框的内边距 */
16  border:1px solid #000000;  /* 定义边框样式、颜色 */
17  float:left;
18  }
19  #block2{                   /* 定义文字所在块的位置 */
20  color:red;
21  padding:10px;
22  position:absolute;
23  left:255px;
24  top:205px;
25  }
26  -->
27  </style>
28  </hcad>
29  <body>
30  <div>
31  <div id="block1"><img src="example.jpg" border="0"></div>
32  <div id="block2"> 美丽的景色 </div>
33  </div>
34  </body>
35  </html>
```

【运行结果】

使用 IE 浏览器打开文件，预览效果如图所示。

8.7 案例 2——歌曲编辑列表

 本节视频教学录像：5 分钟

下面使用 CSS 的盒子功能实现另外一种效果——简单的歌曲编辑列表功能。其基本实现过程如下。

❶ 添加文字到 div 块中，然后在 div 块中加入 ul 列表。

```
01  <div id="tj">
02  <p> 歌曲列表 </p>
03   <dl>
04   <dt> 隐形的翅膀 </dt><dd> 张韶涵 </dd>
05     <dt> 亲爱的 </dt><dd> 徐若瑄 </dd>
06     <dt> 忘不了 </dt><dd> 陶喆 </dd>
07     <dt> 飞行部落 </dt><dd> 飞儿乐队 </dd>
08     <dt> 千千阙歌 </dt><dd> 张韶涵 </dd>
09     <dt> 单身情歌 </dt><dd> 林志炫 </dd>
10     <dt> 一剪梅 </dt><dd> 费玉清 </dd>
11     <dt> 风继续吹 </dt><dd> 张国荣 </dd>
12     <dt> 爱 </dt><dd> 小虎队 </dd>
13     <dt> 让我欢喜 ..</dt><dd> 周华健 </dd>
14     <dt> 最炫民族风 </dt><dd>  凤凰传奇 </dd>
15   </dl>
16  </div>
```

❷ 设置每个列表对应的 CSS 格式，分别定义 tj、dd 和 dt 三个 ID 样式，在每个样式中，分别定义盒子边界的宽度、颜色以及位置等信息。具体的代码如【范例 8.10】所示。

【范例 8.10】 歌曲编辑列表（范例文件：ch08\8-10.html）

新建记事本，编写以下 HTML 代码。

```
01  <!DOCTYPE html PUBLIC "-//W3C//DTD XHTML 1.0 Transitional//EN"
"http://www.w3.org/TR/xhtml1/DTD/xhtml1-transitional.dtd">
02  <html xmlns="http://www.w3.org/1999/xhtml">
03  <head>
04  <meta http-equiv="Content-Type" content="text/html; charset=utf-8" />
05  <title> 歌曲编辑列表 </title>
06  <style type="text/css">
07  <!--
08  #tj p{
09  color:red;
10  size:16px;
11  text-align:center;}
12  #tj dt{
```

```
13  float:left;
14  width:117px;
15  color:#444444;
16  background-color:#CCC;
17  border-bottom-width:1px;
18  border-bottom-color:#555555;
19  text-align:left;
20  background-position:3px;
21  padding-left:12px;
22  }
23  #tj dd{
24  float:left;
25  line-height:23px;
26  color:#0CF;
27  border-bottom-width:1px;
28  border-bottom-style:dashed;
29  background-color:#555555;
30  width:65px;
31  }
32  -->
33  </style>
34  </head>
35  <body>
36  <div id="tj">
37  <p> 歌曲列表 </p>
38    <dl>
39   <dt> 隐形的翅膀 </dt><dd> 张韶涵 </dd>
40      <dt> 亲爱的 </dt><dd> 徐若瑄 </dd>
41      <dt> 忘不了 </dt><dd> 陶喆 </dd>
42      <dt> 飞行部落 </dt><dd> 飞儿乐队 </dd>
43      <dt> 千千阙歌 </dt><dd> 张韶涵 </dd>
44      <dt> 单身情歌 </dt><dd> 林志炫 </dd>
45      <dt> 一剪梅 </dt><dd> 费玉清 </dd>
46      <dt> 风继续吹 </dt><dd> 张国荣 </dd>
47      <dt> 爱 </dt><dd> 小虎队 </dd>
48      <dt> 让我欢喜 ..</dt><dd> 周华健 </dd>
49      <dt> 最炫民族风 </dt><dd>  凤凰传奇 </dd>
50    </dl>
51  </div>
52  </body>
53  </html>
```

【运行结果】

使用 IE 浏览器打开文件，预览效果如图所示。

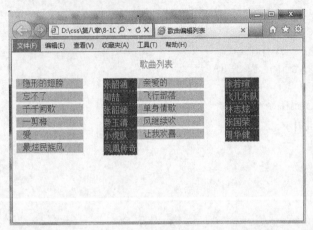

 高手私房菜

>>

技巧 1：什么时候使用 Visibility 或者 Display 属性

本章介绍的 Visibility 和 Display 属性，虽然都可以达到隐藏页面元素的目的，但它们二者之间还是有区别的。

如果用户想隐藏某元素，但在页面上还想保留该元素的空间，这时应该使用 visibility: hidden。

如果用户想在隐藏某元素的同时，让其他内容填充空白空间，应该使用 display: none。

技巧 2：CSS border 的默认值

通常可以设定边界的颜色，宽度和风格，如：border: 3px solid #000，这可以把边界显示成 3 像素宽的黑色实线。

实际上这里只需要指定风格即可，其他属性系统会使用默认值。一般地，Border 的宽度默认是 medium，一般等于 3 到 4 个像素；默认的颜色是其中文字的颜色。

第 **9** 章

本章教学录像：41 分钟

CSS+DIV 盒子的浮动与定位

上一章已经学习了盒子模型的基本属性以及使用方法，通过盒子模型可以实现网页元素内容的定位和布局，但是仅使用这些基本属性进行页面布局排版，限制太大，这一章继续学习盒子的浮动和定位方法，以实现网页布局的美观。

本章要点（已掌握的在方框中打勾）

☐ 定义 DIV

☐ CSS 布局定位

☐ 盒子的浮动

☐ 盒子的定位

☐ 可视化盒模型

☐ 固定宽度网页剖析与布局

☐ 自动缩放网页剖析与布局

9.1 定义 DIV

 本节视频教学录像：6 分钟

DIV 与其他 HTML 标记一样，是一个 HTML 所支持的标记。DIV 标签在 Web 标准的网页中使用非常频繁，可以很方便地实现网页的布局。和定义一个表格所用的标记是 <table></table> 这样的格式一样，DIV 在使用的时候也是以 <div></div> 成对的形式出现的。

9.1.1 什么是 DIV

DIV 全程 Division，其意思为"区分"，是分割标记，作用是用来设定文字、图像、表格等的摆放位置。

DIV 元素是用来为 HTML 文档内的一块内容提供结构和背景的元素，DIV 的起始标签和结束标签之间的所有内容都构成块，其所包含元素的特性由 DIV 标签的属性来控制，或者是通过使用样式表格式化这个块进行控制的。

DIV 标记是一个容器，即 <div></div> 之间相当于一个容器，可以容纳段落，标题，表格，图片以及章节等 HTML 元素。因此，可以把 <div> 与 </div> 中的内容视为一个独立的对象，用于 CSS 的控制。声明的时候只需要对 <div> 标记进行相应的控制，其中各个标记文件也会因此而改变。

9.1.2 插入 DIV

DIV 标签只是一个标识，作用是把内容标识为一个区域，并不负责事情，DIV 只是 CSS 布局工作的第一步，需要通过 DIV 将页面中的内容元素标识出来，而为内容添加样式则由 CSS 来完成。DIV 标记在使用的时候，和其他 HTML 标记一样可以加入其他属性，例如 id、class、align、style 属性等。

在 CSS 中为了实现内容与表现分离，DIV 代码拥有以下两种形式：

<div id = "id 名称">div 内容 </div>
<div class = "id 名称">div 内容 </div>

使用 id 属性为当前 DIV 指定一个 ID 名称，在 CSS 中使用 ID 选择器进行样式编写；同样也可以使用 Class 属性，在 Class 中使用 Class 选择器进行样式的编写。

同一名称的 id 值在当前页面中只允许使用一次，无论是应用到 DIV 还是其他对象的 id 中。

注 意 Class 属性名称则可以重复使用。

下面对表格和 DIV 标记进行比较，来加深对 DIV 的认识。在用表格进行布局时，使用表格设计左右分栏或者上下分栏，在浏览器中都可以直接看到分栏效果。如下面这个例子所示。

【范例 9.1】 使用表格进行布局（范例文件：ch09\9-1.html）

新建记事本，编写以下 HTML 代码。

```
01 <!DOCTYPE html PUBLIC "-//W3C//DTD XHTML 1.0 Transitional//EN"
"http://www.w3.org/ TR/xhtml1/DTD/xhtml1-transitional.dtd">
02 <html xmlns="http://www.w3.org/1999/xhtml">
```

```
03  <head>
04  <meta http-equiv="Content-Type" content="text/html; charset=utf-8" />
05  <title> 插入 div 实例 </title>
06  </head>
07  <body><table width="200" border="1">
08    <tr>
09      <td> 左 </td>
10      <td> 右 </td>
11    </tr>
12  </table>
13  </body>
14  </html>
```

【运行结果】

使用 IE 浏览器打开文件，预览效果如图所示。

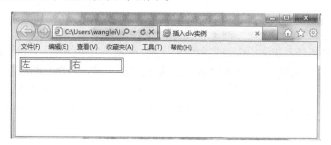

【范例分析】

这段代码完全使用 HTML 标签(table、tr、td)实现，使用表格布局可以直接在浏览器中看到分栏效果。

表格自身的代码形式，决定了在浏览器中显示的时候，两块内容分别显示在左右单元格中，因此不管是否应用了表格线，都可以明确地知道内容存在于两个单元格中。

如果在【范例 9.1】中代码 </table> 下面加入如下代码：

```
01  <div> 左 </div>
02  <div> 右 </div>
```

其显示效果如图所示，从效果可发现，网页中除了文字之外没有任何其他任何效果，两个 DIV 之间，只是前后关系，并没有出现类似表格的组织形式。可以说，DIV 本身与样式没有任何关系，样式需要编写 CSS 来实现，因此 DIV 对象应该说从本质上实现了与样式分离。

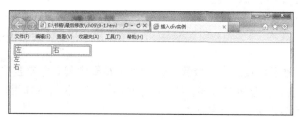

因此在使用 CSS 插入 DIV 标签实现网页页面布局，所需要的工作可以简单地分为两个步骤：

❶ 使用 DIV 将内容标记出来。

❷ 为这个 DIV 编写所需要的 CSS 样式。

9.1.3 DIV 的嵌套和固定格式

在设计一个网页时候，首先需要有整体的布局，大致需要有头部，中部和底部，其中中部也许还会分为左右或者左中右。无论多么复杂的布局，都可以拆分为上下、上中下、左右、左中右等固定的格式，这些格式都可以使用 DIV 进行多次的嵌套来实现。嵌套的目的就是为了实现更为复杂的页面排版。

来看一下下面这段代码。

```
01  <div id = "top"> 网页头部 </div>
02  <div id = "main">
03  <div id = "left"> 左边部分 </div>
04  <div id = "right"> 右边部分 </div>
05  </div>
06  <div id = "bottom"></div>
```

在代码中，每个DIV都分别定义一个id名称便于识别，分别定义了为top、main和bottom三个对象。它们之间是并列关系，这在网页中的布局结构中属于垂直方向布局，如左下图所示。在 main 中使用的是左右分栏的布局结构，在 main 中有两个 id 为 left 和 right 的 DIV，这两个 DIV 属于并列关系，而它们都被包含在 main 中，和 main 形成了一种嵌套的关系，用 CSS 实现 left 和 right 左右显示，如右下图所示。

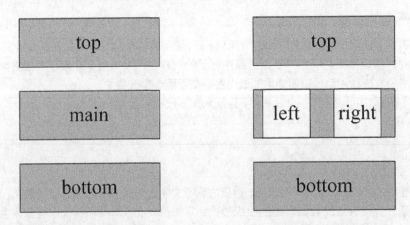

9.2 CSS 布局定位

本节视频教学录像：10 分钟

定位是指将某个元素放到网页的某个位置，这在网页布局中起着非常重要的作用，要想自由地将元素放到自己想要的位置，实现预定效果，DIV 的定位方式起到关键的作用。本节将对浮动定位和 position 定位的含义和使用方法进行深入的讲解。

9.2.1 浮动定位

float 定位（浮动定位）是 CSS 排版中非常重要的手段，浮动定位通过 float 属性来控制，它有 3 个参数：left、right、none。它们的含义见下表。基本语法格式为：

float: left/right/none

其中，none 是默认属性值。下表为 float 参数的说明表。

参数	描述
Left	文本或图像会移至父元素中的左侧
Right	文本或图像会移至父元素中的右侧
none	默认，文本或图像会显示于它在文档中出现的位置

通过下面这个例子来认识浮动定位。

【范例 9.2】 浮动定位（范例文件：ch09\9-2.html）

新建记事本，编写以下 HTML 代码。

```
01 <!DOCTYPE html PUBLIC "-//W3C//DTD XHTML 1.0 Transitional//EN"
"http://www.w3.org/TR/xhtml1/DTD/xhtml1-transitional.dtd">
02 <html xmlns="http://www.w3.org/1999/xhtml">
03 <head>
04 <meta http-equiv="Content-Type" content="text/html; charset=utf-8" />
05 <title>float 属性 </title>
06 <style type="text/css">
07 <!--
08 body{
09 margin:15px;
10 font-family:Arial;
11 font-size:12px;
12 }
13 .father{
14 background-color:#fffea6;
15 border:1px solid #111111;
16 padding:25px;                          /* 父块的 padding */
17 }
18 .son1{
19 padding:10px;                          /* 子块 son1 的 padding */
20 margin:5px;                       /* 子块 son1 的 margin */
21 background-color:#70baff;
22 border:1px dashed #111111;
```

```
23  }
24  .son2{
25  padding:5px;
26  margin:0px;
27  background-color:#ffd270;
28  border:1px dashed #111111;
29  }
30  -->
31  </style>
32    </head>
33  <body>
34  <div class="father">
35  <div class="son1">float1</div>
36  <div class="son2">float2</div>
37  </div>
38  </body>
39  </html>
```

【运行结果】

使用 IE 浏览器打开文件, 预览效果如图所示。

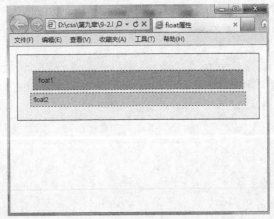

【范例分析】

在【范例 9.2】中定义了 3 个 <div> 块, 其中一个是父级块, 另两个是子级块。当没有设置块 son1 向左浮动时。

在上面的代码头文件 CSS 的定义中, 为 .son2 类标记中添加下面向左浮动的代码:

```
float:left;
```

其显示效果如下图所示。

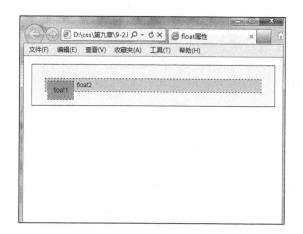

9.2.2 position 定位

position 定位和 float 定位一样，也是 CSS 排版中非常重要的概念。position 定位的属性一共有 4 个值，分别是 static、absolute、relative 和 fixed。它们的含义见下表。其中 static 为默认值。它表示块保持在原本应该在的位置上，即该值没有任何移动的效果。

参数	描述
static	静态定位，默认值，元素没有定位
absolute	绝对定位，生成绝对定位的元素，相对于 static 定位以外的第一个父元素进行定位。元素的位置通过 left、top、right 以及 bottom 属性进行规定
relative	相对定位，生成相对定位的元素，相对于其正常位置进行定位
fixed	固定定位，生成绝对定位的元素，相对于浏览器窗口进行定位。元素的位置通过 left、top、right 以及 bottom 属性进行规定

通过下面这个例子来认识 position 定位的使用方法。

【范例 9.3】 position 定位（范例文件：ch09\9-3.html）

新建记事本，编写以下 HTML 代码。

```
01 <!DOCTYPE html PUBLIC "-//W3C//DTD XHTML 1.0 Transitional//EN"
"http://www.w3.org/TR/xhtml1/DTD/xhtml1-transitional.dtd">
02 <html xmlns="http://www.w3.org/1999/xhtml">
03 <head>
04 <meta http-equiv="Content-Type" content="text/html; charset=utf-8" />
05 <title>position 属性 </title>
06 <style type="text/css">
07 <!--
```

```
08  body{
09  margin:10px;
10  font-family:Arial;
11  font-size:13px;
12  }
13  #father{
14  background-color:#a0c8ff;
15  border:1px dashed #000000;
16  width:100%;
17  height:100%;
18  }
19  #block{
20  background-color:#fff0ac;
21  border:1px dashed #000000;
22  padding:10px;
23  position:absolute;           /* absolute 绝对定位 */
24  left:20px;                   /* 块的左边框离页面左边界 20px */
25  top:40px;                    /* 块的上边框离页面上边界 40px */
26  }
27  -->
28  </style>
29    </head>
30  <body>
31  <div id="father">
32  <div id="block">position 定位的 absolute 值 </div>
33  </div>
34  </body>
35  </html>
```

【运行结果】

使用 IE 浏览器打开文件，预览效果如图所示。

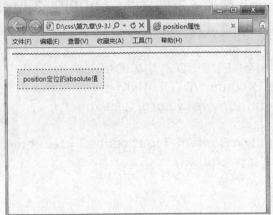

【范例分析】

将子块属性值定义为 absolute 时，子块已经不属于父块，其左边框相对页面左边的距离为 20px，这个距离已经不是子块相对父块的左边框的距离。

9.3 盒子的浮动

 本节视频教学录像：4 分钟

在标准流中，一个块级元素在水平方向会自动扩展，直到包含它的元素的边界；而在竖直方向和其他元素依次排列，不能并排。盒子作为一个块级元素，在标准流中的这种排列方式往往不能满足要求，为了布局的需要，常希望盒子能够灵活定位，一般有盒子的定位方式有两种：盒子的浮动和盒子的定位。

首先来看盒子的浮动，通过下面这个实例来深入了解盒子的浮动用法。

【范例 9.4】 盒子的浮动用法（范例文件：ch09\9-4.html）

新建记事本，编写以下 HTML 代码。

```
01 <!DOCTYPE html PUBLIC "-//W3C//DTD XHTML 1.0 Transitional//EN"
"http://www.w3.org/TR/xhtml1/DTD/xhtml1-transitional.dtd">
02 <html xmlns="http://www.w3.org/1999/xhtml">
03 <head>
04 <meta http-equiv="Content-Type" content="text/html; charset=utf-8" />
05 <title> 盒子浮动实例 1</title>
06 <style type="text/css">
07 <!--
08 body{
09 margin:10px;
10 font-family: 宋体 ;
11     font-size:12px;
12 color:#FFF;
13 }
14 .style{
15 background-color:#0C6;
16 border:1px solid  #F00;
17 padding:10px;
18 }
19 .style div{
20 padding:10px;
21 margin:15px;
22 border:1px dashed #FF0;
23 background-color: #00F;
24 }
25 .style p{
26 border:1px dashed  #FF0000;
```

```
27  background-color: #00F;
28  }
29  -->
30  </style>
31  </head>
32  <body>
33  <div class="style">
34  <div class="box1"> 盒子 1</div>
35  <div class="box2"> 盒子 2</div>
36  <div class="box3"> 盒子 3</div>
37  <p> 盒子浮动实例，盒子浮动实例，盒子浮动实例，盒子浮动实例，盒子浮动实例，盒
子浮动实例 </p>
38  </div>
39  </body>
40  </html>
```

【运行结果】

使用 IE 浏览器打开文件，预览效果如图所示。

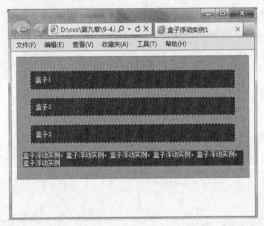

【范例分析】

在本例中定义了 4 个 DIV 块元素，其中 .style 是父块，其他 3 个 box1、 box2 和 box3 是子块，
但是 3 个字库还没有定义对应的类标记样式，即没有设置任何浮动属性是标准流中的盒子状态。在父
盒子中，4 个盒子各自向右伸展，竖直方向依次排列。

为了更好地了解盒子浮动属性对网页整体布局的影响，逐一增加 box1、box2、box3 的浮动属性。
首先在头文件 CSS 定义中设置 box1 向左浮动，在 .box1 增加向左浮动的属性代码。

```
01  .box1{
02
03  }
```

其显示结果如下图所示，可以看到，标准流中的文字"盒子 2"围绕着"盒子 1"排列，而此时"盒子 1"的宽度不再伸展，而是能容纳下内容的最小宽度。

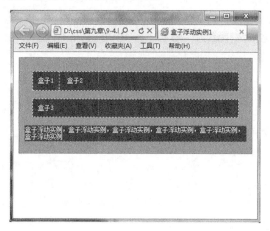

同样，也可以给 box2、box3 添加向左浮动方式。

运行结果如左下图和右下图所示。

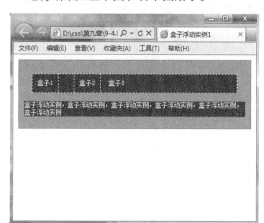 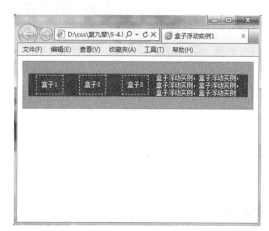

9.4 盒子的定位

 本节视频教学录像：5 分钟

上一节介绍了盒子的浮动，也可以通过 position 属性规定元素的定位类型进行盒子的定位。

下面通过一个例子来了解盒子的定位。

【范例 9.5】 盒子的定位（范例文件：ch09\9-5.html）

新建记事本，编写以下 HTML 代码。

```
01 <!DOCTYPE html PUBLIC "-//W3C//DTD XHTML 1.0 Transitional//EN"
"http://www.w3.org/TR/xhtml1/DTD/xhtml1-transitional.dtd">
02 <html xmlns="http://www.w3.org/1999/xhtml">
03 <head>
04 <meta http-equiv="Content-Type" content="text/html; charset=utf-8" />
```

```
05  <title> 盒子定位实例 1</title>
06  <style type="text/css">
07  <!--
08  h1{position:absolute;left:100px;top:100px}
09  -->
10  </style>
11  </head>
12  <body>
13  <h1> 绝对定位的标题 </h1>
14  </body>
15  </html>
```

【运行结果】

使用 IE 浏览器打开文件，预览效果如图所示。

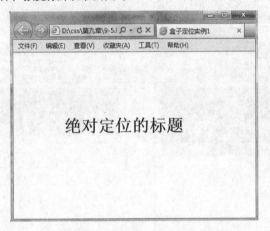

【范例分析】

9.2 节已经讲过，通过使用 position 属性，可以选择 4 种不同类型的定位，它们分别是：静态定位、相对定位、绝对定位和固定定位。除非专门指定，否则所有框都在标准流中定位。也就是说，标准流中的元素的位置由元素在页面中的位置决定。

9.4.1 静态定位

静态定位就是指没有使用任何移动效果的定位，使用的是 static 属性。由于系统默认的就是使用 static 属性，所以静态定位在这里就不再举例。

9.4.2 相对定位

如果对一个元素进行相对定位，它将出现在它所在的位置上。然后，通过设置垂直或水平位置，让这个元素相对于它的起点进行移动。

下面这个实例介绍了相对定位的使用方法。

【范例 9.6】 相对定位（范例文件：ch09\9-6.html）

新建记事本，编写以下 HTML 代码。

```
01 <!DOCTYPE html PUBLIC "-//W3C//DTD XHTML 1.0 Transitional//EN"
"http://www.w3.org/TR/xhtml1/DTD/xhtml1-transitional.dtd">
02 <html xmlns="http://www.w3.org/1999/xhtml">
03 <head>
04 <meta http-equiv="Content-Type" content="text/html; charset=utf-8" />
05 <title> 盒子定位实例 - 相对移动 </title>
06 <style type="text/css">
07 <!--
08 h2.pos_left{position:relative;left:-10px}
09 h2.pos_right{position:relative;left:20px}
10 -->
11 </style>
12 </head>
13 <body>
14 <h2> 正常位置的标题 </h2>
15 <h2 class="pos_left"> 相对于正常位置向左移动 </h2>
16 <h2 class="pos_right"> 相对于正常位置向右移动 </h2>
17 </body>
18 </html>
```

【运行结果】

使用 IE 浏览器打开文件，预览效果如图所示。

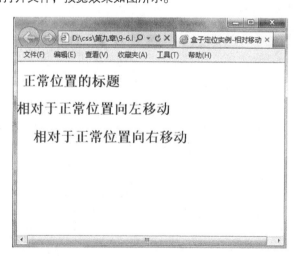

【范例分析】

在 CSS 定义中设置的 h2.pos_left 类标记时，由于相对定位的数值是负数，则向相反方向定位。

9.4.3 绝对定位

绝对定位使元素的位置与文档流无关，因此不占据空间。这一点与相对定位不同，相对定位实际上被看作普通流定位模型的一部分，因为元素的位置相对于它在普通流中的位置。普通流中其他元素的布局就像绝对定位的元素不存在一样。下面这个实例给出了绝对定位的使用方法。

【范例 9.7】 绝对定位（范例文件：ch09\9-7.html）

新建记事本，编写以下 HTML 代码。

```
01 <!DOCTYPE html PUBLIC "-//W3C//DTD XHTML 1.0 Transitional//EN"
"http://www.w3.org/TR/xhtml1/DTD/xhtml1-transitional.dtd">
02 <html xmlns="http://www.w3.org/1999/xhtml">
03 <head>
04 <meta http-equiv="Content-Type" content="text/html; charset=utf-8" />
05 <title> 盒子定位实例 - 绝对定位没有使用绝对定位时候状态 </title>
06 <style type="text/css">
07 <!--
08 div{
09 border:#F00 solid 5px;
10 }
11 -->
12 </style>
13 </head>
14 <body>
15 <div>box1</div>
16 <div class="box2">box2</div>
17 <div >box3</div>
18 </body>
19 </html>
```

【运行结果】

使用 IE 浏览器打开文件，预览效果如图所示。这是没有使用定位时候的状态，相当于静态定位。

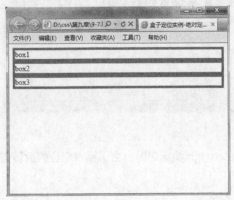

在样式表中增加下面代码，完成 box2 的绝对定位。

```
01  .box2{ position:absolute;
02  top:10px;
03  right:40px;
04  }
```

其显示结果如下图所示，在样式表中加入定位后，box2 和 box1 合并为一行显示。

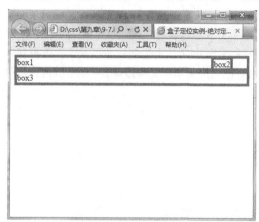

9.4.4 固定定位

固定定位在应用上与绝对定位有些相似，不同的是固定定位的标准不是父元素，而是浏览器的窗口或在其他显示设备的窗口，这里不再详述。

9.5 可视化盒模型

 本节视频教学录像：4 分钟

盒子模型是由 CSS 中所有元素产生的 box 自身构成，而可视化盒子模型则是把这些 box，按照规则摆放到页面上，即通常所说的布局。换句话说，可视化盒子模型是整个页面的模型，这个模型规定了怎么在页面里摆放 box，box 之间如何相互作用等，属于 CSS 的最为核心的概念之一。

9.5.1 盒子模型

在第 8 章第 3 节中已经学习了盒子模型的基本概念以及 border 区域，padding 区域和 margin 区域的定义，在本节中就不再重复。

现在要讲的是关于盒子模型的使用过程中，还需要注意的几点：

(1) 浮动元素的链接不压缩，并且浮动元素也不声明宽度，则宽度趋向于 0，即延伸到其内容能承受的最小宽度。

(2) 边框默认的样式可以设置为不显示。

(3) 填充值不可以为负数。

(4) 如果盒中没有内容，即使定义了宽度和高度都为 100%，实际上也不占空间，因此不会被显示，此处在采取布局的时候需要特别注意。

9.5.2 视觉可视化模型

常见的 <p>、<h1>、<div> 等元素常常称为块级元素。因为这些元素显示的内容为一块内容，即"块框"，并且每个新元素都需要另起一行。<strong> 和 <span> 等元素称为行内元素，它们的内容显示在同一行中。块级框从上到下一个接一个排列，框之间的垂直距离由框的垂直空白边计算出来。

行内框在一行中的水平位置，可以使用水平填充、边框和空白边设置它们之间的水平间距，但是垂直填充、边框和空白边不影响行内框的高度。由一行形成的水平框称为行框，行框的高度总是足以容纳它包含的所有行内框，设置行高可以增加这个框的高度。

框可以按照 HTML 语言的嵌套方式包含其他的框。大多数框都是由显示定义的元素形成。但是在某些特殊的情况下，即使没有进行显示定义，也会创建块级元素。这种情况发生在将一些文本添加到一些块级元素的开头时，即使没有把这些文本定义为段落，它也会被当作段落对待，如下面一段的代码。

```
01  <div>
02  网络购物
03  <p> 精品时尚 </p>
04  </div>
```

在这种情况下，这个框被称为无名块框，因为它不与专门定义的元素相关联。

块级元素内的文本行也会发生类似的情况。假设有一个包含了 3 行文本的段落，每行文本形成一个无名行框，则无法直接对无名框或行框应用样式，因为没有可以应用样式的地方。但是，这有助于理解在屏幕上看到的所有东西都形成某种框。

9.5.3 空白边叠加

空白边叠加是一个比较简单的概念，是指当两个垂直空白边相遇时，它们将形成一个空白边，这个空白边的高度是两个发生叠加的空白边中的较大高度者。

来看下面这个例子。

【范例 9.8】 空白边叠加（范例文件：ch09\9-8.html）

新建记事本，编写以下 HTML 代码。

```
01  <!DOCTYPE html PUBLIC "-//W3C//DTD XHTML 1.0 Transitional//EN"
"http://www.w3.org/TR/xhtml1/DTD/xhtml1-transitional.dtd">
02  <html xmlns="http://www.w3.org/1999/xhtml">
03  <head>
04  <meta http-equiv="Content-Type" content="text/html; charset=utf-8" />
05  <title> 空白边叠加 </title>
06  <style type="text/css">
07  <!--
08  .one {
09  margin-bottom:20px;
10  background-color: red;
```

```
11  }
12  .two{
13  margin-top:10px;
14  background-color: blue;
15  }
16  -->
17   </style>
18  </head>
19  <body>
20   <div class="one"> 此处显示上面块的内容 </div>
21     <div class="two" > 此处显示下面块的内容 </div>
22  </body>
23  </html>
```

【运行结果】

使用 IE 浏览器打开文件，预览效果如图所示。

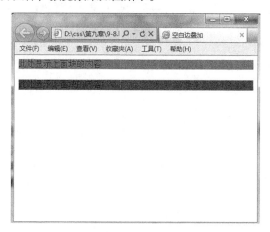

【范例分析】

在 CSS 代码中，.one 类标记定义了下边距为 20px，.two 定义了上边距为 10px，由图片可以看到，理论上有 30px（20px+10px）高的空白边，但实际上空白边变成了 20px。

9.6 固定宽度网页剖析与布局

 本节视频教学录像：8 分钟

CSS 排版是一种全新的排版概念，与传统的排版方法完全不一样。首先，它将页面在整体上进行 <div> 标志的分块，然后对各个分块进行 CSS 定位，最后再在各个块中添加相应的内容。利用 CSS 排版的网页页面，更新起来更加容易。下面对固定宽度的网页布局进行深入的剖析，并用实例讲解这些布局的使用方法。

9.6.1 网页单列布局模式

单列布局是最简单的一种布局形式，下面通过例子来看一下这种网页布局的使用方法。

【范例 9.9】 单列布局（范例文件：ch09\9-9.html）

❶ 新建记事本，编写以下 HTML 代码。

```
01 <!DOCTYPE html PUBLIC "-//W3C//DTD XHTML 1.0 Transitional//EN"
"http://www.w3.org/TR/xhtml1/DTD/xhtml1-transitional.dtd">
02 <html xmlns="http://www.w3.org/1999/xhtml">
03 <head>
04 <meta http-equiv="Content-Type" content="text/html; charset=utf-8" />
05 <title> 单列布局模式实例 </title>
06 </head>
07 <body>
08 <div class="rounded">
09 <h2> 页头 </h2>
10 <div class="main">
11 <p>
12 床前明月光，疑是地上霜 <br/>
13 举头望明月，低头思故乡 </p>
14 </div>
15 <div class="footer">
16 <p>
17 查看详细信息 &gt;&gt;
18 </p>
19 </div>
20 </div>
21 </body>
22 </html>
```

通过读代码可以知道，代码中这组 <div>…</div> 之间的内容是固定结构的，其作用就是实现一个可以变化宽度的 DIV 块。要修改内容，只需要修改相应的文字内容或者增加其他图片内容即可。

❷ 设置 DIV 容器的 CSS 样式。

```
01 <style type="text/css">
02 <!--
03 body {
04 background: #FFF;
05 font: 13px/1.5 Arial;
06 margin:0;
07 padding:0;
08 }
```

```
09  .rounded {
10    background: url(images/left-top.gif)   top left no-repeat;
11    width:100%;
12    }
13  .rounded h2 {
14    background: url(images/right-top.gif) top right no-repeat;
15    padding:20px 20px 10px;
16    margin:0;
17    }
18  .rounded .main {
19    background: url(images/right.gif) top right repeat-y;
20    padding:10px 20px;
21    margin:-2em 0 0 0;
22    }
23  .rounded .footer {
24    background:
25    url(images/left-bottom.gif)
26    bottom left no-repeat;
27    }
28  .rounded .footer p {
29    color:#888;
30    text-align:right;
31    background:url(images/right-bottom.gif) bottom right no-repeat;
32    display:block;
33    padding:10px 20px 20px;
34    margin:-2em 0 0 0;
35    font:0/0;
36    }
37  </style>
```

在代码中定义了整个盒子的样式,如文字大小等。其显示效果如图所示。会发现 DIV 块和 DIV 块有一定的脱节现象,这是因为没有设置 DIV 块之间的宽度。

❸ 设置固定的宽度。

为该 DIV 容器设置一个 id,把针对它的 CSS 样式放到这个 id 的样式定义部分。这样会解决 DIV 块之间不合理的布局。例如设置 margin 属性,实现页面居中显示,并用 width 属性确定固定宽度,使得 DIV 不会脱节,代码如下。

```
01  #header {
02    margin:0 auto;
03    width:760px;}
```

❹ 在 HTML 部分的 <Div class="rounded">...</div> 的外面套一个 id 为 head 的 DIV 块，代码如下。

```
01  <div id="header">
02  <div class="rounded">
03  <h2> 页头 </h2>
04  <div class="main">
05  <p>
06  床前明月光，疑是地上霜 <br/>
07  举头望明月，低头思故乡 </p>
08  </div>
09  <div class="footer">
10  <p>
11  查看详细信息 &gt;&gt;
12  </p>
13  </div>
14  </div>
15  </div>
```

其显示效果如下图所示。

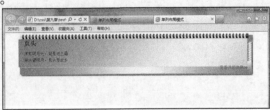

❺ 复制其他 DIV 容器。

按照【范例 9.9】中的方法再复制 2 个相同的 DIV 容器：#footer 容器和 #content 容器，分别对应 "正文" 和 "页脚" 模块。3 个容器单列并判显示组合成单列布局的模式。

增加的 CSS 代码如下所示。

```
01  #header,#pagefooter,#content {
02    margin:0 auto;
03    width:760px;}
```

同时增加的 HTML 代码如下所示。

```
01  div id="content">
02  <div class="rounded">
03  <h2> 正文 </h2>
04  <div class="main">
05  <p>
```

```
06  床前明月光，疑是地上霜 <br />
07  举头望明月，低头思故乡
08  </p>
09  <p>
10  床前明月光，疑是地上霜 <br />
11  举头望明月，低头思故乡
12  </p>
13  </div>
14  <div class="footer">
15  <p>
16  查看详细信息 &gt;&gt;
17  </p>
18  </div>
19  </div>
20  </div>
21  <div id="pagefooter">
22  <div class="rounded">
23  <h2> 页脚 </h2>
24  <div class="main">
25  <p>
26  床前明月光，疑是地上霜
27  </p>
28  </div>
29  <div class="footer">
30  <p>
31  查看详细信息 &gt;&gt;
32  </p>
33  </div>
34  </div>
35  </div>
```

最终的显示效果如下图所示。

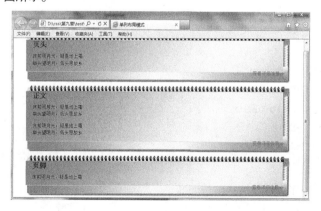

9.6.2 网页 1-2-1 型布局模式

现在来制作经常用到的 "1-2-1" 布局。布局示意图如下图所示。

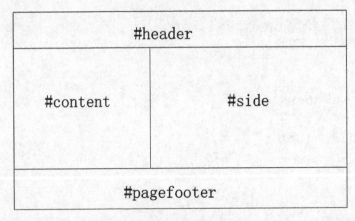

在布局结构中，增加了一个 #side 栏。但是在通常状况下，两个 DIV 只能竖直排列。为了让 content 和 side 能够水平排列，必须把它们放到另一个新的 DIV 中，然后使用浮动或者绝对定位的方法，使 #content 和 #side 并列起来。下面开始动手制作实例，可以在上一节【范例 9.9】的代码基础上继续完善，如【范例 9.10】所示。

【范例 9.10】 网页 1-2-1 型布局模式（范例文件：ch09\9-10.html）

❶ 首先完成网页内容的 HTML 代码。

```
01  <div id="header">
02  <div class="rounded">
03  <h2> 页头 </h2>
04  <div class="main">
05  </div>
06  <div class="footer">
07  <p>
08  查看详细信息 &gt;&gt;
09  </p>
10  </div>
11  </div>
12  </div>
13  <div id="container">
14  <div id="content">
15  <div class="rounded">
16  <h2> 正文 1</h2>
17  <div class="main">
18
19  <p>
```

```
20    《关山月》
21           </p>
22           <p>
23    明月出天山，苍茫云海间。</p>
24    <p> 长风几万里，吹度玉门关。 </p>
25    <p> 汉下白登道，胡窥青海湾。 </p>
26    <p> 由来征战地，不见有人还。 </p>
27    <p> 戍客望边色，思归多苦颜。 </p>
28    <p> 高楼当此夜，叹息未应闲。</p>
29    </div>
30    <div class="footer">
31    <p>
32    查看详细信息 &gt;&gt;
33    </p>
34    </div>
35    </div>
36    </div>
37    <div id="side">
38    <div class="rounded">
39    <h2> 正文 2</h2>
40    <div class="main">
41    <p>
42    《行路难》</p>
43    <p> 金樽清酒斗十千，玉盘珍羞值万钱。 </p>
44    <p> 停杯投箸不能食，拔剑四顾心茫然。 </p>
45    <p> 欲渡黄河冰塞川，将登太行雪满山。 </p>
46    <p> 闲来垂钓碧溪上，忽复乘舟梦日边。 </p>
47    <p> 行路难，行路难，多歧路，今安在？ </p>
48    <p> 长风破浪会有时，直挂云帆济沧海。 </p>
49    </p>
50    </div>
51    <div class="footer">
52    <p>
53    查看详细信息 &gt;&gt;
54    </p>
55    </div>
56    </div>
57    </div>
58    </div>
59    <div id="pagefooter">
60    <div class="rounded">
61    <h2> 页脚 </h2>
62    <div class="main">
```

```
63  <p>
64  这是一行文本，这里作为样例，显示在布局框中。
65  </p>
66  </div>
67  <div class="footer">
68  <p>
69  查看详细信息 &gt;&gt;
70  </p>
71  </div>
72  </div>
73  </div>
```

❷ 加入对应的 CSS 样式控制代码，CSS 代码如下所示。

```
01  <style type="text/css">
02  <!--
03  body {
04  background: #FFF;
05  font: 13px/1.5 Arial;
06  margin:0;
07  padding:0;
08  }
09  p{
10  text-indent:2em;
11  }
12  .rounded {
13    background: url(images/left-top.gif)   top left no-repeat;
14    width:100%;
15    }
16  .rounded h2 {
17    background: url(images/right-top.gif) top right no-repeat;
18    padding:20px 20px 10px; margin:0;
19    }
20  .rounded .main {
21    background: url(images/right.gif) top right repeat-y;
22    padding:10px 20px; margin:-2em 0 0 0;
23      }
24  .rounded .footer {
25    background: url(images/left-bottom.gif) bottom left no-repeat;
26    }
27  .rounded .footer p {
28    color:#888;text-align:right;
29    background:url(images/right-bottom.gif) bottom right no-repeat;
```

```
30   display:block; padding:10px 20px 20px;
31   margin:-2em 0 0 0;
32   }
33 #header,#pagefooter,#container{
34   margin:0 auto;
35   width:760px;
36   }
37 #container{
38   }
39 #content{
40   }
41 #content img{
42 }
43 #side{
44 }
45 -->
46 </style>
```

其显示效果如下图所示。

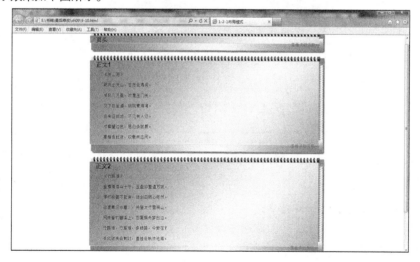

现在已经完成了 1-2-1 型布局模式的准备工作，网页暂时显示的是一个单列布局的模式。下面开始进行 1-2-1 型网页的布局，1-2-1 型网页布局模式就是让中间的 DIV 块（#content 块和 #side 块）并排显示。有两种方式可以让 # content 和 #right 并排显示，一种是绝对定位法，另外一种是浮动定位法。

❸ 浮动定位法：首先使用的浮动定位的方法的方法，实现中间的 DIV 块并排显示。补全 CSS 代码，在空着的 #content{ } 和 #side{} 中加入如下代码。

```
01 #content{
02 float:left;
03 width:500px;
```

```
04  }
05  #content img{
06  float:right;
07  }
08  #side{
09  float:left;
10  width:260px;
11  }
12  #pagefooter{
13  clear:both;
14  }
15  -->
16  </style>
```

加入浮动定位代码后，其显示效果如下图所示。

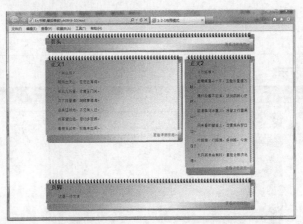

❹ 绝对定位法：和浮动定位法一样，使用绝对定位法也可以实现 1-2-1 布局模式，只需要修改部分的 CSS 代码即可。

```
01  #container{ position:relative;
02  }
03  #content{ margin:0 90px 0 30px;
04  width:360px;
05  }
06  #content img{ float:right;
07  }
08  #side{
09    position:absolute;top:0;right:0;width:300px;        }
```

其显示效果如下图所示。为了使 #content 能够使用绝对定位，必须考虑用哪个元素作为它的定位基准。显然这里是 container 这个 DIV。因此将 #contatiner 的 position 属性设置为 relative，使它成为下级元素的绝对定位基准。然后设置 #side 的 position 为 absolute，也就是绝对定位。

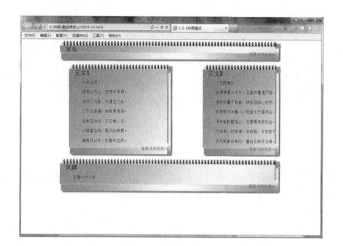

9.6.3 网页 1-3-1 型布局模式

掌握 1-2-1 布局之后，1-3-1 布局就很容易实现了，这里使用浮动方式来排列横向并排的 3 栏，只需要在 1-2-1 布局的基础上修改 HTML 的结构，在 container 中增加一列就可以了，新增加的列命名为 navi，框架布局如下图所示。

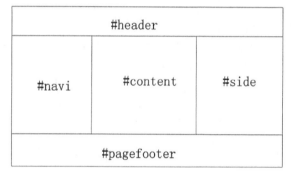

制作过程与 1-1-1 到 1-2-1 布局模式一样，只需要控制好 #navi、#content 和 #side 之间的定位关系。下面看一个实例，由于 1-3-1 布局和 1-2-1 布局使用到的代码基本上一样，这里由于篇幅的限制，就不再赘述了，只给出关键的 CSS 样式代码。

【范例 9.11】 网页 1-3-1 型布局模式（范例文件：ch09\9-11.html）

首先完成网页内容的 HTML 代码。

```
01  <style type="text/css">
02  <!--
03  body {
04  background: #FFF;
05  font: 13px/1.5 Arial;
06  margin:0;
07  padding:0;
08  }
```

```
09  p{
10  text-indent:2em;
11  }
12  .rounded {
13   background: url(images/left-top.gif)   top left no-repeat;
14   width:100%;
15   }
16  .rounded h2 {
17   background: url(images/right-top.gif) top right no-repeat;
18   padding:20px 20px 10px; margin:0;
19   }
20  .rounded .main {
21   background: url(images/right.gif) top right repeat-y;
22   padding:10px 20px; margin:-2em 0 0 0;
23     }
24  .rounded .footer {
25   background: url(images/left-bottom.gif) bottom left no-repeat;
26   }
27  .rounded .footer p {
28   color:#888;text-align:right;
29   background:url(images/right-bottom.gif) bottom right no-repeat;
30   display:block; padding:10px 20px 20px;
31   margin:-2em 0 0 0;
32   }
33  #header,#pagefooter,#container{
34   margin:0 auto;
35   width:760px;
36   }
37  #navi{
38  float:left;
39  width:200px;
40  }
41  #content{
42  float:left;
43  width:360px;
44  }
45  #content img{
46  float:right;
47  }
48  #side{
49  float:left;
50  width:200px;
```

```
51 }
52 #pagefooter{
53 clear:both;
54 }
55 </style>
```

在这里 #navi，#content 和 #side 都使用浮动定位方式，其显示效果如下图所示。

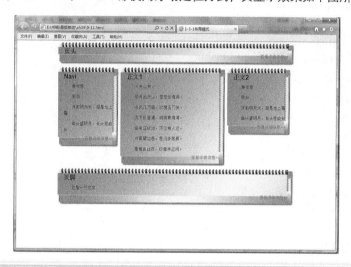

9.6.4 网页 1-((1-2)+1)-1 型布局模式

网页 1-((1-2)+1)-1 型布局模式是在 1-3-1 的基础上进行修改的，框架的布局模式如下图所示。

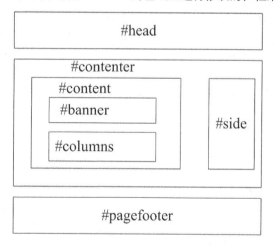

这个例子的 HTML 结构比较复杂，代码比较多，因此在书写 HTML 代码的时候应当尽可能地对代码进行缩进处理，并且多使用注释对 DIV 进行标识，以免产生混乱。HTML 的关键代码如下所示。

【范例 9.12】 网页 1-((1-2)+1)-1 型布局模式（范例文件：ch09\9-12.html）

新建记事本，编写以下 HTML 代码。

```
01  div id="header">
02  <div class="rounded">
03  省略固定结构的代码
04  </div>
05  </div> <!-- end of header -->
06  <div id="container">
07  <div id="content">
08  <div id="banner">
09  <div class="rounded">
10  省略固定结构的代码
11  </div>
12  </div><!-- end of banner -->
13  <div id="colums">
14  <div id="col-a">
15  <div class="rounded">
16  省略固定结构的代码
17  </div>
18  </div><!-- end of col-a -->
19  <div id="col-b">
20  <div class="rounded">
21  省略固定结构的代码
22  </div>
23  </div><!-- end of col-b -->
24  </div><!-- colums -->
25  </div><!-- end of content -->
26  <div id="side">
27  <div class="rounded">
28  省略固定结构的代码
29  </div>
30  <div class="rounded">
31  省略固定结构的代码
32  </div>
33  </div><!-- end of side -->
34  </div><!-- end of container -->
35  <div id="pagefooter">
36  <div class="rounded">
37  省略固定结构的代码
```

```
38  </div>
39  </div><!-- end of pagefooter -->
```

相应的主要 CSS 样式代码格式如下所示。

```
01  #header,#pagefooter,#container{
02    margin:0 auto;
03    width:760px;
04    }
05  #container #content{
06  float:left;
07  width:560px;
08  }
09  #container #content #col-b,
10  #container #content #col-a {
11  float:left;
12  width:280px;
13  }
14  #container #content #col-a img{
15  float:left;
16  }
17  #container #content #col-b img{
18  float:right;
19  }
20  #container #side{
21  float:left;
22  width:200px;
23  }
24  #pagefooter{
25  clear:both;
```

上述 7 段 CSS 样式代码，其中：
(1) 第 1 段是设置最外层的 3 个 DIV 块宽度和居中样式。
(2) 第 2 段是设置 container 块和 content 块向左浮动。
(3) 第 3 段是设置 content 块和 colunms 块向左浮动。
(4) 第 4 段是设置 columns 块文字环绕方式。
(5) 第 5 段是设置 columns 块文字环绕方式。
(6) 第 6 段是设置 container 块右侧边栏向左浮动。
(7) 第 7 段是设置 pagefooter，消除上面浮动对其的影响。
最终的显示效果如下图所示。

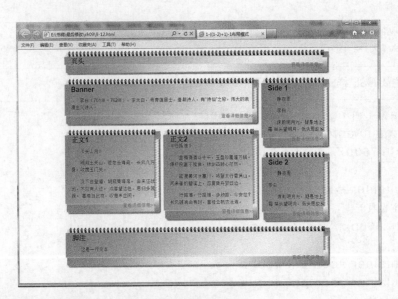

▌9.7 自动缩放网页剖析与布局

 本节视频教学录像：4 分钟

自动缩放网页布局与固定宽度的网页布局相比要更加复杂一些，根本的原因是由于宽度的不确定性，从而导致很多的参数无法确定，这就需要一些技巧来完成。

9.7.1 网页 1-2-1 型布局模式

对于一个 1-2-1 变宽度的布局来说，要使内容的整体宽度随浏览器窗口宽度的变化而变化，因此中间 container 容器中的左右两列的总宽度也会随着变化，这样就会产生两种不同的情况。第一种情况是这两列按照一定的比例同时变化，等比例缩放；第二种情况是一列固定，另一列变化，不等比例缩放。这两种情况都是很常用的布局方式。下面先从等比例方式讲起。

1. 等比例缩放

可以在前面 1-2-1 固定宽度布局的基础上，继续完成本实例（参照【范例 9.10】）。原来的 1-2-1 浮动布局中的宽度都是用像素数值确定的固定宽度，下面就来对它进行修改，使它能够自动调整每个模块的宽度。

实现这个效果，只需要修改控制部分的 CSS 代码即可。

【范例 9.13】 等比例缩放（范例文件：ch09\9-13.html）

修改的 CSS 代码。

```
01  #header,#pagefooter,#container{
02    margin:0 auto;
03  width:760px;   /* 删除原来的固定宽度 */
04  width:85%;    /* 改为比例宽度 */
05  }
```

```
06  #content{
07   float:left;
08   width:500px;  /* 删除原来的固定宽度 */
09   width:66%;    /* 改为比例宽度 */
10   }
11  #content img{
12   float:right;
13   }
14  #side{
15   float:left;
16   width:260px;  /* 删除原来的固定宽度 */
17   width:33%;    /* 改为比例宽度 */
18   }
19  #pagefooter{
20   clear:both;
21   }
```

对应的 HTML 代码和【范例 9.10】中的完全一样，这里就不再赘述了。

通过观察代码可以发现，和【范例 9.10】相比，改变的只有部分的 CSS 代码部分。HTML 代码和原先的完全一样。而 CSS 代码部分也只是将原先固定的宽度改为以百分比形式表示的。通过调试可以发现，宽度的调整需要不断地修改百分比，才能得到一个满意的布局。其显示效果如下图所示。

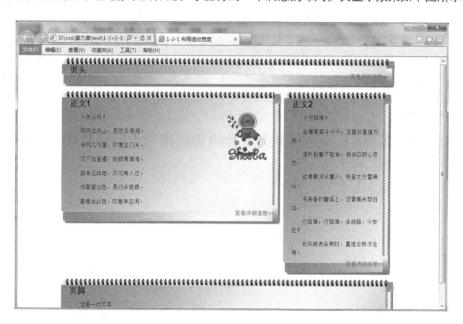

2. 不等比例缩放

和等比缩放类似，不等比例缩放只需要将一列保持固定，另一列使用百分比，这样宽度就能实现不等比缩放。由于篇幅的限制这里就不再多讲。感兴趣的读者可以自行尝试。

9.7.2 网页 1-3-1 型布局模式

通过前面 1-2-1 自动缩放网页布局的例子，可以知道 1-3-1 型布局模式会有更多的自动缩放变化。

(1) 三列都按比例缩放宽度，等比缩放。

(2) 一列固定，其他两列按比例适应宽度。

(3) 两列固定，其他一列适应宽度。

对于后两种情况，又可以根据特殊的一列与另外两列的不同位置，产生出多种变化。

1. 1-3-1 三列宽度等比例布局

对于 1-3-1 布局的第一种情况，即三列按固定比例伸缩，适应总宽度，和前面介绍的 1-2-1 的布局完全一样，只要分配好每一列的百分比就可以了。这里就不再重复介绍具体的制作过程了。

其模型框图如下图所示。

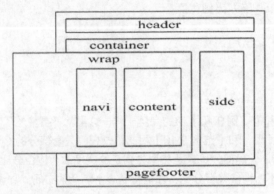

2. 1-3-1 单侧列宽度固定的变宽布局

对于固定一列、其他两列按比例自适应宽度的情况，如果这个固定的列在左边或右边，那么只需要在其他两列的外面套一个 DIV，并且这个 DIV 与旁边的固定宽度列构成了一个单列固定的 1-2-1 布局。这样就可以用原来的方法，例如使用"绝对定位"的方法，或者"改进浮动"法进行布局，然后再将两个变宽列按比例并排排列，就很容易实现了。

下面来看一个实例，是在【范例 9.11】上进行代码的修改。

【范例 9.14】 1-3-1 单侧列宽度固定的变宽布局（范例文件：ch09\9-14. html）

其 CSS 代码如下所示。

```
01  <style type="text/css" media="screen">
02  body {
03  background: #FFF;
04  font: 13px/1.5 Arial;
05  margin:0;
06  padding:0;
07  }
08  …
09  #header,#pagefooter,#container{
10   margin:0 auto;
```

```
11   width:85%;
12   }
13   #naviWrap{
14   width:50%;
15   float:left;
16   margin-left:-150px;
17   }
18   #navi{
19   margin-left:150px;
20   }
21   #content{
22   float:left;
23   width:300px;
24   }
25   #content img{
26   float:right;
27   }
28   #sideWrap{
29   width:49.9%;
30   float:right;
31   margin-right:-150px;
32   }
33   #side{
34   margin-right:150px;
35   }
36   #pagefooter{
37   clear:both;
38   }
39   </style>
```

其显示效果如下图所示。

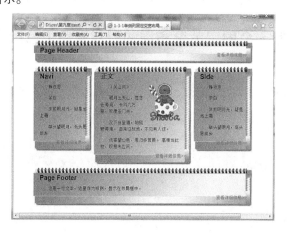

网页 1–3–1 型布局模式还有很多，例如：

(1) 1–3–1 中间列宽度固定的变宽布局。

(2) 1–3–1 双侧列宽度固定的变宽布局。

(3) 1–3–1 中列和侧列宽度固定的变宽布局。

实现这些布局的整体的思路都是一样的，通过对 CSS 代码的更改，达到控制网页自动缩放的目的。

9.7.3 变宽布局方法总结

变宽布局的方法相比固定宽度网页布局来说要难得多。根本的原因在于，宽度不确定，导致很多参数无法确定。但是万变不离其宗，不论是固定宽度网页布局还是变宽网络布局。

对本节介绍的布局进行总结，可以得到下列结构图，左图是网页 1–2–1 布局模式图；右图是网页 1–3–1 布局模式图。

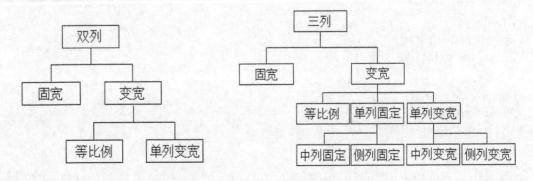

9.7.4 分列布局背景色的设置

在前面的各种布局案例中所有的例子都没有设置背景色，但是在很多页面布局中，对各列的背景色是有要求的，例如希望每一列都有各自的背景色。

前面案例中每个布局模块都有非常清晰的边框，这种页面通常不设置背景色。还有很多页面分了若干列，每一列或列中的各个模块并没有边框，这种页面通常需要通过背景色来区分各个列。

现在通过一个例子来学习分列布局背景色的设置，设置一个固定宽度布局的列背景色，如【范例 9.15】所示。

【范例 9.15】 设置一个固定宽度布局的列背景色（范例文件：ch09\9–15.html）

这里使用的是【范例 9.11】的框架基础，在 9–11.html 上修改 CSS 样式。

```
01  <style type="text/css">
02  body{
03  font:12px/18px Arial;
04  margin:0;
05  }
06  #header,#footer {
```

```
07  background:#CCCCFF;
08  width:85%;
09  margin:0 auto;
10  }
11  h2{
12  margin:0;
13  padding:20px;
14  }
15  p{
16  padding:20px;
17  text-indent:2em;
18  margin:0;
19  }
20  #container {
21  width:85%;
22  margin:0 auto;
23  background:url(images/background-liquid.gif) repeat-y  25% top;
24  position: relative;
25  }
26  #innerContainer {
27  background:url(images/background-liquid.gif) repeat-y  75% top;
28  }
29  #navi {
30  width: 25%;
31  position: absolute;
32  left: 0px;
33  top: 0px;
34  }
35  #content {
36  right: 0px;
37  top: 0px;
38  margin-right: 25%;
39  margin-left: 25%;
40  }
41  #side {
42  width: 25%;
43  position: absolute;
44  right: 0px;
45  top: 0px;
46  }
47  </style>
```

HTML 代码和 9–11.html 类似，这里就不再赘述，其显示效果如下图所示。

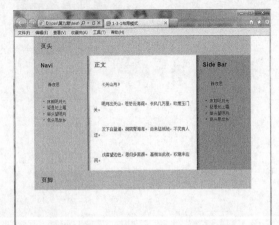

 ## 高手私房菜

>>

技巧 1：CSS 在容器内定位

CSS 的一个好处是可以把一个元素任意定位，在一个容器内也可以。

比如对这个容器：

```
#container { position: relative }
```

这样，容器内所有的元素都会相对定位，可以这样用：

```
<div id="container"><div id="navigation">...</div></div>
```

如果想定位到距左 30 点，距上 5 点，可以这样：

```
#navigation { position: absolute; left: 30px; top: 5px }
```

还可以这样：

```
margin: 5px 0 0 30px
```

技巧 2：框架中百分比的关系

对这个问题，初学者往往比较困惑，例如 container 等外层 DIV 的宽度设置为 85%，是相对浏览器窗口而言的比例；而后面 content 和 side 这两个内层 DIV 的比例是相对于外层 DIV 而言的。这里分别设置为 66% 和 33%，二者相加为 99%，而不是 100%，这是为了避免由于舍入误差造成总宽度大于它们的容器的宽度，而使某个 DIV 被挤到下一行中。如果希望精确，写成 99% 也可以。

第 **10** 章

 本章教学录像：23 分钟

CSS+DIV 美化与布局实战

　　在本章中，通过一个公司门户网站窗口与布局的创建，经过实战演练，来加强对 CSS 和 DIV 技术的认识，巩固对 CSS+DIV 技术在页面布局中具体使用方法，加深对该技术的理解。

本章要点（已掌握的在方框中打勾）

☐ 企业门户网站设计分析

☐ 企业门户网站布局分析

☐ 制作企业门户网站

☐ 时政新闻网站设计分析

☐ 时政新闻网站布局分析

☐ 制作时政新闻网站

10.1 框架搭建

 本节视频教学录像：5 分钟

考虑到该类型网站的页面很多，可以将导航条设计为竖直排列，并且位于页面左端。公司的 logo 以及公司的图片放置在最上端的图片中。另外，考虑到一个公司不仅仅会有对中国的业务，也可以有国际的业务，因此需要将"英文版"的链接也放在页面的最上端。

页面的主体部分首先是展示公司理念的图片，采用人物图片造型，能体现出公司的活力以及积极向上的精神风貌。新闻头条是展示公司近期发生的重大事件、消息以及人员的变动信息。框架是一个网站的基石，一个好的框架结构能够使网站更加美观。该企业门户网站整个页面大体框架上并不是很复杂，仅仅是在子块里面有嵌套的结构。最外层的框架依然是 3 个大块。如下图所示。

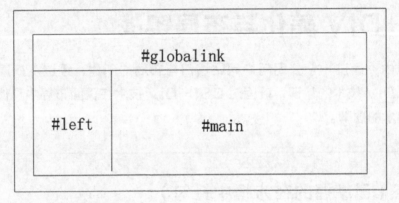

下面这段代码可以实现这个框架结构。

```
01  <Div id = "container">
02      <Div id = "globallink"></Div>
03      <Div id = "left"></Div>
04      <Div id = "main"></Div>
05  </Div>
```

其中 #left 和 #main 两个模块的框架如左下图和右下图所示。

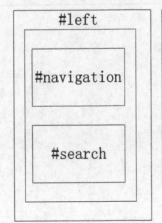

#left 块和 #main 块的主要代码如下：

```
01  <Div id = "left">
02      <Div id ="navigation"></Div>
03      <Div id = "search"></Div>
04  </Div>
05  <Div id = "main">
06      <Div id = "banner"></Div>
07      <Div id = "hottest"></Div>
08      <Div id = "list"></Div>
09      <Div id = "letter"></Div>
10  </Div>
```

10.2 案例 1——企业门户网站

 本节视频教学录像：12 分钟

企业门户网站是一个企业的门面，代表着公司的形象，有着举足轻重的作用。本案例是设置一个电子电信公司的网站首页，网页的整体效果采用灰蓝色为基调，配以白色形成大气的感觉。页面整体靠左，但左右分布很协调。

10.2.1 设计分析

页面的主体部分首先是展示公司理念的图片，采用人物图片造型能体现出公司的活力，以及积极向上的精神风貌；其次是新闻头条，展示公司近期最重要的新闻信息；最后框架分为左右两栏，左侧为公告栏，前沿科技和资源下载等经常使用到的功能，右侧是最新的英文资料。整个页面在总体上给人干净利落的感觉，充满着商业气息。

10.2.2 布局分析

本例中的最外层布局页面大体框架使用了子块嵌套的结构，最外层的框架依然是 3 大框架。嵌套在里层的框架如 #left 和 #main 两个模块的框架图所示。其中 #globalink 块对应的是页面最顶端的"英文版本"、"新品发布"以及"公司员工"等简单的块级结构，#left 块里面包含了导航条和网站内容检索等结构，#main 块则主要包含了人物的图片、公告栏、前沿技术、资源下载等。

10.2.3 制作步骤

在前面已经完成了框架的搭建，网站的设计分析以及布局分析。现在开始分别制作每个模块，采用从上到下、从左至右的制作顺序。

1. logo 的设计

logo 作为一个公司最为重要的标志，通常将其放置在网页的左上角或者右上角。由于本实例中没有专门的 logo 模块，因此将 logo 设置为 #globalink 的背景图片，logo 模块如【范例 10.1】所示。

【范例 10.1】 设计 logo（范例文件：ch10\10-1.html）

新建记事本，编写以下 HTML 代码。

```
01 <!DOCTYPE html PUBLIC "-//W3C//DTD XHTML 1.0 Transitional//EN"
"http://www.w3.org/TR/xhtml1/DTD/xhtml1-transitional.dtd">
02 <html xmlns="http://www.w3.org/1999/xhtml">
03 <head>
04 <meta http-equiv="Content-Type" content="text/html; charset=utf-8" />
05  <title>logo 模块 </title>
06 <style type="text/css">
07 <!--
08 #globallink{
09 width:758px; height:62px;
10 margin:0px 0px 1px 0px;
11 background:url(logo.jpg) no-repeat;          /* 添加 banner 图片 */
12 }
13 #globallink ul{
14 list-style:none;
15 position:absolute;
16 left:530px; top:3px;                         /* 调整菜单文字的位置 */
17 padding:0px; margin:0px;
18 }
19 #globallink li{
20 float:left;
21 text-align:center;
22 padding:0px 10px 0px 18px;
23 margin:0px;
24 }
25 #globallink a:link, #globallink a:visited{
26 color:#4a6f87;
27 text-decoration:none;
28 }
29 #globallink a:hover{
30 color:#FFFFFF;
31 text-decoration:underline;
32 }
33 -->
34 </style>
35 </head>
36 <body>
37 <Div id="globallink">
```

```
38  <ul>
39  <li><a href="#"> 新品发布 </a></li>
40  <li><a href="#"> 公司员工 </a></li>
41  <li><a href="#"> 英文版 </a></li>
42  </ul>
43  <br>
44  </Div>
45  </body>
46  </html>
```

【运行结果】

其显示效果如下图所示。

在网页的左侧模块中也就是 #left 块中有 2 个小块，分别是导航栏模块和搜索模块，现在来看看导航模块是如何完成的。

2. 导航模块

导航模块采用了 <li> 标记，并且每个 <li> 标记中都添加了 gif 图片，作为项目符号。同时为整个导航条的最上端增加了一条粗线，以起到突出的效果。导航栏模块如【范例 10.2】所示。

【范例 10.2】 导航栏模块（范例文件：ch10\10-2.html）

新建记事本，编写以下 HTML 代码。

```
01  <!DOCTYPE html PUBLIC "-//W3C//DTD XHTML 1.0 Transitional//EN"
    "http://www.w3.org/TR/xhtml1/DTD/xhtml1-transitional.dtd">
02  <html xmlns="http://www.w3.org/1999/xhtml">
03  <head>
04  <meta http-equiv="Content-Type" content="text/html; charset=utf-8" />
05  <title> 无标题文档 </title>
06  <style type="text/css">
07  <!--
08  #left{
09  width:158px;
10  float:left;
11  }
12  #navigation{
13  width:158px;
14  padding:0px;
15  margin:0px 0px 10px 0px;
16  }
17  #navigation ul{
```

```
18  margin:0px;
19  padding:0px;
20  border-top:5px solid  #cad7df;              /* 顶端粗线 */
21  }
22  #navigation li{
23  border-bottom:1px solid #cad7df;  /* 添加下划线 */
24  }
25  #navigation li a{
26  display:block;                              /* 区块显示 */
27  padding:3px 5px 3px 2em;
28  text-decoration:none;
29  background:url(bottom1.gif) no-repeat 13px 9px;
30  }
31  #navigation li a:link, #navigation li a:visited{
32  background-color:#7591a3;
33  color:#FFFFFF;
34  }
35  #navigation li a:hover{                       /* 鼠标经过时 */
36  color:#003e66;                               /* 改变文字颜色 */
37  background:#aacbe0 url(bottom2.gif) no-repeat 13px 9px;
38  }
39  -->
40  </style>
41  </head>
42  <body>
43  <Div id="left">
44  <Div id="navigation">
45  <ul>
46  <li><a href="#"> 公司首页 </a></li>
47  <li><a href="#"> 工作团队 </a></li>
48  <li><a href="#"> 项目 </a></li>
49  <li><a href="#"> 市场与投资 </a></li>
50  <li><a href="#"> 员工福利 </a></li>
51  <li><a href="#"> 员工花名册 </a></li>
52  <li><a href="#"> 思想学习 </a></li>
53  <li><a href="#"> 出版物 </a></li>
54  <li><a href="#"> 日程安排 </a></li>
55  <li><a href="#"> 集体活动 </a></li>
56  <li><a href="#"> 友情链接 </a></li>
57  <li><a href="#"> 雁过留声 </a></li>
58  <li><a href="#"> 联系我们 </a></li>
59  </ul>
```

```
60  <br>
61  </Div>
62  </body>
63  </html>
```

【运行结果】

其显示效果如下图所示。

3. 搜索模块

搜索模块和导航模块一样都是在 #left 块下的子模块，搜索模块主要使用的是 HTML 表单。搜索栏模块如【范例 10.3】所示。

【范例 10.3】 搜索模块（范例文件：ch10\10-3.html）

新建记事本，编写以下 HTML 代码。

```
01  <!DOCTYPE html PUBLIC "-//W3C//DTD XHTML 1.0 Transitional//EN"
"http://www.w3.org/TR/xhtml1/DTD/xhtml1-transitional.dtd">
02  <html xmlns="http://www.w3.org/1999/xhtml">
03  <head>
04  <meta http-equiv="Content-Type" content="text/html; charset=utf-8" />
05  <title> 搜索模块 </title>
06  <style type="text/css">
07  <!--
08  #search form, #search p{
09  margin:0px;
10  padding:0px;
11  text-align:center;
12  }
13  #search input.text{
14  border:1px solid #7591a3;
15  background:transparent;
16  width:80px; font-size:12px;
```

```
17  font-family:Arial;
18  }
19  #search input.btn{
20  border:1px solid #7591a3;
21  background:transparent;
22  font-size:12px; height:19px;
23  font-family:Arial;
24  padding:0px;
25  }
26  -->
27  </style>
28  </head>
29  <body>
30  <div id="search">
31    <form>
32  查找：<input type="text" class="text"> <input type="button" value="搜索"
class="btn">
33  </form>
34  </div>
35  </body>
36  </html>
```

【运行结果】

其显示效果如下图所示。

4. 主体模块

主体模块是该企业门户网站中最重要的 3 大块之一，主体内容采用的是左浮动且固定宽度的版式设计，并且在颜色上配合 logo 和左侧的导航条，使得整个网站和谐，大气。主体内容的代码如下。

```
01  #main{
02  width:600px; float:left;
03  margin:0px; padding:0px;
04  background-color:#FFFFFF;
05  }
```

5. 新闻速递

新闻速递是属于主体内容下的一个子模块，它位于 banner 图片的下方。考虑到有可能在一段时间内，没有特别的需要展示的头条新闻，因此将 #hosttest 单独设置为一个 DIV 块。不需要的时候将其 display 属性设置为 none。

【范例 10.4】 新闻速递（范例文件：ch10\10-4.html）

新建记事本，编写以下 HTML 代码。

```
01 <!DOCTYPE html PUBLIC "-//W3C//DTD XHTML 1.0 Transitional//EN"
"http://www.w3.org/TR/xhtml1/DTD/xhtml1-transitional.dtd">
02 <html xmlns="http://www.w3.org/1999/xhtml">
03 <head>
04 <meta http-equiv="Content-Type" content="text/html; charset=utf-8" />
05 <title> 新闻速递 </title>
06 <style type="text/css">
07 <!--
08 #hottest h3{
09 font-size:16px;
10 padding:28px 5px 4px 40px;
11 margin:0px;
12 background:url(bottom3.gif) no-repeat 29px 34px;
13 }
14 #hottest h3 a:link, #hottest h3 a:visited{
15 color:#000000;
16 text-decoration:none;
17 }
18 #hottest h3 a:hover{
19 color:#7591a3;
20 text-decoration:underline;
21 }
22 -->
23 </style>
24 </head>
25 <body>
26 <Div id="hottest">
27 <h3><a href="#"> 新闻速递：公司股票于昨日在美国纳斯达克上市 </a></h3>
28 </Div>
29 </body>
30 </html>
```

【运行结果】

显示效果如下图所示。

6. 信息咨询栏

在新闻速递下面就是常见的各种咨询项目，包括公告栏、前沿技术以及资源下载等。

【范例 10.5】 信息资讯栏（范例文件：ch10\10-5.html）

新建记事本，编写以下 HTML 代码。

```
01 <!DOCTYPE html PUBLIC "-//W3C//DTD XHTML 1.0 Transitional//EN"
"http://www.w3.org/TR/xhtml1/DTD/xhtml1-transitional.dtd">
02 <html xmlns="http://www.w3.org/1999/xhtml">
03 <head>
04 <meta http-equiv="Content-Type" content="text/html; charset=utf-8" />
05 <title> 信息咨询 </title>
06 <style type="text/css">
07 <!--
08 #list{
09 float:left;
10 margin:20px 0px 4px 0px;
11 width:340px;
12 padding:0px 0px 0px 28px;
13 }
14 #list h4{
15 font-size:12px;
16 background:#e0e7ec url(bottom4.gif) no-repeat 7px 8px;
17 padding:3px 0px 2px 17px;
18 margin:0px;
19 }
20 #list p.date{
21 margin:0px; padding:5px 0px 5px 2px;
22 font-weight:bold;
23 color:#014e68;
24 }
25 #list ul{
26 margin:0px 0px 6px 40px;
27 padding:0px;
28 list-style-type:disc;
29 }
30  #list ul li a:link, #list ul li a:visited, #list p.more a:link, #list p.more
a:visited{
31 color:#333333;
32 text-decoration:none;
33 }
34 #list ul li a:hover, #list p.more a:hover{
35 color:#00a9e7;
```

```
36 text-decoration:underline;
37 }
38 #list p.more{
39 margin:0px; padding:5px 0px 20px 10px;
40 background:url(bottom5.gif) no-repeat 0px 10px;
41 }
42 -->
43 </style>
44 </head>
45 <body>
46 <div id="list">
47 <h4><span> 公告栏 </span></h4>
48 <p class="date">2012.12.1</p>
49 <ul>
50 <li><a href="#"> 公司例会确定了新的项目筹备组 </a></li>
51 <li><a hrcf="#">i、g、t 二人当选公司新任董事会骨干 </a></li>
52 <li><a href="#"> 对股票的运作做了详细的规划 </a></li>
53 <li><a href="#">lh 担任办公室重要职务，茁壮成长 </a></li>
54 </ul>
55 <p class="date">2012.6.24</p>
56 <ul>
57 <li><a href="#"> 公司成立 25 周年纪念，领导发表重要讲话 </a></li>
58 <li><a href="#"> 新一轮项目筹备工作开始启动 </a></li>
59 </ul>
60 <p class="more"><a href="#">more</a></p>
61 <h4><span> 前沿技术 </span></h4>
62 <p class="date">2012.4.1</p>
63 <ul>
64 <li><a href="#"> 甲骨文推出 Oracle SOA 套件 11g 升级版 </a></li>
65 <li><a href="#">Ajax 技术先锋打造 "CRM 绝对易用" </a></li>
66 </ul>
67 <p class="more"><a href="#">more</a></p>
68 <h4><span> 资源下载 </span></h4>
69 <p class="date">2012.12.7</p>
70 <ul>
71 <li><a href="#">pdf 阅读文档 </a></li>
72 <li><a href="#"> 打印资料下载 </a></li>
73 </ul>
74 <p class="more"><a href="#">more</a></p>
75 </div>
76 </body>
77 </html>
```

【运行结果】

其显示效果如下图所示。

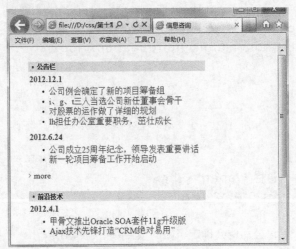

7. 英文刊物

作为一家大型企业，一些必要的英文刊物是非常重要的，很多公司网站上都有关于业务方面的英文期刊可以阅读。

【范例 10.6】 英文刊物（范例文件：ch10\10-6.html）

新建记事本，编写以下 HTML 代码。

```
01 <!DOCTYPE html PUBLIC "-//W3C//DTD XHTML 1.0 Transitional//EN"
"http://www.w3.org/TR/xhtml1/DTD/xhtml1-transitional.dtd">
02 <html xmlns="http://www.w3.org/1999/xhtml">
03 <head>
04 <meta http-equiv="Content-Type" content="text/html; charset=utf-8" />
05 <title> 英文刊物 </title>
06 <style type="text/css">
07 <!--
08 #letter{
09 float:left;
10 width:180px;
11 margin:20px 0px 5px 30px;
12 padding:0px;
13 border-left:1px solid #7591a3;
14 }
15 #letter h4{
16 margin:0px;
17 font-size:12px;
18 background:url(right_right.gif) no-repeat;
19 color:#FFFFFF;
```

```
20    padding:2px 0px 2px 15px;
21    }
22    #letter p.date2{
23    background:#e0e7ec url(bottom6.gif) no-repeat 5px 7px;
24    margin:7px 15px 3px 7px;
25    padding:1px 0px 1px 15px;
26    font-weight:bold;
27    }
28    #letter p.content2{
29    margin:2px 15px 0px 7px;
30    padding:1px 0px 1px 0px;
31    }
32    #letter p.more2{
33    margin:1px 15px 3px 7px;
34    padding:0px 0px 1px 8px;
35    background:url(bottom5.glf) no-repeat 2px 5px;
36    }
37    #letter p.more2 a:link, #letter p.more2 a:visited{
38    color:#555555;
39    text-decoration:none;
40    }
41    #letter p.more2 a:hover{
42    color:#000000;
43    text-decoration:underline;
44    }
45    -->
46    </style>
47    </head>
48    <body>
49    <div id="letter">
50    <h4><span>English Letter</span></h4>
51    <p class="date2">2012.12.7</p>
52    <p class="content2">Auditorium Stage</p>
53    <p class="more2"><a href="#">more</a></p>
54
55    <p class="date2">2012.11.4</p>
56    <p class="content2">Beijing North Station</p>
57    <p class="more2"><a href="#">more</a></p>
58
59    <p class="date2">2012.6.24</p>
60    <p class="content2">25th Anniversary</p>
61    <p class="more2"><a href="#">more</a></p>
```

```
62
63   <p class="date2">2007.6.1</p>
64   <p class="content2">Children's Day Morning</p>
65   <p class="more2"><a href="#">more</a></p>
66
67   <p class="date2">2012.2.18</p>
68   <p class="content2">Spring Festival Special</p>
69   <p class="more2"><a href="#">more</a></p>
70
71   <p class="date2">2012.1.23</p>
72   <p class="content2">Holiday begins</p>
73   <p class="more2"><a href="#">more</a></p>
74
75   <p class="date2">2012.12.7</p>
76   <p class="content2">The most happy day</p>
77   <p class="more2"><a href="#">more</a></p>
78   </div>
79   </body>
80   </html>
```

【运行结果】

其显示效果如下图所示。

完整网站代码见（范例文件：ch10\10-7.html）。

8. 整体微调

通过前面的几个步骤，整个网页大体布局已经形成。最后的步骤就是综合各个方面的因素对网页的一些参数进行调整。由于页面居左，因此没有像居中样式那些复杂的 CSS 设置，只需要给 <body> 标签设置一个背景颜色就行。总体效果如下图所示，实例代码见 10-7.html。另外，由于本实例所定义的 CSS 代码较多，因此把所有的 CSS 代码放到文件 10.css 中，在代码中通过调用外部样式表 <link href="10.css" rel="stylesheet" type="text/css"> 把 CSS 文件调入，实现对内容的控制。

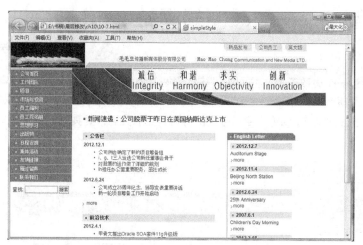

可以看到，最右端有一部分空了出来给人一种空缺不完美的感觉，为了消除这个效果，可以制作一个方向重复的图片，使得右端更加的协调。代码如下。

```
01  body{
02  margin:0px;
03  padding:0px;
04  font-family:Arial, Helvetica, sans-serif;
05  font-size:12px;
06  background:#cad7df url(bg.jpg) repeat-x;
07  /* 背景色、水平重复的背景图片 */
08  }
```

【运行结果】

经过修改的最终效果如下图所示。

10.3 案例 2——时政新闻网站

 本节视频教学录像：6 分钟

本案例主要是设计一个时政新闻类的网站。该类网站最大的特点是实时性强，内容丰富，网页内容新颖。对于一个时政新闻网页来说，文字和图像都是不可缺少的重要元素，网页中对图像和 DIV 的控制是十分重要的，通过 CSS 对 DIV 的控制可以使得网页更加美观，更具有吸引力，其网页的效果图如下图所示。

10.3.1 设计分析

本实例主要是设计一个时政新闻网站，页面的整体设计思路并不复杂，整个页面居中显示，网页的文字配合图片展现出新闻的新颖性。网页的副标题使用红色字体标记，很容易吸引人的目光。正文使用灰色或者黑色作为主要字体颜色，网页分为三大块 #top、 #left、 #main。正文使用灰色或者黑色字体表示，增加文字的可读性，也不会感觉特别刺眼。

10.3.2 布局分析

本案例整个网页框架大体上并不是很复杂，和常见的页面框架一样，使用的是最基本的三大框架结构。所不同的是在这三大框架中还嵌套了很多小的子块，扩展了内容。其最外层结构如下图所示。

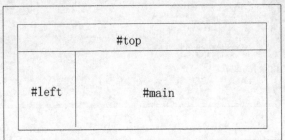

10.3.3 制作步骤

开始分别制作模块。

1. logo 模块设计

```
01  <div id="left">
02   <a href="index.htm"><img src="images/logo.jpg" alt="#" width="247" height="97" border="0" class="logo" /></a>
03  <ul>
04  <li><a href="#" class="potencial"></a></li>
05  <li><a href=#" class="ideal"></a></li>
06  <li class="noBdr"><a href="#" class="innovative"></a></li>
07  </ul>
08  <form name="newsletter" action="#" method="post">
09  <h2> 站内搜索 </h2>
10  <input type="text" name="text" value="" />
11  <input type="submit" name="submit" value="" class="signup" />
12  </form>
13  <h2 class="faq"><span> 军事新闻 </span></h2>
14  <p class="lftTxt"><span class="green"> 军事报道 </span> 军事纪实 </p>
15   <img src="images/call_us_bg.gif" alt="call us" width="208" height="45" class="callUs" />
16  <ul class="botLink">
17  <li class="bot"><a href="#" class="css"></a></li>
18  <li class="bot"><a href="#" class="xhtml"></a></li>
19  </ul>
20  <br class="spacer" />
21  </div>
```

其显示效果如下图所示。

2. 内容主体

内容主体模块主要有国内新闻和国际新闻两大模块。

```
01  <div id="rightBot2">
02  <h1> 国内要闻 </h1>
03  <a href="#" class="whatSp"></a>
04  <ul class="rightLink1">
```

```
05  <li><a href="#"> 国内新闻 </a></li>
06  <li><a href="#"> 国内新闻 </a></li>
07  <li><a href="#"> 国内新闻 </a></li>
08  </ul>
09  <br class="spacer" />
10  </div>
11  <!--rightBot2 end -->
12  <p class="bot"></p>
13  <br class="spacer" />
14  </div>
15  <!--rightBot end -->
16  <br class="spacer" />
17  <!--best start -->
18  <div id="best">
19  <h2><span> 国际新闻 </span></h2>
20  <p class="bestTxt"> 国际新闻 </p>
21  <p class="bestTxt2"> 国际新闻事件实例 </p>
22  <p class="bestTxt2"> 国际新闻事件实例 </p>
23  <p class="bestTxt2"> 国际新闻事件实例 </p>
24  <p class="bestTxt2"> 国际新闻事件实例 </p>
25  <p class="bestTxt2"> 国际新闻事件实例 </p>
26  </div>
```

其显示效果如下图所示。

3. 左侧边栏

左侧边栏主要有军事新闻、联系方式，以及搜索模块。其对应的 HTML 代码如下。

```
01  <Div id="left">
02  <a href="index.htm"><img src="images/logo.jpg" alt="#" width="247"
height="97" border="0" class="logo" /></a>
```

```
03  <ul>
04  <li><a href="#" class="potencial"></a></li>
05  <li><a href=#" class="ideal"></a></li>
06  <li class="noBdr"><a href="#" class="innovative"></a></li>
07  </ul>
08  <form name="newsletter" action="#" method="post">
09  <h2>站内搜索 </h2>
10  <input type="text" name="text" value="" />
11  <input type="submit" name="submit" value="" class="signup" />
12  </form>
13  <h2 class="faq"><span>军事新闻 </span></h2>
14  <p class="lftTxt"><span class="green">军事报道 </span>军事纪实 </p>
15   <img src="images/call_us_bg.gif" alt="call us" width="208" height="45"
class="callUs" />
16  <ul class="botLink">
17  <li class="bot"><a href="#" class="css"></a></li>
18  <li class="bot"><a href="#" class="xhtml"></a></li>
19  </ul>
20  <br class="spacer" />
21  </div>
```

其显示效果如下图所示。

4. 右侧边栏

右侧边栏位于页面的最右端，里面有深度观察、今日视点等模块。

```
01  <p class="lastTop"></p>
02  <h2 class="res"><span>深度观察 </span></h2>
03  <ul>
04  <li><a href="#">深度观察 1</a></li>
05  <li><a href="#">深度观察 2</a></li>
06  <li><a href="#">深度观察 3</a></li>
```

```
07  <li><a href="#"> 深度观察 4</a></li>
08  <li><a href="#"> 深度观察 5</a></li>
09  <li><a href="#"> 深度观察 6</a></li>
10  </ul>
11  <h2 class="future"><span> 今日视点 </span></h2>
12  <h3> 今日视点 1</h3>
13  <p class="lastTxt"> 今日视点 2</p>
14  <a href="#" class="plan">[ 详细 ]</a>
15  <h3> 今日视点 3</h3>
16  <p class="lastTxt"> 今日视点 4</p>
17  <a href="#" class="plan"> 详细 >></a>
18  <h3> 今日视点 5</h3>
19  <p class="lastTxt"> 今日视点 6</p>
20  <a href="#" class="plan"> 详细 >></a>
21  <h3> 今日视点 7</h3>
22  <p class="lastTxt"> 今日视点 8</p>
23  <a href="#" class="plan"> 详细 >></a>
24  <p class="lastBot"></p>
25  </div>
26  <!--last panel end -->
27  <br class="spacer" />
28  </div>
29  <!--right panel end -->
30  <br class="spacer" />
31  </div>
```

其显示效果如下图所示。

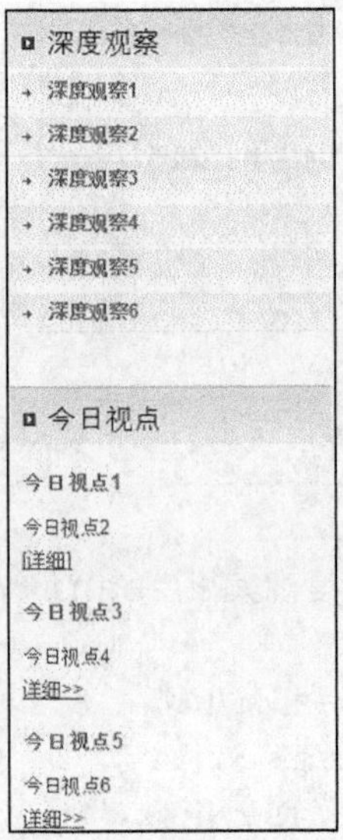

5. 整体效果

通过前面的步骤，页面的整体布局就基本制作完成了。最后只需要对 <body> 标记进行设置就可以完成全部的制作了。实例文件参照 ch10\10-8.html，其中使用的 CSS 文件可以参照"ch10\ 10-8. css"文件。

```
01  body{
02  padding:0;
03  margin:0;
04  background:url(images/body_bg.gif) 0 0 repeat-x #fff;
05  font-family:Arial, Helvetica, sans-serif;
06  color:#5C5C5C;
07  }
```

其显示效果如下图所示。

 高手私房菜

>>

技巧 1：控制网页背景颜色

设置网页背景，传统方法是加入 bgcolor="#808080" 和 background="URL"，但 CSS 样式是控制 background-color 和 background-image 属性。

背景颜色 background-color

颜色代码可以使用英文来代替，也可以用指定的 6 位十六进制代码来表示的。这个默认值是 transparent（透明色）。例如：

```
body{background-color:yellow}
H1{background-color:#000000}
```

技巧 2：控制网页背景图片以及显示方式

背景图片和背景颜色在 HTML 里面的设置也是基本相同的，都可以在里加入相关的语句来完成。在 CSS 中。background-image 的主要功能就是用来显示图片。如果需要显示图片，那么只要在后面加上 url(图片的地址) 就可以了。如果想不显示，什么都不要即可，因为这个默认的就是 none；如果要加的话，在后面加上 none 就可以了。例如：

```
body{background-image:url('file&:///C:/WINDOWS/BACKGRND.GIF')}
h1{background-image:url('none')}
```

图片是否重复显示 background-repeat

有时候重复显示是需要的，可是有时候重复显示则是让人头痛，background-repeat 可以很好地帮助你，而且它还可以帮你控制图片重复的方式（水平方向重复、垂直方向重复以及两个方向都有重复），要实现这 3 个方向的重复也就只要在 bcackground-repeat 后面加上 repeat-x（水平方向铺开）、repeat-y（垂直方向铺开）、repeat（两个方向铺开）即可。

第3篇
综合应用篇

本篇介绍 CSS 3 的综合应用，包括 CSS 滤镜的综合应用、CSS 3 与 HTML 5 的综合应用、CSS 3 与 JavaScript 的综合应用、CSS 3 与 JQuery 的综合运用、CSS 3 与 XML 的综合运用及 CSS 与 Ajax 的综合应用，通过本章的学习，读者能掌握 CSS 3 的高级应用。

第11章

 本章教学录像：25 分钟

CSS 滤镜的综合应用

　　CSS 滤镜已被大多数网页设计者所喜爱，越来越多的用户加入到使用滤镜的大家庭。不过 CSS 滤镜并不是浏览器的插件，也不符合 CSS 的标准，而是微软公司为增强浏览器功能，特意开发并整合在 IE 浏览器中的一类功能的集合，CSS 中的滤镜只支持 IE 4.0 以后的版本。本章将介绍各种 CSS 滤镜效果的实现方法，并给出综合实例说明如何使用 CSS 滤镜技术提高网页的可视性。

本章要点（已掌握的在方框中打勾）

☐　使用 CSS 滤镜

☐　CSS 3 中其他模块的新增属性

☐　商务类网站设计分析

☐　商务类网站制作步骤

☐　在线娱乐类网站设计分析

☐　娱乐类网站制作步骤

▌11.1 使用 CSS 滤镜

 本节视频教学录像：10 分钟

随着网页设计技术的发展，人们希望能够为页面添加一些多媒体元素，例如图像透明效果、图像渐变效果等，滤镜主要是用来实现图像的各种特殊效果，以前实现这些效果都是使用 Photoshop 软件制作，通常需要同通道、图层等联合使用，才能取得最佳艺术效果。CSS 技术的飞快发展使得这些需求成为了现实，不再需要使用 Photoshop 软件，而是通过 CSS 的滤镜属性（Filter Properties) 把可视化的滤镜和转换效果添加到一个标准的 HTML 元素上，例如图片、文本容器及其他一些对象。滤镜主要分为视觉滤镜和渐变滤镜，视觉滤镜只可达到静态的特效效果；渐变滤镜可以使图片产生动态效果，但还需要脚本语言控制它的状态。本章主要介绍网页中常用的视觉滤镜效果。

CSS 滤镜的标识符是"filter"。使用滤镜的方法很简单，和使用其他 CSS 语句一样。其语法格式如下：

```
filter: filtername(parameters);
```

其中 filtername 顾名思义就是滤镜的属性名，主要有 12 种，它们分别是：

(1) Alpha 滤镜（设置透明度）。

(2) Blur 滤镜（设置模糊效果）。

(3) Motion Blur 滤镜（设置移动效果）。

(4) Drop shadow 滤镜（设置下落阴影效果）。

(5) Shadow 滤镜（设置阴影效果）。

(6) Flip 滤镜（设置对称变换效果）。

(7) Glow 滤镜（设置光晕效果）。

(8) Gray 滤镜（设置灰度效果）。

(9) Invert 滤镜（设置反色效果）。

(10) X–ray 滤镜（设置 X 光效果）。

(11) Mask 滤镜（设置遮罩效果）。

(12) Wave 滤镜（设置波浪效果）。

这 12 种滤镜都属于基本滤镜，可以直接作用在对象上。

Parameters 是表示各个滤镜属性的参数，参数决定了滤镜将如何显示。

11.1.1 Alpha 滤镜（透明度滤镜）

Alpha 滤镜是用来设置透明度的，首先来看看它的语法：

```
filter:alpha(opacity=opacity, finishopacity= finishopacity, style= style,
startx= startx, starty= starty, finishx= finishx, finishy= finishy);
```

其中，滤镜属性各个参数的作用和取值如下：

opacity 表示透明度等级，值为 0~100，0 表示完全透明，100 表示完全不透明。

Style 参数指定了透明区域的形状特征。其中 0 代表统一形状，1 代表线形，2 代表放射状，3 代表长方形。

Finishopacity 是一个可选项，用来设置结束时的透明度，从而达到一种渐变效果，它的值也是从

0~100。

　　StartX 和 StartY 代表渐变透明效果的开始坐标。

　　finishX 和 finishY 代表渐变透明效果的结束坐标。

　　下面给出一个实例，看一下如何使用 Alpha 滤镜实现图像透明的效果。

【范例 11.1】 滤镜的效果（范例文件：ch11\11-1.html）

```
01 <!DOCTYPE html PUBLIC "-//W3C//DTD XHTML 1.0 Transitional//EN"
"http://www.w3.org/TR/xhtml1/DTD/xhtml1-transitional.dtd">
02 <html xmlns="http://www.w3.org/1999/xhtml">
03 <head>
04 <meta http-equiv="Content-Type" content="text/html; charset=utf-8" />
05 <title>alpha 滤镜 </title>
06 <style>
07 <!--
08 body{
09 background:url(bg.jpg);
10 margin:20px;
11 }
12 img{
13 border:1px solid #d58000;
14 }
15 .alpha{
16 filter:alpha(opacity=50);    /* 设置图像的透明度 */
17 }
18 -->
19 </style>
20 </head>
21 <body>
22 <img src="example1.jpg" border="0">  
23 <img src="example1.jpg" border="0" class="alpha">
24 </body>
25 </html>
```

【运行结果】

　　使用 IE 浏览器打开文件，预览效果如图所示。

【范例分析】

通过代码可以知道，在该范例的 CSS 定义中定义了".alpha"像类样式，设置了 Alpha 滤镜效果，透明度设置为 50%，并应用到网页内容中右边图像上，左边图像并没有设置 alpha 滤镜。

下面进一步设置 Alpha 滤镜的其他参数，看一下实际效果。

【范例 11.2】 设置滤镜的其他参数（范例文件：ch11\11-2.html）

新建记事本，编写以下 HTML 代码。

```
01 <!DOCTYPE html PUBLIC "-//W3C//DTD XHTML 1.0 Transitional//EN"
"http://www.w3.org/TR/xhtml1/DTD/xhtml1-transitional.dtd">
02 <html xmlns="http://www.w3.org/1999/xhtml">
03 <head>
04 <meta http-equiv="Content-Type" content="text/html; charset=utf-8" />
05 <title>alpha 滤镜 </title>
06 <style>
07 <!--
08 body{
09 background:url(bg.jpg);
10 margin:20px;
11 }
12 img{
13 border:1px solid #d58000;
14 }
15 .alpha{
16 filter: Alpha(Opacity=0, FinishOpacity=100, Style=1, StartX=0, StartY=0,
FinishX=0, FinishY=100);
17 }
18 -->
19 </style>
20 </head>
21 <body>
22 <img src="example1.jpg" border="0">  
23 <img src="example1.jpg" border="0" class="alpha">
24 </body>
25 </html>
```

【运行结果】

使用 IE 浏览器打开文件，预览效果如图所示。

【范例分析】

通在本例中设置了图片从上到下的渐变效果，透明度从 0 渐变到 100。

11.1.2 Blur 滤镜（模糊滤镜）

Blur 滤镜也称为模糊滤镜，主要功能是用来设置图片的模糊效果，图片的模糊效果往往给人朦胧和神秘的感觉，该滤镜的基本语法格式如下：

```
filter:progid:DXImageTransform.Microsoft.blur(pixelradius=
pixelradius,makeshadow= makeshadow, shadowwopacity= shadowwopacity);
```

其中，滤镜属性各个参数的作用和取值如下。

Pixelradius：设置模糊效果的作用深度。

Makeshadow：设置对象的内容是否被处理为阴影。

Shadowwopacity：设置使用 makeshadow 制作成的阴影的透明度。

下面这个实例给出了 Blur 滤镜效果的使用方法。

【范例 11.3】 Blur 滤镜效果（范例文件：ch11\11-3.html）

新建记事本，编写以下 HTML 代码。

```
01 <!DOCTYPE html PUBLIC "-//W3C//DTD XHTML 1.0 Transitional//EN"
"http://www.w3.org/TR/xhtml1/DTD/xhtml1-transitional.dtd">
02 <html xmlns="http://www.w3.org/1999/xhtml">
03 <head>
04 <meta http-equiv="Content-Type" content="text/html; charset=utf-8" />
05 <title>blur 滤镜 </title>
06 <style type="text/CSS">
07 <!--
08 body{
09 margin:10px;
10 }
11 .blur{
```

```
12  filter:progid:DXImageTransform.Microsoft.blur(pixelradius=4,makeshado
w=false);
13  }
14  -->
15  </style>
16  </head>
17  <body>
18  <img src="example2.jpg"> 
19  <img src="example2.jpg" class="blur">
20  </body>
21  </html>
```

【运行结果】

使用 IE 浏览器打开文件，预览效果如图所示。

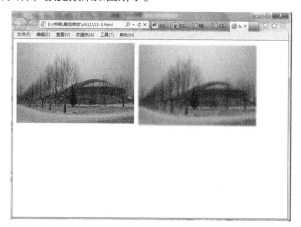

【范例分析】

在该范例的 CSS 定义中定义了 ".blur" 类样式，代码中将设置阴影的参数设置为 false，制作出了朦胧的效果。在主页内容显示中应用到右图 example2.jpg，加入了 Blur 滤镜效果。

11.1.3 MotionBlur 滤镜（运动模糊滤镜）

MotionBlur 滤镜也称为运动模糊滤镜，那么什么是运动模糊呢？比如常看到一些摄影作品，运动员在飞快地奔跑，他的身后景物都是模糊的，就是运动模糊滤镜。该滤镜的基本语法格式如下：

```
filter:progid:DXImageTransform.Microsoft.MotionBlur(strength=
strength,direction= direction,add=add);
```

其中，滤镜属性各个参数的作用和取值如下。

Strength 参数值只能使用整数，表示有多少像素的宽度将受到模糊影响，默认值是 5px。

direction 参数用来设置模糊的方向。模糊效果是按照顺时针方向进行的，其中 0° 代表垂直向上，每 45° 一个单位，默认值是向左 270°。

Add 参数有两个值 true 和 false，用来指定是否叠加原图。

下面这个实例给出了运动模糊滤镜的使用方法。

【范例 11.4】 运动模糊滤镜（范例文件：ch11\11-4.html）

```
01 <!DOCTYPE html PUBLIC "-//W3C//DTD XHTML 1.0 Transitional//EN"
"http://www.w3.org/TR/xhtml1/DTD/xhtml1-transitional.dtd">
02 <html xmlns="http://www.w3.org/1999/xhtml">
03 <head>
04 <meta http-equiv="Content-Type" content="text/html; charset=utf-8" />
05 <title>motionBlur 滤镜 </title>
06 <style type="text/css">
07 <!--
08 body{
09 margin:10px;
10 }
11 .motionblur{
12 filter:progid:DXImageTransform.Microsoft.MotionBlur(strength=30,directi
on=90,add=true);   /* 水平向右 */
13 }
14 -->
15 </style>
16 </head>
17 <body>
18 <img src="example3.jpg">  
19 <img src="example3.jpg" class="motionblur">
20 </body>
21 </html>
```

【运行结果】

使用 IE 浏览器打开文件，预览效果如图所示。

【范例分析】

在该范例的 CSS 定义中定义了 ". motionblur" 类样式，设置图像沿水平方向 30 个像素的宽度将受到模糊影响，在网页内容中作用于右图 example3.jpg 上。

11.1.4 Dropshadow 滤镜（阴影滤镜）

Dropshadow 就是下落的阴影，可以为网页上的可见对象（一般是文字）创建阴影效果，应用的对象是浮在阴影上方的，和阴影没有关联。其语法如下：

filter:dropshadow(color= color,positive= positive,offx= offx,offy= offy);

其中滤镜属性各个参数的作用和取值如下：

Color 表示投射阴影的颜色，positive 参数有两个值——ture 和 false。True 表示任何非透明像素建立可见的投影，false 为透明的像素部分建立的可见投影。

offx 和 offy 分别表示为 x 方向和 y 方向上阴影的偏移量，偏移量必须使用整数，如果设置为正整数，代表 x 轴的右方向和 y 轴的向下方向。设置为负整数则正好相反。

下面这个实例给出了这种滤镜的使用方法。

【范例 11.5】 DropShadow 滤镜（范例文件：ch11\11-5.html）

```
01  <html>
02  <head>
03  <title>DropShadow 滤镜 </title>
04  <style>
05  <!--
body{
06  margin:12px;
07  }
08  span{
09    font-family:Arial, Helvetica, sans-serif;
10    height:100px; font-size:80px;
11    filter:dropshadow(color=#AAAAAA,positive=true,offx=4,offy=4);
12  }
13  -->
14  </style>
15    </head>
16  <body>
17  <span>DropShadow 滤镜 </span>
18  </body>
19  </html>
```

【运行结果】

使用 IE 浏览器打开文件，预览效果如图所示。

【范例分析】

在该范例的 CSS 定义中 span 标签样式的定义中加入了 filter:dropshadow 滤镜属性，设置了偏移方向和偏移量。

11.1.5 Shadow 滤镜（文字阴影滤镜）

这个滤镜也是实现文字阴影效果，但和上节介绍的 dropShadow 滤镜不同，dropShadow 滤镜所实现的阴影，对象和阴影之间没有关联，而 Shadow 滤镜则是阴影和对象相连接的。Shadow 还可以在指定的方向建立物体的投影。它的表达式如下：

Filter: Shadow（Color=color, Direction=direction）

其中，滤镜属性各个参数的作用和取值如下：

Shadow 滤镜有两个参数值——Color 和 Direction。

Color 参数用来指定投影的颜色。

Direction 参数用来指定投影的方向。

下面这个实例给出了 Shadow 滤镜的使用方法，并对比 Shadow 滤镜与 dropShadow 滤镜的不同。

【范例 11.6】 Shadow 滤镜（范例文件：ch11\11-6.html）

```
01 <!DOCTYPE html PUBLIC "-//W3C//DTD XHTML 1.0 Transitional//EN"
"http://www.w3.org /TR/xhtml1/DTD/xhtml1-transitional.dtd">
02 <html xmlns="http://www.w3.org/1999/xhtml">
03 <head>
04 <meta http-equiv="Content-Type" content="text/html; charset=utf-8" />
05 <title>Shadow 滤镜 </title>
06 <style type="text/css">
07 <!--
08 body{
09 margin:12px;
10 background:#f00;
11 }
12 .shadow{
13 filter:shadow(color=#CCCCFF,direction=135);    /* 阴影效果 */
14 }
15 .dropshadow{
```

```
16  filter:dropshadow(color=#CCCCFF,offx=5,offy=5,positive=true);
/* 下落阴影 */
17  }
18  -->
19  </style>
20  </head>
21  <body>
22  <img src="example4.gif"> 
23  <img src="example4.gif" class="shadow"> 
24  <img src="example4.gif" class="dropshadow">
25  </body>
26  </html>
```

【运行结果】

使用 IE 浏览器打开文件，预览效果如图所示。

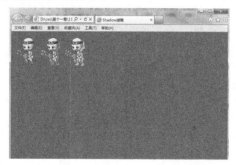

【范例分析】

在该范例的 CSS 定义中分别定义了 ".shadow" 和 ".dropshadow" 类样式，设置了两种滤镜阴影的方向和颜色，通过三幅图的比较，不难看出 Shadow 阴影的拖尾效果和 dropshadow 产生阴影的下落效果还是有很大区别的。

11.1.6 Flip 滤镜（翻转滤镜）

Filp 滤镜也叫翻转变换，假如一个页面中的一幅图片需要不同的翻转形式出现多次，那么使用 Photoshop 软件修改就需要将每个翻转的图片都独立成文件放在文件夹中，既增加了工作量又消耗了资源，有了 Filp 滤镜后就不需要每个图片都独立成文件了，只需要一个文件设置不同的 Filp 滤镜属性就能调用不同形式的翻转效果。

Flip 滤镜的使用效果非常简单，主要有两个参数：filph 表示水平翻转，filpv 表示垂直翻转，语法格式为：

```
01  filter:Fliph;    /* 水平翻转 */
02  filter:Flipv;    /* 竖直翻转 */
```

【范例 11.7】　使用 Filp 滤镜实现翻转变换（范例文件：ch11\11-7.html）

```
01 <!DOCTYPE html PUBLIC "-//W3C//DTD XHTML 1.0 Transitional//EN"
"http://www.w3.org /TR/xhtml1/DTD/xhtml1-transitional.dtd">
02 <html xmlns="http://www.w3.org/1999/xhtml">
03 <head>
04 <meta http-equiv="Content-Type" content="text/html; charset=utf-8" />
05 <title>Flip 滤镜 </title>
06 <style>
07 <!--
08 body{
09 margin:12px;
10 background:#000000;
11 }
12 .Flip1{
13 filter:Fliph;      /* 水平翻转 */
14 }
15 .Flip2{
16 filter:Flipv;      /* 竖直翻转 */
17 }
18 .Flip3{
19 filter:Flipv Fliph;        /* 水平、竖直同时翻转 */
20 }
21 -->
22 </style>
23 </head>
24 <body>
25 <img src="example5.jpg"><img src="example5.jpg" class="Flip1"><br>
26  <img src="example5.jpg" class="Flip2"><img src="example5.jpg"
class="Flip3">
27 </body>
28 </html>
```

【运行结果】

使用 IE 浏览器打开文件，预览效果如图所示。

【范例分析】

在该范例的 CSS 定义中分别定义了 ".Flip1"、" .Flip2" 和 ".Flip3" 类样式，在每个样式定义中，分别实现图像的水平翻转、竖直翻转以及水平和竖直同时翻转效果。让这三个类样式分别作用与三幅相同的图片上 "example5.jpg"，产生了巧妙的对称效果。

11.1.7 Glow 滤镜（光晕滤镜）

Glow 滤镜也称为光晕滤镜，能使文字和图片实现发光的特效。在网页制作中，经常通过使用 Glow 滤镜使文字或者物体产生发光的特效，以达到突出对象的目的，语法格式如下：

```
filter:glow(color= color,strength= strength)
```

其中，滤镜属性各个参数的作用和取值如下：

Color 是指定发光的颜色，Strength 指定发光的强度，参数值为 1~255。

下面这个实例演示了如何实现光晕滤镜效果。

【范例 11.8】 实现光晕滤镜效果（范例文件：ch11\11-8.html）

```
01 <html>
02 <head>
03 <title>Glow 滤镜 </title>
04 <style>
05 <!--
06 body{
07 margin:12px;
08 background-color:#000000;
09 }
10 span{
11 font-family:Arial, Helvetica, sans-serif;
12 height:100px; font-size:50px;
13 color:#ff9c00;                          /* 文字金黄色 */
14 filter:glow(color=#FFFF99,strength=6);  /* 发黄色光 */
15 }
16 -->
17 </style>
18     </head>
19 <body>
20 <span>glow 滤镜效果 </span>
21 </body>
22 </html>
```

【运行结果】

使用 firefox 打开文件，预览效果如图所示。

【范例分析】

在该范例的 CSS 定义中，为 span 标签样式添加 filter:glow 属性，为图像设置光晕颜色和强度，在网页内容中作用于文字"glow 滤镜效果"上。

11.1.8 Gray 滤镜（灰度滤镜）

Gray 滤镜也称为灰度滤镜，能使彩色的图片变成黑白的图片。它的语法很简单：

Filter: Gray

与 Flip 滤镜类似，Gray 滤镜直接作用在图片上，即可实现相应的效果。

下面这个实例演示了如何实现灰度效果。

【范例 11.9】 实现灰度效果（范例文件：ch11\11-9.html）

```
01 <!DOCTYPE html PUBLIC "-//W3C//DTD XHTML 1.0 Transitional//EN"
"http://www.w3.org /TR/xhtml1/DTD/xhtml1-transitional.dtd">
02 <html xmlns="http://www.w3.org/1999/xhtml">
03 <head>
04 <meta http-equiv="Content-Type" content="text/html; charset=utf-8" />
05 <title>Gray 滤镜 </title>
06 <style type="text/css">
07 <!--
08 body{
09 margin:12px;
10 }
11 .gray{
12 filter:Gray;      /* 黑白图片 */
13 }
14 -->
15 </style>
16 </head>
17 <body>
18 <img src="example6.jpg"> 
19 <img src="example6.jpg" class="Gray">
20 </body>
21 </html>
```

【运行结果】

使用 IE 浏览器打开文件，预览效果如图所示。

【范例分析】

在该范例的 CSS 代码中定义了 ".gray" 类样式，设置图像灰度滤镜效果，使彩色的图片变成黑白的图片。

11.1.9 Invert 滤镜（可视化属性翻转滤镜）

Invert 属性可以把对象的可视化属性全部翻转，包括色彩、饱和度和亮度值等。当这个滤镜作用于彩色照片上，就会产生与图像照片底片一样的效果。这个滤镜不带参数，可直接使用，表达式如下：

```
Filter:Invert
```

在实际应用时，只需在定义的 IMG 样式中加入代码 {Filter:Invert} 即可。

下面这个实例演示了如何使用该代码。

【范例 11.10】 Invert 滤镜（范例文件：ch11\11-10.html）

```
01 <!DOCTYPE html PUBLIC "-//W3C//DTD XHTML 1.0 Transitional//EN"
"http://www.w3.org/TR/xhtml1/DTD/xhtml1-transitional.dtd">
02 <html xmlns="http://www.w3.org/1999/xhtml">
03 <head>
04 <meta http-equiv="Content-Type" content="text/html; charset=utf-8" />
05 <title>Invert 滤镜 </title>
06 <style>
07 <!--
08 body{
09 margin:12px;
10 background:#000000;
11 }
12 .invert{
13 filter:invert;    /* 底片效果 */
14 }
15 -->
16 </style>
17 </head>
18 <body>
```

```
19  <img src="example6.jpg"> 
20  <img src="example6.jpg" class="invert">
21  </body>
22  </html>
```

【运行结果】

使用 IE 浏览器打开文件，预览效果如图所示。

【范例分析】

在该范例的 CSS 代码中定义了 ".invert" 类样式，设置图像色彩、饱和度和亮度值等可视化属性翻转滤镜效果，产生类似底片的效果。

11.1.10 Xray 滤镜（X 光滤镜）

Xray 滤镜是使对象变得像被 X 光照射一样，反映出它的轮廓，该滤镜没有参数，其语法格式如下。

Filter:Xray

很多读者常常将 Xray 滤镜效果和 Gray 效果混淆在一起，其实二者的区别还是很明显的，Xray 滤镜效果主要突出物体的轮廓，Gray 效果只是把图片灰度化。从下面这个实例就可以看出不同。

【范例 11.11】 Xray 滤镜效果和 Gray 效果（范例文件：ch11\11-11.html）

```
01  <!DOCTYPE html PUBLIC "-//W3C//DTD XHTML 1.0 Transitional//EN"
"http://www.w3.org/TR/xhtml1/DTD/xhtml1-transitional.dtd">
02  <html xmlns="http://www.w3.org/1999/xhtml">
03  <head>
04  <meta http-equiv="Content-Type" content="text/html; charset=utf-8" />
05  <title>Xray 滤镜 </title>
06  <style type="text/css">
07  <!--
08  body{
```

```
09   margin:12px;
10   background:#000000;
11   }
12   .xray{
13   filter:xray;        /* X 光效果 */
14   }
15   .gray{
16   filter:Gray;        /* 黑白效果 */
17   }
18   -->
19   </style>
20   </head>
21   <body>
22   <img src="example8.jpg"> 
23   <img src="example8.jpg" class="xray"> 
24   <img src="example8.jpg" class="Gray">
25   </body>
26   </html>
27   </head>
28   <body>
```

【运行结果】

使用 IE 浏览器打开文件，预览效果如图所示。

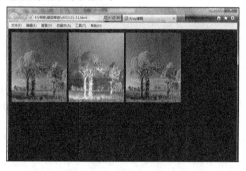

【范例分析】

在该范例的 CSS 代码中分别定义了 ".xray" 和 ".gray" 两类样式，其中 ".xray" 设置图像的 X 光效果，
".gray" 设置图像黑白效果，并分别作用于图像 example8.jpg，X 光效果和灰度图按照从左到右的顺
序放在一起。

11.1.11 Mask 滤镜（遮罩滤镜）

Mask 属性为对象建立一个覆盖于表面的膜。它的语法格式也很简单：

Filter: Mask（Color= 颜色）;

Mask 只有一个 Color 参数，用来指定使用什么颜色作为掩膜。

下面这个实例演示了如何使用 Mask 滤镜。

【范例 11.12】 Mask 滤镜（范例文件：ch11\11-12.html）

```
01 <!DOCTYPE html PUBLIC "-//W3C//DTD XHTML 1.0 Transitional//EN"
"http://www.w3.org/TR/xhtml1/DTD/xhtml1-transitional.dtd">
02 <html xmlns="http://www.w3.org/1999/xhtml">
03 <head>
04 <meta http-equiv="Content-Type" content="text/html; charset=utf-8" />
05 <title>mask 滤镜 </title>
06 <style type="text/css">
07 <!--
08 body{
09 margin:12px;
10 background: #999;
11 }
12 .mask{
13 filter:mask(color=#FFF);        /* 遮罩效果 */
14 }
15 -->
16 </style>
17 </head>
18 <body>
19 <img src="example9.jpg"> 
20 <img src="example9.jpg" class="mask">
21 </body>
22 </html>
```

【运行结果】

使用 IE 浏览器打开文件，预览效果如图所示。

【范例分析】

在该范例的 CSS 代码中分别定义了 ".mask" 类样式，使用 "filter:mask" 属性设置了图像的遮罩效果，并作用与图像 example9.jpg，可以发现第二幅图像没有显示，原因在于它被遮盖了。

11.1.12　Wave 滤镜（波浪滤镜）

Wave 滤镜可以让指定元素在垂直方向产生波纹状的变形。其表达式如下：

Fliter:Wave(Add = Add,Freq= Freq,LightStrength= LightStrength,Phase=Phase,Strength= Strength);

其中，滤镜属性各个参数的作用和取值如下。

Add 参数有两个值，设置是否显示原对象，取值 0（False）表示不显示原对象，取非 0 值（Ture）表示显示原对象。

Freq：设置波动的个数，即波纹的频率，通过该值来指定一个对象要产生多少个完整的波纹。

LightStrength：设置对波浪的光照强度，取值为 0 ~ 100，数值越大表示光照越强。

Phase：设置波浪的起始相角，为 0 ~ 100 的百分数值。

Strength：代表波的振幅大小，取值为自然数。

下面这个实例演示了如何使用 Wave 滤镜。

【范例 11.13】 使用 Wave 滤镜（范例文件：ch11\11-13.html）

```
01  <html>
02  <head>
03  <title>Wave 滤镜 </title>
04  <style>
05  <!--
06  body{
07  margin:12px;
08  background-color:#e4f1ff;
09  }
10  span{
11  font-family:Arial, Helvetica, sans-serif;
12  height:70px; font-size:50px;
13  font-weight:bold;
14  color:#50a6ff;
15  }
16  span.wave1{
17  filter:wave(add=0,freq=2,lightstrength=70,phase=75,strength=4);
18  }
19  span.wave2{
20  filter:wave(add=0,freq=4,lightstrength=20,phase=25,strength=5);
21  }
22  span.wave3{
23  filter:wave(add=1,freq=4,lightstrength=60,phase=0,strength=6);
24  }
25  -->
```

```
26  </style>
27    </head>
28  <body>
29  <span class="wave1"> 波浪 Wave 滤镜 </span>
30  <span class="wave2"> 波浪 Wave 滤镜 </span>
31  <span class="wave3"> 波浪 Wave 滤镜 </span>
32  </body>
33  </html>
```

【运行结果】

使用 IE 浏览器打开文件，预览效果如图所示。

【范例分析】

在该范例的 CSS 代码中分别分别定义了 ".wave1"、" .wave1" 和 ".wave1" 三类样式，每个样式设置不同的 Wave 滤镜参数值，实现不同效果，作用于文字"波浪 Wave 滤镜"。

11.2 CSS 3 中其他模块的新增属性

 本节视频教学录像：5 分钟

在 CSS 3 中新增了 4 种对网页中其他模块进行控制的属性，它们分别是 @media、columns、@font-face 和 speech。下面就分别对 4 种新增属性进行简单的介绍。

11.2.1 @media

现在显示器的分辨率，小至 320px（iPhone），大到 2560px 甚至更高（大显示器），变化范围极大。除了使用传统的台式机之外，还有手机、上网本、iPad 等平板设备。这种情况下，传统固定宽度的设计方案显得很不合理。页面需要有更好的适应性，布局结构能根据不同的设备及屏幕分辨率进行相应调整。下面介绍能够实现这种方案的技术——media queries，它通过 HTML 5 和 CSS 3 Media Queries（媒介查询）的技术就可以实现跨设备、跨浏览器的网页设计方案。

通过 Media Queries 功能可以判断对象类型，进而根据对象类型来实现不同的功能，也可以为不同的媒介设备（如屏幕、打印机）指定专用的样式表。其定义的语法如下：

@media: <smedia>{sRules}

其中，该属性中各个参数的作用和取值如下：

<smedia> 指定设置名称。

{sRules} 样式表定义。

通过此特性可以让 CSS 更准确地作用于不同的对象类型，同一对象的不同条件。下面看一个例子。

【范例 11.14】 @media 属性（范例文件：ch11\11-14.html）

```
01 <!DOCTYPE html PUBLIC "-//W3C//DTD XHTML 1.0 Transitional//EN"
"http://www.w3.org/TR/xhtml1/DTD/xhtml1-transitional.dtd">
02 <html xmlns="http://www.w3.org/1999/xhtml">
03 <head>
04 <meta http-equiv="Content-Type" content="text/html; charset=utf-8" />
05 <title>meida</title>
06 <style type="text/css">
07 <!--
08 #box{
09 color:#FFFFFF;
10 font-weight:bold;
11 padding:10px;
12 text-align:center;
13 background-color:#003399;
14 }
15 @media screen and (min-width: 300px) {
16 #box{
17 background-color:#00C;}
18 }
19
20 @media screen and (max-width: 600px) {
21 #box{
22 background-color:#ff3300;
23 }
24 }
25 -->
26 </style>
27 </head>
28 <body>
29 <div id="box"> 通过 CSS 样式判断页面的宽度，从而改变背景颜色的大小！ </div>
30 </body>
31 </html>
```

【运行结果】

使用 IE 浏览器打开文件，预览效果如图所示。

【范例分析】

在这个例子中，Media 可以查询到浏览器的宽度，根据宽度实现背景颜色的控制。当浏览器的宽度大于 600px 时，背景颜色显示为蓝色，如图左所示，当浏览器的宽度小于 600px 时，其背景颜色为红色，如图右所示。

11.2.2 Columns

Column 功能是 CSS 3 中的新增功能，通过该属性，可以同时定义多栏的数目和每栏的宽度。其定义的语法如下：

```
columns: 宽度 || 栏目数
```

其中该属性中各个参数的作用和取值如下：

column-width 定义每栏的宽度。

column-count 定义栏目的数目。

下面通过实例来看一看这个新增功能的效果。

【范例 11.15】 Columns 属性（范例文件: ch15\11-15.html）

```
01 <!DOCTYPE html PUBLIC "-//W3C//DTD XHTML 1.0 Transitional//EN"
"http://www.w3.org/TR/xhtml1/DTD/xhtml1-transitional.dtd">
02 <html xmlns="http://www.w3.org/1999/xhtml">
03 <head>
04 <meta http-equiv="Content-Type" content="text/html; charset=utf-8" />
05 <title>columns</title>
06 <style type="text/css" media="screen">
07 <!--
08 .wrapper {
09 width:703px;
10 padding:10px;
11 margin:40px auto 0;
12 border:1px solid #333333;
13 }
14 .wrapper .inner {
```

```
15  padding:5px 10px;
16  }
17  .wrapper .inner h2 {
18  color:#333333;
19  background:#DCDCDC;
20  padding:5px 8px;
21  }
22  .wrapper .inner .cont {
23  color:#333333;
24  font-size:14px;
25  line-height:180%;
26  text-indent:2em;
27  }
28  .wrapper .inner .cont p {
29  margin-bottom:15px;
30  line-height:180%;
31  }
32  .wrapper .inner .cont .columns {
33  -webkit-columns: 215px 3;
34  }
35  -->
36  </style>
37  </head>
38  <body>
39  <div class="wrapper">
40  <div class="inner">
41  <h2>columns</h2>
42  <div class="cont">
43  <div class="columns">
```

44　<p><strong>ISD Webteam</strong> 是一个设计团队，即 <strong>腾讯互联网业务系统网站组 </strong>。</p>

45　<p><strong>ISD Webteam</strong> 关注于网站产品的体验设计，包括网站的可用性、视觉风格以及网页重构。</p>

46　<p> 我们的产品类型很丰富，有 <strong> 空间 (Qzone)</strong>，有 <strong>会员 (QQVIP)</strong>，有 <strong>QQ 秀 (QQShow)</strong>，还有 <strong>音乐 (QQMusic)</strong>，项目很多，工作也很忙，无时无刻不在体现互联网行业的特征。</p>

47　<p> 我们的成员类型很丰富，有安静的，有狂躁的，有智勇双全的，也有身 can 志不坚的，总体上还算相亲相爱，偶尔也会你打我闹。</p>

48　<p><strong>"让我们的互联网服务像水和电一样融入到人们的生活当中"</strong>，是我们的梦想，距离目标还有很长的路要走，至今我们仍在不懈地努力，如果你愿意，欢迎和我们一起。</p>

49　</div>

```
50  </div>
51  </div>
52  </div>
53  </body>
54  </html>
```

【运行结果】

使用 IE 浏览器打开文件，预览效果如图所示。

【范例分析】

各大浏览器对于 Columns 属性的支持效果并不好，例如 IE 浏览器和 Firefox 中并不支持 columns。Chrome 浏览器支持 Columns 属性，显示效果如下图所示：可以看到，通过 CSS 样式的 Columns 属性实现了将元素中的内容分为三栏，每一栏的宽度都是 215 像素。

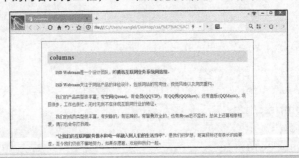

11.2.3 @font-face

@font-face 能够加载服务器端的字体文件，让客户端显示客户端所没有安装的字体。其语法如下。 其中，各属性含义如下。

(1) font-style：设置文本样式。

(2) font-variant：设置文本是否大小写。

(3) font-weight：设置文本的粗细。

(4) font-stretch：设置文本是否横向的拉伸变形。

(5) font-size：设置文本字体大小。

(6) src：设置自定义字体的相对路径或者绝对路径，此属性只能在 @font-face 规则里使用。

11.2.4 Speech

通过 Speech 功能可以规定哪一块可以让机器来阅读。定义的语法如下：

Speech: voice-volume, voice-balance, speak, pause-before, pause-after, pause, rest–before, rest–after, rest, cue–before, cue–after, cue, mark–before, mark–after, mark, voice–family, voice–rate, voice–pitch, voice–pitch–range, voice–stress, voice–duration, phonemes

其中，Speech 的各个属性值如下表所示。

属性	取值	默认值
voice–volume	<number> I <percentage> I silent I x–soft I soft I medium I loud I x–loud I inherit	medium
voice–balance	<number> I left I center I right I leftwards I rightwards I inherit	center
speak	none I normal I spell–out I digits I literal–punctuation I no–punctuation I inherit	normal
pause–before, pause–after	<time> I none I x–weak I weak I medium I strong I x–strong I inherit	implementation dependent
pause	[<'pause–before'> II <'pause–after'>] I inherit	implementation dependent
rest–before, rest–after	<time> I none I x–weak I weak I medium I strong I x–strong I inherit	implementation dependent
rest	[<'rest–before'> II <'rest–after'>] I inherit	implementation dependent
cue–before, cue–after	<uri> [<number> I <percentage> I silent I x–soft I soft I medium I loud I x–loud] I none I inherit	none
cue	[<'cue–before'> II <'cue–after'>] I inherit	not defined for shorthand properties
voice–family	[[<specific–voice> I [<age>] <generic–voice>] [<number>],]* [<specific–voice> I [<age>] <generic–voice>] [<number>] I inherit	implementation dependent
voice–rate	<percentage> I x–slow I slow I medium I fast I x–fast I inherit	implementation dependent
voice–pitch	<number> I <percentage> I x–low I low I medium I high I x–high I inherit	medium
voice–pitch–range	<number> I x–low I low I medium I high I x–high I inherit	implementation dependent
voice–stress	strong I moderate I none I reduced I inherit	moderate
voice–duration	<time>	implementation dependent
phonemes	<string>	implementation dependent
voice–family	[[<specific–voice> I [<age>] <generic–voice>] [<number>],]* [<specific–voice> I [<age>] <generic–voice>] [<number>] I inherit	implementation dependent
voice–rate	<percentage> I x–slow I slow I medium I fast I x–fast I inherit	implementation dependent

表中各属性含义如下。

(1) voice-volume：设置音量。

(2) voice-balance：设置声音平衡。

(3) speak：设置阅读类型。

(4) pause-before, pause-after：设置暂停时的效果。

(5) pause：设置暂停。

(6) rest-before, rest-after：设置休止时的效果。

(7) rest：设置休止。

(8) cue-before, cue-after：设置提示时的效果。

(9) cue：设置提示。

(10) mark-before, mark-after：设置标注时的效果。

(11) mark：设置标注。

(12) voice-family：设置语系。

(13) voice-rate：设置比率。

(14) voice-pitch：设置音调。

(15) voice-pitch-range：设置音调范围。

(16) voice-stress：设置重音。

(17) voice-duration：设置音乐持续时间。

(18) phonemes：设置音位。

▌11.3 案例 1——制作商务类网站

 本节视频教学录像：6 分钟

学习了滤镜以及 CSS 的新增模块，现在通过一个商务类网站开发的案例，将这些技术应用到实际网页开发中，加深对技术的认识。

11.3.1 设计分析

商务类网站，主要体现公司的产品及公司的形象，其中也包含着公司的理念和方向，这类型的网站的特点是简约而不简单，整体上的风格大气富有活力。本例是一个设计公司的产品展示网站，网页整体使用深色的基调，采用上下两栏的布局模式。整个页面总体上给人一种干净、清新的感觉。同时使用光晕滤镜突出显示商务网站与商务在线。

11.3.2 制作步骤

现在就一步步介绍这个商务网站的制作过程，该商务网站的整体效果如下图所示。具体制作步骤如【范例 11.16】所示。

【范例 11.16】　制作商务网站（范例文件：ch11\11-16.html）

1. Banner 图片

商务类的网站通常将 logo 放置在很明显的位置，为了让用户能够更好地看到，在本例中没有专门的 logo 模块，因此将其设置为背景图片。其代码如下所示。

```
01  <div id="header">
02      <div id="header-info">
03        <div class="span1"> 商务网站 </div>
04          <div class="span1"> 商务在线 </div>
05      </div>
06      <div id="header-menu">
07        <ul>
08        <li><a href="index.html"> 公司首页 </a></li>
09        <li class="page_item"><a href="about.html"> 产品相关 </a></li>
10        <li class="page_item"><a href="#"> 主要内容 </a></li>
11        <li class="page_item"><a href="#"> 论坛 </a></li>
12        </ul>
13      </div>
```

其对应的 CSS 文件如下：

```
01  #header {
02  width: 1004px;
03  height: 394px;
04  position: relative;
05  }
06  /* Header - Info */
07
08  #header #header-info {
09  position: absolute;
10  top: 293px;
11  left: 20px;
12  }
13  #header #header-info h1 {
14  color: #29303b;
15  font: normal 36px Verdana;
16  padding-bottom: 3px;
17  }
18  #header #header-info h1 a {
19  color: #29303b;
20  text-decoration: none;
21  }
22  #header #header-info .description {
23  color: #3b4802;
```

```
24  font: normal 18px Verdana;
25  }
26  /* Header - Menu */
27  #header #header-menu {
28  position: absolute;
29  top: 13px;
30  left: 24px;
31  width: 955px;
32  height: 38px;
33  }
34  #header #header-menu ul {
35  margin: 0;
36  padding: 0;
37  list-style-type: none;
38  width: 955px;
39  height: 38px;
40  }
41
42  #header #header-menu ul li {
43  float: left;
44  height: 38px;
45  font: normal 14px/38px Georgia, Verdana;
46  color: #d1d1d3;
47  margin-right: 25px;
48  }
49  #header #header-menu ul li a {
50  color: #d1d1d3;
51  text-decoration: none;
52  }
53  #header #header-menu ul li a:hover {
54  color: #b9c966;
55  }
56  /* Header - Menu - Submenu */
57  #header #header-menu ul li ul {
58  display: none;
59  }
60  .span1{
61  font-family:Arial, Helvetica, sans-serif;
62  height:50px; font-size:30px;
63  color:#ff9c00;                                          /* 文字金黄色 */
64  filter:glow(color=#FFFF99,strength=16);   /* 发黄色光 */
65  }
```

由于 CSS 控制信息太多，因此这里只列出了部分代码，详细代码可以参考随书光盘文件 ch11\11-16.css。

2. 左侧信息

左侧的 #left 的内容主要是一些搜索栏，以及一些产品的介绍、种类、公司重要事件的摘要等。搜索栏代码如下所示：

```
01  <div id="header-search">
02      <form method="get" id="searchform" action="">
03          <input type="text" value="Search: Type text and hit enter!"
onfocus="if (this.value == 'Search: Type text and hit enter!') {this.value = '';}"
onblur="if (this.value == '') {this.value = 'Search: Type text and hit enter!';}"
name="s" id="s" />
04          <input type="submit" id="searchsubmit" value="" />
05      </form>
06  </div>
```

对应的 CSS 代码如下：

```
01  #header #header-search {
02  position: absolute;
03  top: 410px;
04  left: 35px;
05  width: 250px;
06  height: 23px;
07  }
08  #header #header-search #searchform {
09  margin: 0;
10  padding: 0;
11  width: 250px;
12  height: 23px;
13  }
14  #header #header-search #s {
15  width: 250px;
16  height: 17px;
17  border: 0;
18  padding: 3px 0;
19  font: normal 14px Georgia, Verdana;
20  color: #11151b;
21  background: transparent;
22  float: left;
23  }
24  #header #header-search #searchsubmit {
25  background: transparent;
26  border: none;
```

```
27  width: 0;
28  height: 23px;
29  padding: 0;
30  float: right;
31  display: none;
32  }
```

其显示效果如图所示。

3. 主要内容

主要内容主要是 2 个 DIV 块组成，包括公司简介以及公司最新的产品介绍等内容。

其对应的代码如下：

```
01  <div id="content">
02      <div class="post" id="post-5">
03        <div class="post-title">
04          <div class="post-date"><span>May</span>08</div>
05          <h2><a href="#"> 公司简介 </a></h2>
06          <div class="post-title-info">
07            <div class="post-title-author">admin</div>
08              <div class="post-title-category">wl <a href="#"></a>, <a href="#"></a></div>
09              <div class="post-title-comments"><a href="#"> 评论：0</a></div>
10          </div>
11        </div>
12        <div class="post-entry">
13          <div class="post-entry-top">
14            <div class="post-entry-bottom">
15              <p> 欢迎大家光临我们公司，我们公司将优秀的产品迎接各位的到来 </p>
16              <ul>
17  <li> 我们以人为本 </li>
18  <li> 专注与家居设计 </li>
19  <li> 改善家居环境 </li>
20  </ul>
21  <p> 欢迎光临我们公司 </p>
22  </div>
23    </div>
24  </div>
25  </div>
```

这里介于篇幅的限制，代码就不一一列举出来，感兴趣的读者可以自行在本文附带的光盘中查看本例的代码（ch11\11.16.html 中）。

其显示效果如图所示。

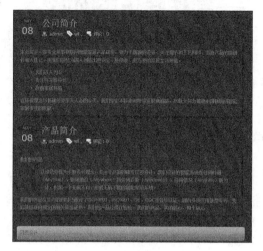

4. 最终的调整

最后对 body 属性进行调整。

```
01  body {
02  margin: 0;
03  background: #232a34;
04  }
05  h1, h2, h3, h4 {
06  margin: 0;
07  }
08  img {
09  border: 0;
10  }
11  .clear {
12  clear: both;
13  height: 0;
14  overflow: hidden;
15  }
```

最终的结果如图所示。

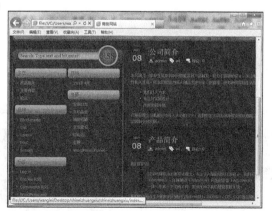

11.4 案例 2——制作娱乐类网站

 本节视频教学录像：4 分钟

上一节通过一个商务类网站综合实例，详细介绍了如何使用以前所学的各种技术，加以融会贯通，应用到实际的网站开发过程中。本节通过一个娱乐类网站的开发，加深对所学知识的运用。

11.4.1 案例分析

本例以旅游娱乐为题材，充分介绍在旅游过程中所感受到的风土热情，地理知识，山川流水，旅游路线，地理知识，等等。此类旅游娱乐类网站的作用一方面是为旅行者提供各种相关的资料，另一方面也是为吸引更多的旅客前来旅行。同时加入本章所学的 Filp 滤镜（翻转变换）实现 banner 图像的翻转，以增强网页吸引眼球的效果。

11.4.2 制作步骤

具体的制作步骤如【范例 11.17】所示。

【范例 11.17】 制作娱乐类网站（范例文件：ch11\11-17.html）

1. Banner 图片与导航菜单

本例中的 banner 图片经过处理后显得更加贴合实际。导航菜单在本例中和其他的例子基本一样，采用有序列表的方式，其 HTML 框架如下。

```
01  <div id="globallink">
02  <ul>
03  <li><a href="#"> 首页 </a></li>
04  <li><a href="#"> 魅力无限 </a></li>
05  <li><a href="#"> 风土人情 </a></li>
06  <li><a href="#"> 地方特产 </a></li>
    ...
07  </ul>
08  <br>
09  </div>
```

Banner 图片如下图左所示，可以对其进行滤镜处理，实现翻转效果，如下图右所示。

 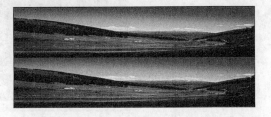

CSS 代码如下所示。

```
01  #globallink{
02  margin:0px; padding:0px;
03  }
04  #globallink ul{
05      list-style:none;
06  padding:0px; margin:0px;
07  }
08  #globallink li{
09  float:left;
10  text-align:center;
11  width:78px;
12  }
13  #globallink a{
14  display:block;
15  padding:9px 6px 11px 6px;
16  background:url(button1.jpg) no-repeat;
17  margin:0px;
18  }
19  #globallink a:link, #globallink a:visited{
20  color:#004a87;
21  text-decoration:underline;
22  }
23  #globallink a:hover{
24  color:#FFFFFF;
25  text-decoration:underline;
26  background:url(button1_bg.jpg) no-repeat;
27  }
```

导航菜单如下图所示。

2. 左侧边栏

左侧边栏包括天气预报和景点推荐等栏目。其 CSS 代码如下：

```
01  #left{
02  float:left;
03  width:200px;
04  background-color:#FFFFFF;
05  margin:0px;
06  padding:0px 0px 5px 0px;
07  color:#d8ecff;
08  }
```

左侧边栏最上面是天气预报，其 HTML 框架如下：

```
01  <div id="weather">
02  <h3><span> 天气预报 </span></h3>
03  <ul>
04  <li> 乌鲁木齐     雷阵雨 20-31</li>
05  <li> 吐鲁番     多云转阴 20-28</li>
06  <li> 喀什     阵雨转多云 25-32</li>
07  <li> 库尔勒     阵雨转阴 21-28</li>
08  <li> 克拉马依     雷阵雨 26-30</li>
09  </ul>
10  <br>
11  </div>
```

显示效果如图所示。

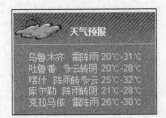

其对应的 CSS 代码如下所示。

```
01  #left div{
02  background-color:#5ea6eb;
03  margin:0px 5px 0px 5px;
04  }
05  #weather{
06  background:url(weather.jpg) no-repeat -5px 0px;
07  margin:0px 5px 0px 5px;
08  background-color:#5ea6eb;
09  }
10  div#left #weather h3{
11   font-size:12px;
12   padding:24px 0px 0px 74px;
13   color:#FFFFFF;
14   background:none;
15   margin:0px;
16  }
17  div#weather ul{
18   margin:8px 5px 0px 5px;
19   padding:10px 0px 8px 5px;
20   list-style:none;
21  }
```

```
22  #weather ul li{
23    background:url(icon1.gif) no-repeat 0px 6px;
24    padding:1px 0px 0px 10px;
25  }
```

3. 主体部分

页面的主体部分是整个网页最重要的元素，对于旅游网站主要应该以展示当地的美景为主，其对应的 HTML 框架如下：

```
01  <div id="beauty">
02    <h3><span> 美丽景色 </span></h3>
03     <ul>
04    <li><a href="#"><img src="beauty1.jpg"></a></li>
05    <li><a href="#"><img src="beauty2.jpg"></a></li>
06    <li><a href="#"><img src="beauty3.jpg"></a></li>
07    <li><a href="#"><img src="beauty4.jpg"></a></li>
08    </ul>
09    <br>
10  </div>
```

其显示效果如图所示。

接下来是精选线路模块，其对应的 HTML 框架如下：

```
01  <h3><span> 精选线路 </span></h3>
02  <ul>
03    <li><a href="#"> 吐鲁番——库尔勒——库车——塔中——和田——喀什 </a></li>
04    <li><a href="#"> 乌鲁木齐——天池——克拉马依——乌伦古湖——喀纳斯 </a></li>
05    <li><a href="#"> 乌鲁木齐——奎屯——乔尔玛——那拉提——巴音布鲁克 </a></li>
06    </ul>
07  <br>
```

对应的 CSS 代码如下：

```
01  #route{
02    clear:both; margin:0px;
03    padding:5px 0px 15px 0px;
04  }
05  #route h3{
```

```
06    background:url(route_h1.gif) no-repeat;
07  }
08  #route ul li{
09    padding:3px 0px 0px 30px;
10    background:url(icon1.gif) no-repeat 20px 7px;
11  }
12  #route ul li a:link, #route ul li a:visited{
13    color:#004e8a;
14    text-decoration:none;
15  }
16  #route ul li a:hover{
17    color:#000000;
18    text-decoration:underline;
19  }
```

其显示效果如图所示。

4. 右侧边栏

详细代码见随书光盘，显示效果如图所示。

对应的 HTML 框架如下所示。

```
01  <div id="map">
02  <h3><span> 景区风光 </span></h3>
03  <p><a href="#" title=" 点击看大图 "><img src="map1.jpg"></a></p>
04  <p><a href="#" title=" 点击看大图 "><img src="map2.jpg"></a></p>
05  </div>
```

对应的 CSS 代码如下所示。

```
01  #map{
02    margin-top:5px;
03  }
04  #map p{
05    text-align:center;
```

```
06     margin:0px;
07     padding:2px 0px 5px 0px;
08  }
09  #map p img{
10     border:1px solid #FFFFFF;
11  }
```

5. 脚注模块

脚注的主要作用是显示版权信息、联系方式等，通常都比较简单。本例中的脚注模块也十分简单，HTML 框架如下所示。

```
01  <div id="footer">
02     <p>wl &copy; 版权所有 <a href="#"></a></p>
03     </div>
```

对应的 CSS 代码如下：

```
01  #food{
02     padding-top:10px;
03  }
04  #food ul, #life ul{
05     list-style:none;
06     padding:0px 0px 10px 0px;
07     margin:10px 10px 0px 10px;
08  }
09  #food ul li, #life ul li{
10     background:url(icon1.gif) no-repeat 3px 9px;
11     padding:3px 0px 3px 12px;
12     border-bottom:1px dashed #EEEEEE;
13  }
14  #food ul li a:link, #food ul li a:visited, #life ul li a:link, #life ul li a:visited{
15     color:#d8ecff;
16     text-decoration:none;
17  }
18  #food ul li a:hover, #life ul li a:hover{
19     color:#000000;
20     text-decoration:none;
21  }
```

其显示效果如图所示。

wl ©版权所有

6. 整体调整

对页面进行整体调整，通过修改 body 调整整体页面。

```
01  body{
02     background-color:#2286c6;
```

```
03    margin: 0px;
04    padding:0px;
05    text-align:center;
06    font-size:12px;
07    font-family:Arial, Helvetica, sans-serif;
08  }
```

其显示效果如图所示。

 高手私房菜

>>>

技巧：使用滤镜控制图片的颜色变化

很多朋友在许多网页都见过这种实例，就是某页面上的一张图片，当将鼠标放上去之后，图片就会变成黑白照片，或者本来是一张灰白图片，但将鼠标放上去之后就会变成彩色的。很多读者认为这个功能很复杂，实际上使用 CSS 滤镜实现这种效果很简单。

【范例 11.18】 制作娱乐类网站（范例文件：ch11\11-18.html）

首先在页面文件中写入下面代码：

```
01  #content a img {
02   filter:Gray;
03  }
04  #content a:hover img {
05   filter:
06  }
```

然后定义 CSS 样式内容：

```
01  <div id="content">
02  <a><img src="example6.jpg" width="200" height="100" />  </a>
03  </div>
```

详细代码可看范例文件：ch11\11-18.html。

第 12 章

 本章教学录像：24 分钟

CSS 3 与 HTML 的综合应用

　　制作网页需要掌握的最基本的语言基础就是 HTML，任何高级网站开发语言都是以 HTML 为基础实现。因此本章重点介绍 HTML 的基本概念和基本语法，使读者初步了解 HTML，并结合前面章节所介绍的 CSS 知识，融会贯通，完成综合性网站的开发。

本章要点（已掌握的在方框中打勾）

☐　HTML 基本结构

☐　HTML 基本语法

☐　CSS 3 与 HTML 的结合

☐　渐变式数据表

☐　浮雕式链接特效

☐　网页文字阴影特效

☐　古文诗画特效

▊ 12.1 使用 CSS 滤镜

 本节视频教学录像：7 分钟

HTML（Hyper Text Markup Language，超文本标记语言），是一种编写网页文件的标记语言，是一种描述语言，而不是一种编程语言，主要用于描述超文本中内容的显示方式。

HTML 是建立网页的规范和标准，通过 HTML 语言，可以把存放在不同电脑中的文本或图片方便地链接在一起，形成一个有机的整体。一个 Web 页面就是一个 HTML 文档，只需要使用鼠标点击 HTML 文件，浏览器就会识别。

HTML 5 是 Web 标准的一个重大变化，和以往版本不同，HTML 5 不仅可以用来表示 Web 内容，而且提供一个应用平台，在这个平台上，所有图像、音频、视频以及动画等都被标准化。HTML 5 正在改变 Web。本章将向读者介绍有关 HTML 5 的最新知识。

12.1.1 HTML 基本结构

一个 HTML 文档是由 4 个基本部分组成，分别是：

(1) 一个文档类型说明，用来说明该文档是 HTML 文档。

(2) HTML 标签对，用来标示 HTML 文档的开始和结束。

(3) HEAD 标签对，其中的内容构成 HTML 文档的开头部分。

(4) BODY 标签对，其中的内容构成 HTML 文档的主体部分。

例如，下面是 HTML 文件的基本结构。

```
01  <!DOCTYPE html PUBLIC "-//W3C//DTD XHTML 1.0 Transitional//EN"
02  "http://www.w3.org/TR/xhtml1/DTD/xhtml1-transitional.dtd">
03  <HTML>
04  <head>
05  <TITLE> 文档标题 </TITLE>
06  </head>
07  <body>
08    文档主体信息
09  </body>
10  </html>
```

最前面的两句代码是文档类型声明。

```
01  <!DOCTYPE html PUBLIC "-//W3C//DTD XHTML 1.0 Transitional//EN"
02    "http://www.w3.org/TR/xhtml1/DTD/xhtml1-transitional.dtd">
```

不过，HTML 5 的文档类型声明很短。只有下面一句。

```
<!DOCTYPE html>
```

< html ></ html> 在文档的最外层，表示该文档是以超文本标识语言（HTML）编写的，文档中的所有文本和 HTML 标记都包含在里面。现在常用的 Web 浏览器都可以自动识别 HTML 文档，并不要求必须有 <html> 标记，也不对该标记进行任何操作。不过，考虑到代码标准化，最好不要省略这对标记。

<head></head> 是 HTML 文档的头部标记，在浏览器窗口中，头部信息是不被显示在正文中的，在此标记中还可以插入其他标记，用以说明文件的标题和整个文件的一些属性。如果不需要头部信息，也可以省略此标记。

<title> </title> 是嵌套在 <head> 头部标记中的，标记之间的文本是文档标题，文本信息将显示在浏览器窗口的标题栏中。

<body> </body> 标记一般不省略，标记之间的文本是正文，是最终要在浏览器中显示的内容。

上面的这几对标记在文档中都是唯一的，HEAD 标记和 BODY 标记是嵌套在 HTML 标记中的。

12.1.2 HTML 基本语法

HTML 最基本的语法是 < 标记符 ></ 标记符 >。标记符通常都是成对使用，有一个开始标记和一个结束标记。结束标记只是在开始标记的前面加一个斜杠 "/"。当浏览器收到 HTML 文件后，就会解释里面的标记符，然后把标记符相对应的功能表达出来。

HTML 标记是由一个起始标记名称 (Opening Tag) 开始，中间是要处理的内容，最后用一个结束标记名称 (Ending Tag) 结束，并且结束标志前有一个斜线 "/"，其语法格式为：

<x> 受控文字 </x>

其中，x 代表标记名称。<x> 和 </x> 就如同一组开关：起始标记 <x> 为开启 (ON) 的某种功能，而结束标记 </x> 为关 (OFF) 功能，受控制的文字信息便放在两标记之间。

例如：

<h1> 欢迎访问这个网站 </h1>

在标记之中还可以附加其他一些属性 (Attribute)，用来完成某些特殊效果或功能。例如：

<x a1="v1",a2="v2",...,an="vn"> 受控文字 </x>

其中，a1,a2,...,an 为属性名称，而 v1,v2,...,vn 则是其所对应的属性值，属性值前后可以加引号，也可以不加引号，但依据 W3C 的新标准，属性值是要加引号的。

虽然大部分的标记是成双成对出现的，但也有一些是单独存在的。这些单独存在的标记称为空标记 (Empty Tags)。其语法格式为：

<x>

同样，空标记也可以附加一些属性 (Attribute)，用来完成某些特殊效果或功能。如：

<x a1="v1",a2="v2",...,an="vn">

一般标准的写法在空标记后面也加上 "/" 作为结尾，即：

< x />

如果附加其他属性，则写法变为：

```
<x    a1="v1",a2="v2",…,an="vn" />
```

HTML 标准和语法不是很规范，浏览器也对 HTML 页面中的错误也相当宽容。这反过来又导致了 HTML 作者写出了大量的含有错误的 HTML 页面。目前很多 Web 的页面都含有 HTML 错误。HTML 5 是 HTML 的最新版，由 W3C 研发，继承和发展了 HTML 的功能和优点，是简单的文本标签语言，一个 HTML 5 网页文件都是由元素构成的，元素由开始标签、结束标签、属性和元素的内容 4 部分组成。由于篇幅的限制，这里只简单介绍。

标签是元素的组成，用来标记内容块，也用标签来标明元素内容的意义（即语义）、标签使用尖括号包围，如 <html></html>，其中 <html> 是开始标签，</html> 是结束标签。

标签就是为一个元素的开始和结束作标记，网页内容是由元素组成的。例如，包括在 <html></html> 标签之间的都是元素的内容。一个元素通常是由一个开始标签、内容、其他元素即一个结束标签组成。

与元素相关的特性称为属性，可以为属性赋值构成"属性 / 值"对。

12.2 CSS 3 与 HTML 的结合

 本节视频教学录像：3 分钟

在学习 CSS 的过程中，经常会遇到两种问题：一是不理解 CSS 处理页面的原理。二是对于非常熟悉的表现层属性，不知该转换成对应的何种 CSS 语句。

事实上，在处理页面的整体表现时，应根据网页内容的语义和结构，并针对语义和结构添加 CSS 样式。通常在设计 HTML 网页文档时，考虑的主要因素是外观，但如果使用 CSS 布局 HTML 页面，则还要考虑页面内容的语义和结构。

一个用 CSS 结构化的 HTML 页面中，每一个元素都可被用于结构目的。假如要缩进一个段落，不需要使用 blockquote 标记，而是使用 p 标记，并对 p 标记加一个 CSS 的 margin 规则即可。其中 p 是结构化标记，属于 HTML；margin 是表现属性，属于 CSS 样式。一个良好的 HTML 页面几乎没有表现属性的标记。如果在 HTML 中要使用表现属性的标记，可使用对应的 CSS 方法将其替换。下表是 HTML 属性和相对应的 CSS 方法的说明。

HTML 属性	CSS 方法	说明
align ="left" align= "right"	Float；left；right	使用 CSS 可以浮动任何元素，用 float 属性，给浮动定义一个宽度
marginwidth="0" leftmargin="0" marginheight="0" topmrgin="0"	margin:0	使用 CSS 中的 margin 表现属性可以对任何元素进行设置，不仅仅是 body 元素，也可以对元素 top、right、left 和 bottom 分别制定 margin 值
vlink="#333399" alink="#000000" link="#3333ff"	a:link #3ff; a:visited:#339; a:hover:#999; a:active:#00f;	在 HTML 中，连接的颜色作为 body 的一个属性值来进行设置，其所有的连接风格都一样。使用 CSS 样式进行结构化的 HTML

续表

HTML 属性	CSS 方法	说明
bgcolor="#ffffff"	background-color:#fff;	使用 CSS 进行结构化的 HTML 页面中，可以对任何元素设置其背景颜色
border="3" cellspacing="3"	border-width:3px;	使用 CSS 可以定义 table 的边框为统一样式，也可以对 top、right、bottom 和 left 边框分别设置其颜色、尺寸和样式
align="center"	text-align:center; margin-right:auto; margin-left:auto;	Text-align 只能对文本对象进行设置

▌12.3　案例 1——渐变式数据表

 本节视频教学录像：4 分钟

　　表格的渐变效果主要是通过 Table 的背景颜色控制着颜色的改变产生渐变效果，单个的 td 控制另一个颜色的渐变。从而实现渐变式的数据表。

【范例 12.1】　渐变式的数据表（范例文件：ch12\12-1.html）

```
01 <!DOCTYPE html PUBLIC "-//W3C//DTD XHTML 1.0 Transitional//EN"
"http://www.w3.org/TR/xhtml1/DTD/xhtml1-transitional.dtd">
02 <html xmlns="http://www.w3.org/1999/xhtml">
03 <head>
04 <meta http-equiv="Content-Type" content="text/html; charset=utf-8" />
05 <title> 无标题文档 </title>
06 <style type="text/css">
07 <!--
08 .Alpha{
09    FILTER: Alpha( style=1,opacity=25,finishOpacity=100,startX=0,finishX
=100,startY=0,finishY=100);
10    }
11 Div
12 {
13  BACKGROUND-COLOR: #FF9900; border-collapse:collapse
cellpadding="0" width="400" height="25" border="1" bordercolor="#FF9900";
14
15 }
16 -->
17 </style>
18 </head>
19 <div class="Alpha">
20    <table>
21    <tr><td>
```

```
22      <p align="center"><font color=white  style="font-size: 9pt">
23      <font color="#FFFFFF"> 表一 </font></font>
24      </td></tr>
25      </table>
26  </div>
27  <br />
28  <br />
29  <div class="Alpha">
30  <table>
31  <tr><td>
32  <p align="center"><font color=white  style="font-size: 9pt">
33  <font color="#FFFFFF"> 表二 </font></font>
34      </td></tr>
35      </table>
36  </div>
37  <body>
38  </body>
39  </html>
```

其显示效果如图示。

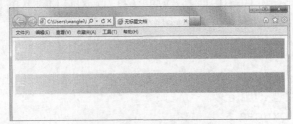

12.4 案例 2——浮雕式链接特效

 本节视频教学录像：4 分钟

除了背景颜色和边框等传统 CSS 样式之外，如果将背景图片也加入到超链接中，就可以制作出更多绚丽的效果。下面用一个实例来看一下如何实现浮雕效果。

1. 搭建 HTML 框架

首先使用 <table> 标记搭建整个 HTML 框架，加入 Banner 图片，页面背景颜色和超链接的排列，并且为两个表格添加 CSS 类别，以便设置样式。

【范例 12.2】 浮雕效果（范例文件：ch12\12-2.html）

```
01 <body>
02 <table cellpadding="0" cellspacing="0" class="banner">
03   <tr><td><img src="banner1_left.jpg" border="0"></td></tr>
04 </table>
```

```
05 <table cellpadding="0" cellspacing="0" class="links">
06   <tr><td><a href="#"> 新闻 </a><a href="#"> 体育 </a><a href="#"> 财经 </a><a href="#"> 文化 </a><a href="#"> 教育 </a><a href="#"> 娱乐 </a></td></tr>
07 </body>
```

其显示效果如图所示。

2. 制作浮雕背景

设置为水平方向重复，代码如下所示。

```
01  table.banner{
02      background:url(banner1_bg.jpg) repeat-x;
03      width:100%;
04  }
```

其显示效果如图所示。

3. 制作按钮图片

制作一个宽度固定的按钮图片，使其最左边有一道白色的竖线，作为按钮的背景图片，并添加到统一设置的 <a> 属性样式中，代码如下。

```
01  width:80px; height:132px;
02  padding-top:10px;
03  text-decoration:none;
04  text-align:center;
05  background:url(button1.jpg) no-repeat;/* 超链接背景图片 */
```

当鼠标指针经过背景图片时，超链接就会显示出来，就实现了超链接浮雕的效果，如图所示。

新闻体育财经文化教育娱乐

12.5 案例 3——网页文字阴影特效

 本节视频教学录像：3 分钟

网页文字阴影特效是通过 text-shadow 属性实现的，主要是设置对象中的文字是否有阴影以及模糊的效果。可以设置多组效果，效果之间使用逗号"，"隔开。

Text-shadow 定义的语法如下。

```
text-shadow: nonel<length>nonel[<shadow>,]*<shadow> 或
nonel<color>[,<color>]*
```

例如：

text-shadow:[颜色 (Color) x 轴 (XOffset) y 轴 (YOffset) 模糊半径 (Blur)],[颜色 (color)x 轴 (XOffset) y 轴 (YOffset) 模糊半径 (Blur)]...

其对应的取值如下。

(1) <length>：长度值，可以是负值。用来指定阴影的延伸距离。其中 X Offset 是水平偏移值，Y Offset 是垂直偏移值

(2) <color>：指定阴影颜色，也可以是 RGB 透明色

(3) <shadow>：阴影的模糊值，不可以是负值，用来指定模糊效果的作用距离。

例如：

```
text-shadow: 2px 3px 2px #000;
```

表示沿 X 轴偏移 2px，沿 Y 轴偏移 3px，模糊半径为 2px，阴影颜色为黑色。

语法说明：

可以给一个对象应用一组或多组阴影效果，方式和前面的语法显示一样，用逗号隔开。text-shadow: X-Offset Y-Offset Blur Color 中，X-Offset 表示阴影的水平偏移距离，其值为正值时阴影向右偏移，如果其值为负值时，阴影向左偏移；Y-Offset 是指阴影的垂直偏移距离，如果其值是正值时，阴影向下偏移反之其值是负值时阴影向顶部偏移；Blur 是指阴影的模糊程度，其值不能是负值，如果值越大，阴影越模糊，反之阴影越清晰，如果不需要阴影模糊可以将 Blur 值设置为 0；Color 是指阴影的颜色，可以使用 rgb 色。

不同版本的浏览器对 text-shadow 属性有不同的兼容性，在使用过程中有些浏览器可能不能执行，

特别是低版本的浏览器。

下面通过一个实例，来看一下如何使用 text-shadow 属性实现网页文字阴影特效效果。

【范例 12.3】阴影效果（范例文件：ch12\12-3.html）

```
01  <!DOCTYPE html PUBLIC "-//W3C//DTD XHTML 1.0 Transitional//EN"
"http://www.w3.org/TR/xhtml1/DTD/xhtml1-transitional.dtd">
02  <html xmlns="http://www.w3.org/1999/xhtml">
03  <head>
04  <meta http-equiv="Content-Type" content="text/html; charset=utf-8" />
05  <title>text-shadow</title>
06  <style type="text/css">
07      #box{
08          font-family:" 黑体 ";
09          font-size:24px;
10          font-weight:bold;
11          color:#FF6600;
12          text-shadow:5px 2px 6px #000;
13          }
14  </style>
15  </head>
16  <body>
17      <div id="box">CSS 3.0 中的 text-shadow 属性 </div>
18  </body>
19  </html>
```

该实例在 IE 9 版本就无法显示出效果，在 Firefox 中的显示效果如下图所示。

12.6 案例 4——古文诗画特效

 本节视频教学录像：3 分钟

前面几节已经通过几个案例，学习了如何将 CSS 3 与 HTML 5 技术融合完成网页的开发，为加深印象，更好地掌握这些技术，现在再来看一个实例。

首先为页面添加一个背景图片，并将文字加入到页面中，页面的整体效果使用居中排列，其显示效果如图所示。

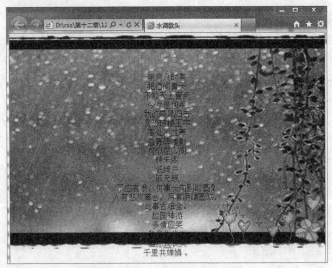

【范例12.4】网页开发（范例文件：ch12\12-4.html）

```
01  body{
02      background:url(bg.jpg) no-repeat center top;/* 页面背景 */
03      margin:0px; padding:0px;
04      text-align:center;
05  }
```

将文字用块元素 <div> 调整位置、块大小、行间距和边框等，并添加竖直排版的 CSS 属性，对应的 CSS 代码及 HTML 代码如下。

```
01  div.content{
02      height:260px;
03      writing-mode:tb-rl;/* 竖排版文字 */
04      width:620px;
05      text-align:left;
06      border:3px solid red;
07      line-height:30px; color:#C09;
08      padding-top:15px; padding-right:8px;
09  }
```

HTML 代码如下。

```
01      <div class="content">
02      明月几时有 <br> 把酒问青天 <br> 不知天上宫阙 <br>
```

```
03      今夕是何年 <br> 我欲乘风归去 <br>
04      又恐琼楼玉宇 <br> 高处不胜寒 <br> 起舞弄清影 <br>
05      何似在人间 <br> 转朱阁 <br>
06      低绮户 <br> 照无眠 <br> 不应有恨，何事长向别时圆？ <br>
07      人有悲欢离合，月有阴晴圆缺，<br> 此事古难全。<br>
08      故国神游 <br> 多情应笑 <br> 我早生华发 <br>
09      但愿人长久 <br> 千里共婵娟 。<br>
10      </div>
08      padding-top:15px; padding-right:8px;
09      }
```

加入块元素后，此时页面的显示效果如下图所示。

最后将文字部分的背景图片添加文字块中，便得到了最终文字部分背景颜色的效果，为方便管理，将下面这部分代码放到一个 CSS 文件 12-4.css 中。

```
01      body{
02      background:url(bg.jpg) no-repeat center top;/* 页面背景 */
03      margin:0px; padding:0px;
04      text-align:center;
05      }
06      div.content{
07      height:260px;
08      writing-mode:tb-rl;/* 竖排版文字 */
09      width:620px;
10      text-align:left;
11      border:3px solid #666666;
12      line-height:30px;
13      padding-top:15px; padding-right:10px;
14      background: url(bg1.jpg) no-repeat;/* 文字部分背景 */
15      }
```

最后在 HTML 中调用该 CSS 文件，经过修改后的最终显示效果如图所示。

高手私房菜

>>>

技巧 1：图片的标题

在网页中每幅图片下方一般都有这个图片的一些简单介绍，一般都是在图的下方增加一行文字，和图不是一个整体，要分开进行处理，在 HTML 5 中新增了 Figure 元素实现这个功能。看下面这段代码：

```
01  <figure>
02  <img src="2.jpg" alt="About image" />
03  <figcaption>
04  <p> 图像的标题 </p>
05  </figcaption>
06  </figure>
```

通过 <figure> 元素将 <img> 和 <figcaption> 两个元素作为一个整体考虑，方便页面排版。

技巧 2：去掉了 CSS 标签的 type 属性

在 HTML 中调用 CSS 文件的时候，通常会在 <link> 中加上 type 属性，如下所示：

```
<LINK rel=stylesheet type=text/css href="stylesheet.css">
```

但在 HTML 5 中，不再需要 type 属性了，因为这显得有点多余，去掉之后可以让代码更为简洁。例如上面的改名可以写成：

```
<LINK href=" stylesheet.css">
```

第 **13** 章

 本章教学录像：29 分钟

CSS 3 与 JavaScript 的综合应用

　　互联网技术的发展是让人很兴奋的事情，对开发者来说它始终充满着强大的吸引力和巨大的创新力。笔者也同无数网页设计人员们一样经历了从静态网页开发到交互式网页开发的过程，在这其中产生的若干开发语言和设计标准中，不得不提的就是使网页具备可交互性的程序设计语言——JavaScript，本章介绍 CSS 3 与 JavaScript 的综合应用。

本章要点（已掌握的在方框中打勾）

☐　JavaScript 概述

☐　JavaScript 语法基础

☐　应用 Spry 构件

☐　在网页中应用 Spry 构件

☐　制作婚纱摄影网站

13.1 JavaScript 概述

 本节视频教学录像：6 分钟

JavaScript 类似于 C++ 和 Java，是基于对象的语言，最早是由网景（Netscape）公司开发出来的一种跨平台的、面向对象的脚本语言，最初只能在网景公司的浏览器 Netscape 上使用，目前所有的主流浏览器都支持 JavaScript。

JavaScript 是一种基于对象和事件驱动，并具有相对安全的客户端脚本语言。同时也是一种被广泛应用于客户端 Web 开发的脚本语言，常用来给 HTML 网页添加动态功能，比如响应用户的各种操作。

在网上填写表单时，页面上的表单往往会对用户输入的表单进行判断，提示用户邮箱填写是否正确，密码格式是否正确，这些都是通过 JavaScript 来实现的。

很多人认为 JavaScript 是 Java 的子集，或者认为 JavaScript 就是 Java 语言，实际上二者之间没有任何直接的关系。JavaScript 是网景公司（Netscape）为了扩充 Navigation 浏览器的功能，开发的一种可以嵌入到 Web 主页中的一种编程语言，其前身是 LiveScrip。自从 Sun 公司推出著名的 Java 语言之后，Netscape 公司也引进了有关 Java 程序的相关概念，将自己的 LiveScript 改名为 JavaScript。自诞生以来，JavaScript 取得诸如 IBM、Oracle、Apple、Sybase 和 Informix 等的广泛支持，不仅在浏览器中得到越来越多的支持，也在其他的各种应用程序中得到了越来越多的应用，在新的 Windows 系统中，也可以使用脚本来制定各种任务。

目前 JavaScript 已经成为了标准的 Web 脚本语言，不仅用来编写客户端的 Web 应用程序，而且也用来编写服务器端的应用程序。JavaScript 是被嵌入到 HTML 中，与 HTML 紧密结合，当 HTML 文档在浏览器中被打开时，JavaScript 代码才被执行，JavaScript 代码使用 HTML 标记 <script></script> 嵌入到 HTML 文档中，扩展了标准的 HTML，为 HTML 增加了时间，通过事件驱动来执行 JavaScript 的代码。

本节主要介绍 JavaScript 的基础功能，以及它的特点和实际应用。

13.1.1 HTML 基本结构

JavaScript 作为一种非常流行 Web 开发工具，可以作为直接在客户端浏览器上运行的脚本程序，有其自身的功能和特点。

1. 基于对象的编程语言

JavaScript 是一种基于对象的编程语言，而不能说是面向对象的编程语言，因为对象性的特征在 JavaScript 中并不像 Java 语言中那样纯正。在 JavaScript 中有内置的对象，同时用户也可以创建并使用自己的对象。

2. 解释执行的脚本语言

JavaScript 是一种脚本语言，可以在 HTML 代码中创建 JavaScript 代码片段。同时 JavaScript 是在解释器中解释执行的，也就是说在执行过程中，不需要编译成与机器相关的二进制代码。而解释器就是 Web 浏览器，当然解释器也不仅限于 Web 浏览器，Netscape 公司的 Web 服务器和 Microsoft 公司的 IIS 服务器都可以实现对 JavaScript 解释。

3. 简单性

JavaScript 基于 Java 的基本语法和语句流程，而 Java 是从 C 和 C++ 语言发展而来，因此有过 C 语系开发经验的人员学习 JavaScript 十分容易。此外，JavaScript 是一种弱类型语言，其变量并没有严格的数据类型，免去了许多麻烦。

4. 安全性

JavaScript 是安全的，其不允许访问本地硬盘，也不能将数据存入到服务器上，更不允许对网络文档进行修改和删除，只能通过浏览器实现信息浏览，或动态交互。从而有效地防止数据的丢失和破坏。

5. 平台无关性

前面提到 JavaScript 代码在浏览器中解释执行，并没有利用具体平台的特性，所以只要有支持 JavaScript 的浏览器，无论在什么平台上代码都能得到执行。开发人员在编写 JavaScript 脚本过程中，就无须考虑具体平台的限制。

6. 动态性

JavaScript 是基于事件驱动的，所谓事件驱动就是触发一定的操作而引起某些动作。例如，单击鼠标按钮，页面加载完毕等这些都是事件。可以根据不同的事件创建相应的响应代码，这样就可以实现和用户的动态交互。

13.1.2　JavaScript 的应用范围

作为一种脚本语言，JavaScript 的应用范围不仅仅局限于客户端浏览器，它还可以在服务器端、桌面应用等环境中应用。

1. 客户端的 JavaScript

当把 JavaScript 引擎嵌入到 Web 浏览器中，就形成了客户端 JavaScript 应用。目前，绝大多数浏览器都嵌入了某种版本的 JavaScript 引擎。

客户端 JavaScript 是将 JavaScript 解释器的脚本化能力与 Web 浏览器定义的文档对象模型（DOM）结合在一起。因为这两种技术是以一种相互作用的方式结合在一起的，所以产生的结果大于两部分能力之和，即客户端 JavaScript 使得可执行的内容散布在网络中的各个地方，它是 DHTML（动态HTML）的动力核心。

2. 服务器端的 JavaScript

与客户端 JavaScript 的火爆相比，服务器端的 JavaScript 就显得异常冷清了。不少服务器技术都提供了对 JavaScript 的支持，例如，微软的 IIS 服务器技术，在 ASP 文件中，如果将一段 JavaScript 脚本声明为服务器端代码，只需要在 <script> 标签中指定属性 runat = "server" 即可，这样，这段代码将会在服务器端被执行。还有一些版本的 Java 应用服务器提供了在 Serverlet 容器中执行 JavaScript 的能力，如 Netscape 公司使用 Java 语言开发的 Rhino，它就是一个应用在 Java 服务器环境中的 JavaScript 引擎。但是，不同服务器都有自己的主流语言，所以在服务器端的生态环境中，JavaScript 就失去了它的优势。

3. 其他环境的 JavaScript

除了 Web 应用的相关领域之外，JavaScript 还可以在多种不同的环境中运行。应用程序支持脚本语言已经成为一种趋势。例如：ActionScript 是 Macromedia 公司的 Flash 中所支持的动态脚本语言，而 ActionScript 是在 ECMAScript 标准发布后被模型化的，实际上 ECMAScript 是标准化的 JavaScript。所以说，ActionScript 是 JavaScript 语言应用的一个分支。

13.2　JavaScript 的语法基础

 本节视频教学录像：7 分钟

前面简单介绍了 JavaScript 的概念和特性，JavaScript 和 CSS 一样，是可以在客户端浏览器中解析并执行的脚本语言，所不同的是 JavaScript 是类似于 C++ 和 Java 等面向对象的语言。通过

JavaScript 与 CSS 相配合可以实现很多动态的页面效果。本节简单介绍 JavaScript 的语法基础，使读者通过学习对 JavaScript 的编写有一定的了解，对于基本的 JavaScript 的详细讲解，还需要参考其他的相关资料。

13.2.1 JavaScript 的基本架构

在深入学习 JavaScript 之前，先看一个简单例子。

【范例 13.1】弹出提示窗口（范例文件：ch13\13-1.html）

```
01 <!DOCTYPE html PUBLIC "-//W3C//DTD XHTML 1.0 Transitional//EN"
"http://www.w3.org/TR/xhtml1/DTD/xhtml1-transitional.dtd">
02 <html xmlns="http://www.w3.org/1999/xhtml">
03 <head>
04 <meta http-equiv="Content-Type" content="text/html; charset=utf-8" />
05 <title>JavaScript 语法 </title>
06 </head>
07 <body>
08 <script language="javascript">
09 alert(" 这是 javascript!!!");
10 </script>
11 </body>
12 </html>
```

其代码的显示效果如图所示，一个提示窗口从页面中弹出。网上很多讨厌的小广告也是用类似的弹出窗口制作的。

这个程序中就嵌入了编写 JavaScript 脚本代码，JavaScript 脚本语言的基本构成包括控制语句、函数、对象、方法和属性。JavaScript 的脚本嵌入到 HTML 中，成为 HTML 文档的一部分，与 HTML 标签紧密结合，JavaScript 脚本代码可以在三个地方编写，分别是：

(1) 在网页文件的 <script>…</script> 标签对中直接编写脚本代码程序，这种情况使用得最多，<script> 标签的位置并不是固定的，可以出现在 <head></head> 或者 <body></body> 中的任何地方，而且在一个文档中可以有多个 <script> 标签来嵌入多段 JavaScript 代码，每段代码可以互相访问。

(2) 将脚本代码放置在一个单独的文件中，在网页文件中引用这个脚本程序文件（.js 文件）；js 文件写好之后，只需要在 HTML 网页中引入 JavaScript 脚本文件的 URL 地址即可。

(3) 将脚本程序代码作为某个元素的事件属性值或超链接的 href 属性值。

超链接 <a> 的 href 属性除了可以使用 http 和 mailto 等协议之外，还可以使用 JavaScript 协议。例如：

```
<a href=" javascript:alert(new Date())" ;>javascript</a>
```

单击这个超链接，浏览器将会执行 JavaScript: 后面的脚本程序代码。

13.2.2 JavaScript 的基本语法

上一节用一个简单的例子介绍了 JavaScript 的基本架构，下面来看一下 JavaScript 的基本格式。

```
01  <script language = "javascript" >
{...
//javaScript 代码
...}
02  </srcipt>
```

技 巧　　JavaScript 代码严格区分大小写。

首先通过 language = "javascript" 属性说明标签中使用的是何种语言，然后是一对大括号 "{ }"，大括号之间是语句序列，实际上每一句 JavaScript 都有类似于以下的内容：

```
< 语句 >;
```

其中分号 "；" 是 JavaScript 语言作为一个语句结束的标识符。尽管现在很多浏览器都允许用回车符来充当结束符号，但培养使用分号作结束的习惯仍然是很好的。在大括号里边是几个语句，但是在大括号外边，语句块是被当作一个语句的。语句块是可以嵌套的，也就是说，一个语句块里边可以再包含一个或多个语句块。

JavaScript 脚本语言和其他的语言一样，有自身的基本数据类型、表达式、算术运算符，以及程序的基本框架。这些概念和内容贯穿在 JavaScript 语言代码的编写过程中。下面就分别介绍这些内容。

13.2.3 数据类型和变量

JavaScript 主要一有五种基本数据类型。分别为 number、string、Boolean、null 和 undefined。除了这五种类型之外，还有一种复杂数据类型 Object。下面对每种数据类型做一说明。

（1）String 字符串类型：字符串是用单引号或双引号来说明的（使用单引号来输入包含双引号的字符串，反之亦然）。例如："The cow jumped over the moon."。

（2）number 数值数据类型：JavaScript 支持整数和浮点数。整数可以为正数、0 或者负数；浮点数可以包含小数点、也可以包含一个 "e"（大小写均可，在科学记数法中表示 "10 的幂"）、或者同时包含这两项。

(3) Boolean 类型：其值有 true 和 false，但是它不能用 1 和 0 代替。

(4) Undefined 数据类型：一个为 undefined 的值就是指在变量被创建后，但尚未给该变量赋值以前所具有的值，在被赋值之前程序无法处理。

(5) Null 数据类型：null 值就是没有任何值。

(6) Object 类型：除了上面提到的各种常用类型外，对象也是 JavaScript 中的重要组成部分，Object 类型中包括 Object、Function、String、Number、Boolean、Array、Regexp、Date、Globel、Math、Error，以及宿主环境提供的 Object 类型。

在 JavaScript 中变量用来存放脚本中的值，一个变量可以是一个数字或者文本。在程序代码中需要用这个值的地方就可以用变量来代表。

JavaScript 是一种对数据类型变量要求不太严格的语言，在程序代码中不必事先声明每一个变量的类型，尽管不一定要声明变量，但在使用变量之前先进行声明是一种好的习惯。例如，可以使用 Var 语句来进行变量声明。

```
01 Var  temp;           //定义一个变量，但没有为变量赋值
02 Var  name="bird";      //定义一个变量，为变量赋值一个字符串
03 Var  male = true;      //定义一个变量，变量类型为布尔类型
04 Var  score = 100;      //定义一个变量，为数值类型，同时赋值
```

变量命名：JavaScript 是一种区分大小写的语言，因此将一个变量命名为 computer 和将其命名为 Computer 是不一样的。

另外，变量名称的长度是任意的，但必须遵循以下规则：

(1) 第一个字符必须是一个字母（大小写均可）或一个下划线（_）或一个美元符（$）。

(2) 后续的字符可以是字母、数字、下划线或美元符。

(3) 变量名称不能是保留字。例如 true，for 或者 return 等。

13.2.4 表达式和运算符

表达式与数学中的定义相似，表达式是通过运算符把常数和变量连接起来的代数式，都具有一定的值。例如 "1+1=2" 就是一个简单的表达式。一个表达式可以只包含一个常数或一个变量。运算符可以是算术运算符、关系运算符、位运算符、逻辑运算符、复合运算符。这些运算符以及运算符之间的优先级和 Java 语言以及 C 语言基本相同，下面给出一些常用的运算符及其运算说明。

1. 算术运算符

运算符	运算符说明	示例
+	加法	x+y
−	减法	x−y
*	乘法	x*y
/	除法	x/y
%	求余数	x%y
++	递增	x++
−−	递减	x−−

2. 逻辑运算符

运算符	运算符说明	示例
==	等于	x==y
>	大于	x>y
>=	大于等于	x>=y
<	小于	x<y
<=	小于等于	x<=y
!=	不等于	x!=y
&&	与	x&&y
||	或	x||y
!	非	!x
?:	三目运算符	a>b?a:b

　　逻辑运算符一般返回逻辑值 true 和 false。其中三目运算符可以看成是一个简单的条件语句，例如"a>b?a:b"表示对"?"前的表达式进行判断，如果"a>b"，则输出"："前的变量 a 的值，否则输出 b 的值。

　　3. 赋值运算符"="

　　其作用是把"="右边的内容赋给左边变量，例如"x=5"表示将整数 5 这个值赋给变量 x。

　　下面使用变量来实现一个简单的小 JavaScript 程序。

【范例 13.2】JavaScript 小程序（范例文件：ch13\13-2.html）

```
01 <!DOCTYPE html PUBLIC "-//W3C//DTD XHTML 1.0 Transitional//EN"
"http://www.w3.org/TR/xhtml1/DTD/xhtml1-transitional.dtd">
02 <html xmlns="http://www.w3.org/1999/xhtml">
03 <head>
04 <meta http-equiv="Content-Type" content="text/html; charset=utf-8" />
05 <title> 运算符 </title>
06 </head>

07 <body>
08 <script language="javascript">  // 使用 javascript 脚本语言
09 var a=5,b=6;  // 定义两个变量，并赋值
10  alert(a>b?"输出 1":"输出 2");  // 括号内是一个三目运算符，根据"?"前的表达式判
断是否"a>b"，如果"a>b"，则输出":"前面的字符串"输出 1"，否则输出":"后面的字符
串"输出 2"，alert 是一个弹出消息对话框的函数
11 </script>
12 </body>
13 </body>
14 </html>
```

　　这个范例是一个加入 JavaScript 程序的 HTML 网页，其中先定义两个变量并赋值，然后使用一个三目运算符，根据"?"前的表达式判断是否"a>b"，如果"a>b"，则输出":"前面的字符串"输出 1"，否则输出":"后面的字符串出"输出 2"，然后使用 aler 弹出消息对话框，对话框中的内容即是三目运算符的输出结果。其显示效果如下图所示。

13.2.5 基本语句

JavaScript 中的语句和其他语言的语句类似，用来实现程序的控制和各种基本功能。在 JavaScript 中每条语句一般都以分号结束，但 JavaScript 本身并不强制必须添加。

注 意

建议每条语句结束时都添加分号，养成良好的编程习惯。

在 JavaScript 程序中，可以把语句按照结构分为 3 种类型：顺序结构，选择结构，循环结构。用于实现程序的控制和各种基本的功能。

1. 顺序结构

顺序结构是一种最基本的结构，这种结构控制程序中的语句逐条执行。

2. 选择结构

选择结构是通过各种条件的判断，控制程序转向指定语句的执行。这种结构是由以下几个条件选择语句控制的。

```
01  If( 条件 )
02  {
03    执行语句 1;
04  }
05  else
06  {
07    执行语句 2;
08  }
```

其中条件语句可以是任何一种逻辑表达式。如果表达式的值为 true，则执行后面的花括号 "执行语句 1" 中的语句；如果逻辑表达式的值为 false，则执行 else 后面花括号中 "执行语句 2" 中的内容。

除了上面这种选择结构外，还有下面这种开关选择结构。

```
01  switch( 表达式 )
02  {
03    case 取值 1;
04       执行语句 1
```

```
05       break;
06   .../* 省略部分代码 */
07   case 取值 n;
08     执行语句 n
09     break;
10 default;
11 执行语句 n+1
12 break;
13 }
```

程序取得 Switch 表达式的值后,从第一个 Case 语句开始,依次和下面 Case 语句后面的取值进行匹配。如果匹配成功,则开始顺序执行下面所有的语句,直至跳出控制语句;如果不匹配则跳到 Default 语句执行相应的语句。在 Case 语句后面加上 Break 语句是为了跳出 Switch 语句。

3. 循环结构

循环结构是循环判断某一条件是否成立,从而控制语句是否循环执行,直至条件不成立,跳出循环过程。循环语句有 While 语句,Do~While 语句和 For 语句。下面是 While 语句的基本格式。

```
01 While( 条件表达式 )
02 {
03   循环语句
04 }
```

在 While 语句中首先判断条件的值,如果为 true,则执行花括号中的语句,执行完后重新判断条件表达式的值,如果仍然为 true,继续执行花括号中的语句。一般在循环语句中都有改变条件表达式的值以便终止循环。

Do~While 语句是 While 语句的变形,它与 While 语句的不同之处是语句开始时先执行一次循环语句,再去判断条件表达式。下面是这种循环语句的基本格式。

```
01 Do{
02   循环语句
03 }
04 While( 条件表达式 )
```

下面来看一个使用条件语句的例子。

【范例 13.3】 条件语句（范例文件：ch13\13-3.html）

```
01 <!DOCTYPE html PUBLIC "-//W3C//DTD XHTML 1.0 Transitional//EN"
"http://www.w3.org/TR/xhtml1/DTD/xhtml1-transitional.dtd">
02 <html xmlns="http://www.w3.org/1999/xhtml">
03 <head>
04 <meta http-equiv="Content-Type" content="text/html; charset=utf-8" />
05 <title>if 语句 </title>
```

```
06  </head>
07  <body>
08  <script language="javascript"> // 使用 javascript 脚本语言
09  var name="Admin";
10  if(name=="Admin"){// 根据变量的值，执行不同分支
11  document.write(" 定义的变量内容是 Admin");
12  // 当定义的变量内容是 "Admin" 时执行的语句
13  }
14  else{
15   document.write(" 定义的变量内容不是 Admin"); // 当定义的变量内容不是 "Admin"
时执行的语句
16  // 输出红色的 name
17  }
18  </script>
19  </body>
20  </html>
```

在这个范例中间，在脚本语言代码中，定义了一个变量 name，并赋值为 Admin，然后使用条件语句，判断变量 name 的内容，如果 name 的内容是 Admin 则输出"定义的变量内容是 Admin"，否则输出"定义的变量内容不是 Admin"，其显示效果如下图所示。

13.3 应用 Spry 构件

 本节视频教学录像：7 分钟

Spry 构件是 Dreamweaver 软件（CS5 版本之后）内置的一个可以用来构建更加丰富的 Web 页面效果的 JavaScript 库，可以使用 HTML、CSS 和 JavaScript 将 XML 数据合并到 HTML 文档中，并可以创建用来显示动态数据的交互式页面元素，例如菜单栏、可折叠面板等构件。本节将介绍 Dreamweaver CS6 中的 Spry 构件。

13.3.1 HTML 基本结构

Spry 构件就是网页中的一个页面元素，通过 Spry 构件可以实现与用户交互效果，为用户提供更丰富的用户体验。

Spry 构件主要由以下几个部分组成。

(1) 构件结构：是用来定义构件结构组成的 HTML 代码块。

(2) 构件行为：是用来控制构件如何响应用户启动事件的 JavaScript 脚本代码。

(3) 构件样式：是用来指定构件外观的 CSS。

Spry 框架中的每个构件都与唯一的 CSS 和 JavaScript 文件相关联。CSS 文件中包含设置构件样式所需的全部信息，而 JavaScript 文件则赋予构件功能。当使用 Dreamweaver 界面插入构件时，Dreamweaver 会自动将这些文件链接到页面，以便构件中包含该页面的功能和样式。

在 Dreamweaver CS6 中，可以方便地插入 Spry 构件，然后设置构件的样式。框架行为包括允许用户执行下列操作的功能：显示或隐藏页面上的内容、更改页面的外观（如颜色）、与菜单项交互等。下面就介绍如何在网页设计中插入 Spry 菜单、插入 Spry 选项卡式面板、插入 Spry 折叠式构件和插入 Spry 可折叠面板。

13.3.2 插入 Spry 菜单

Spry 菜单栏是一组可导航的菜单按钮，当站点访问者将鼠标悬停在其中的某个按钮上时，将显示相应的子菜单。

插入 Spry 菜单的方法很简单，在 Dreamweaver 软件中，单击菜单栏【插入】▶【Spry(S)】▶【Spry 菜单栏 (M)】，其显示效果如下图所示。

也可以鼠标单击菜单栏【插入】▶【布局对象 (Y)】▶【Spry 菜单栏 (M)】命令。

然后选择水平或垂直单选按钮，单击【确定】按钮，在页面中插入 Spry 菜单栏，如图所示。可以发现这个菜单栏有 4 个菜单项，分别"项目 1"、"项目 2"、"项目 3"、和、"项目 4"。

在软件下方的【属性】面板中可以设置各参数及菜单名称，调整各菜单的位置，如下图所示。

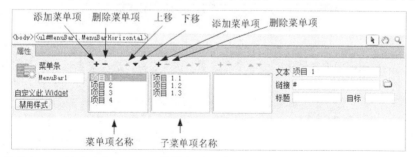

菜单条：菜单条下面的文本框是 Spry 菜单名称，读者可以单击这个文本框，进行修改。

添加菜单项按钮：表示为该菜单项添加"子菜单"。

删除菜单项按钮：将该菜单项与"子菜单"同时删除。

上移项 / 下移项按钮：修改菜单项的显示排序。

文本标签后面的文本框是对应所选项目的内容，例如当前选中"项目 1"，此时在文本标签后面的文本框中就是"项目 1"的菜单显示内容，可以在此修改菜单名称。

链接：输入链接的目标页面地址，或者单击"浏览"按钮以浏览相应的文件。

目标：指定要在哪个窗口打开所链接的页面。

13.3.3 插入 Spry 选项卡式面板

选项卡面板构件是一组面板，用来将内容紧凑地存储在不同的面板上，其插入方式和插入 spry 菜单相类似。

在 Dreamweaver 菜单中单击【插入】▶【Spry(S)】▶【Spry 选项卡面板 (P)】命令，也可以鼠标单击菜单栏【插入】▶【布局对象 (Y)】▶【Spry 选项面板 (P)】命令。其显示效果如下图所示。

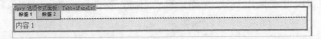

在窗口下面的代码视图【属性】面板中设置选项卡构件名称、选项卡名称，如下图所示。

13.3.4 插入 Spry 折叠式构件

在 Dreamweaver 菜单中选择【插入】▶【Spry(s)】▶【Spry 折叠式 (A)】命令，在菜单栏中将浏览模式选择为【设计模式】，也可以鼠标单击菜单栏【插入】▶【布局对象 (Y)】▶【Spry 折叠式 (A)】命令。在【设计模式】中其显示效果如下图所示。

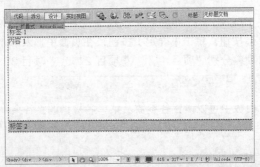

在窗口下方的代码视图【属性】面板中设置选项卡构件名称、选项卡名称，如下图所示。

13.3.5 插入 Spry 可折叠面板

在 Dreamweaver 菜单中选择【插入】▶【Spry(S)】▶【Spry 可折叠面板 (C)】命令，也可以鼠标单击菜单栏【插入】▶【布局对象 (Y)】▶【Spry 可折叠面板 (C)】命令。在菜单栏中将浏览模式选择为【设计模式】，在【设计模式】中其显示效果如下图所示。

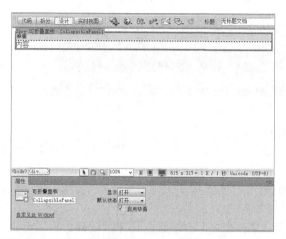

在代码视图【属性】面板中设置可折叠面板名称、显示、默认状态、启用动画，如图所示。

13.4 案例 1——在网页中应用 Spry 构件

本节视频教学录像：4 分钟

上一节介绍了 Spry 构件的概念和使用方法，现在通过一个案例来学习在网页中如何应用 Spry 构件。

13.4.1 设计分析

本案例在网页上分别显示汽车标志、铁路标志、公路标志和水路标志。这四个标志作为一级菜单，各级菜单下再增加二级菜单，例如汽车标志下的二级菜单分别为国产标志、日本标志、美国标志等。整个制作过程简单方便，下面看一下具体制作步骤。

13.4.2 制作步骤

【范例 13.4】案例开发（范例文件：ch13\13-4.html）

本案例在网页上分别显示汽车标志、铁路标志、公路标志和水路标志。这四个标志作为一级菜单，各级菜单下再增加二级菜单，例如汽车标志下的二级菜单分别为国产标志、日本标志、美国标志等。整个制作过程简单方便，下面看一下具体制作步骤。

❶ 打开 Dreamweaver 软件。单击【文件】▶【新建】▶【空白页】▶【HTML】命令，设置标题为"Spry 实例"，命名并保存为 13-4.html。

❷ 把鼠标移动到代码中 <body> 标记后面单击鼠标左键，然后单击菜单【插入】▶【Spry(S)】▶【Spry 菜单栏 (M)】命令，在【Spry 菜单栏】中选择水平布局，单击【确认】按钮，在【属性】面板中编辑菜单条。其显示效果如下图所示。

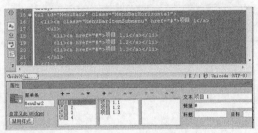

分别将一级菜单内容"项目 1"、"项目 2"、"项目 3"和"项目 4"修改为"汽车标志"、"铁路标志"、"公路标志"和"水路标志"。

"汽车标志"二级菜单对应的是"项目 1.1"、"项目 1.2"和"项目 1.3",分别将其改为"国产标志"、"日本标志"和"美国标志"。

公路标志二级菜单对应是"项目 2.1"、"项目 2.1"和"项目 2.3",分别将其改为"警告标志"、"禁止标志"、"指示标志"和"指路标志"。在实时视图模式下浏览其显示效果如下图所示。

❸ 把鼠标移动到代码代码模式中 <body> 标记中刚才添加的 Spry 菜单代码的后面,即代码"<li class="TabbedPanelsTab" tabindex="0"> 美国汽车 </li> </ul> 后面单击鼠标左键,或者在设计模式下选中 Spry 菜单的选项卡面板。然后单击菜单【插入】▶【Spry(S)】▶【Spry 选项卡面板 (P)】命令,编辑选项卡面板,将面板名称"标签 1"、"标签 2"分别修改为"国产汽车"、"日本汽车",添加一个标签"美国汽车",并将对应汽车的介绍内容填写在代码文件中"内容 1"、"内容 2"和"内容 3"所对应的的相应位置。选项卡面板示意图如下图(左)所示,其显示效果如下图(右)所示。

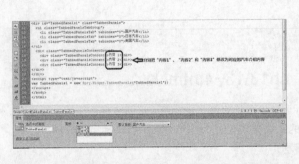
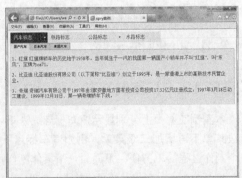

❹ 把鼠标移动到代码代码模式中 <body> 标记中刚才添加的 spry 选项卡面板代码的后面,即代码 <li class="TabbedPanelsTab" tabindex="0"> 美国汽车 </li></ul> 后面单击鼠标左键,或者在设计模式下选中 spry 选项卡面板。在菜单中选择【插入】▶【Spry(s)】▶【Spry 折叠式 (A)】命令,在光标处插入折叠式构件,再添加两个标签,分别把标签名称修改为"警告标志"、"禁止标志"、"指

示标志"和"指路标志",并将对应介绍内容复制在文件中"内容 1"、"内容 2"、"内容 3"和"内容 4"所对应的位置,利用 CSS 面板设置边框合适的宽度,Spry 折叠式示意图如下左图所示,其显示效果如下右图所示。

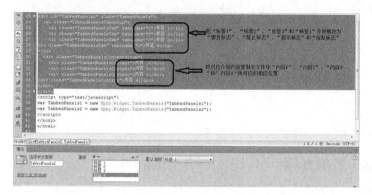

最终效果如下图所示。

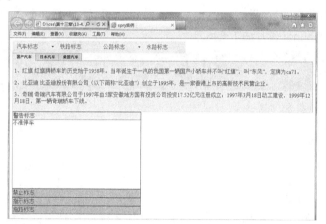

13.4.3 案例总结

本案例分别使用了 Spry 菜单栏、Spry 选项卡和 Spry 折叠式构件完成了一个介绍汽车标志及交通标志的交互性网站。通过本例的制作,读者能够掌握使用 Spry 构件制作交互网页的方法。

13.5 案例 2——制作婚纱摄影网站

 本节视频教学录像:5 分钟

下面通过一个婚纱摄影网站的制作过程,进一步巩固本章所学知识,做到熟能生巧。

13.5.1 案例分析

本章的案例—婚纱摄影网站,主要分为 4 个模块,采用的是常用的上、中、下三栏结构。从上到下分别是 banner 广告图片、主体部分,左侧边栏和脚注。布局框架如下图所示。

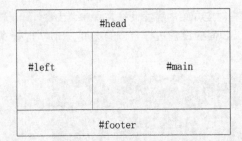

13.5.2 制作步骤

下面就来学习这个婚纱摄影网站的制作，如【范例 13.5】所示。

【范例 13.5】婚纱摄影网站（范例文件：ch13\13-5.html）

本案例主要涉及标题栏、导航菜单、主体部分以及脚注等部分，这里只给出主要操作过程，具体操作步骤如下所示。

1. Banner 图片与标题栏的制作

本例中采用的 banner 图片如下图所示。

其对应的 CSS 文件如下所示。

```
01    div#atitle {
02    clear: both;
03    width: 770px;
04    height: 60px;
05    background-image:url(image/titleback1.jpg);
06    background-position:0 0;
07    background-repeat:no-repeat;
08    margin: auto;
09    text-align: left;
10    }
```

2. 左侧边栏与导航菜单的制作

在 CSS 样式表中左侧边栏的样式如下所示。

```
01    div#list1 {
02    float: left;
03    width:160px;
04    height: 500px;
05    margin: 0;
06    text-align:left;
07    }
```

其对应的 HTML 框架如下所示。

```
01    <head>
02       <title> 婚纱摄影网站 </title>
03       <link rel="stylesheet" type="text/css" href="13-5.css" >
04       <script language="javascript" src="title.js"></script>
05    </head>
06    <body style="color:black">
07       <div id="wrapper">
08          <div id="atitle"></div>
09          <div id="body">
10             <div id="list1">
11                <div id="PARENT">
12                   <ul id="nav">
13                            <li><a href="#Menu=ChildMenu1"
onclick="DoMenu('ChildMenu1')"> 首页 </a>
14                      <ul id="ChildMenu1" class="collapsed">
15                         <li><a href="#"> 品牌乐图 </a></li>
16                         <li><a href="#"> 作品欣赏 </a></li>
17                         <li><a href="#"> 服务报价 </a></li>
18                         <li><a href="#"> 拍摄路线 </a></li>
19                         <li><a href="#"> 联系我们 </a></li>
20                      </ul>
21                   </li>
22                   …
23                   介于篇幅所限代码就不一一列举，感兴趣的读者可以参照源文件
24                   …
25                      <a href="#" target=_self> 地址：####</a><br>
26                   </span>
27                </div>
28             </div>
29          </div>
30          <div id="cn2"></div>
31       </div>
32       <div id="footer">2013 Copyright&copy;All Rights Reserved.</div>
33    </div>
34    </body>
35  </html>
```

在左侧边栏中最重要的就是导航菜单，其 CSS 文件如下所示。

```
01  #nav {
02      width:160px;
03      line-height: 24px;
04      list-style-type: none;
05      text-align:center;
06  }
07  #nav a {
08      width:160px;
09      display: block;
10      padding-left:0px;
11  }
12  #nav li {
13      background:#CCC;
14      border-bottom:#FFF 1px solid;
15      float:left;
16  }
17  #nav li a:hover{
18      background:#CC0000;
19  }
20  #nav a:link {
21      color:#666; text-decoration:none;
22  }
23  #nav a:visited {
24      color:#666;text-decoration:none;
25  }
26  #nav a:hover {
27      color:#FFF;text-decoration:none;font-weight:bold;
28  }
29  #nav li ul {
30      list-style:none;
31      text-align:left;
32  }
33  #nav li ul li{
34      background: #EBEBEB;
35  }
36  #nav li ul a{
37      padding-left:20px;
38      width:160px;
39  }#nav li ul a:link {
40      color:#666; text-decoration:none;
41  }
42  #nav li ul a:visited {
43      color:#666;text-decoration:none;
```

```
44   }
45   #nav li ul a:hover {
46       color:#F3F3F3;
47       text-decoration:none;
48       font-weight:normal;
49       background:#CC0000;
50   }
51   #nav li:hover ul {
52       left: auto;
53   }
54   #nav li.sfhover ul {
55       left: auto;
56   }
57   #content {
58       clear: left;
59   }
60   #nav ul.collapsed {
61       display: none;
62   }
63   #PARENT{
64       width:160px;
65       padding-left:0px;
66   }
```

其显示效果如下图所示。

3. 主体部分的制作

文章的主体部分使用到了 JavaScript 中的 Spry 构件，由于主体部分的 HTML 代码较多，在这里也不一一列举了，其显示效果如下图所示。

当鼠标单击时候会发现下面的内容也就随之出现，这就是使用 JavaScript 中 Spry 构件实现的。其 JavaScript 代码如下所示。

```
01  <script>
02        var TagView=function(title,cnt,index){
03          var s=this;
04          this.flag=indexll1;
05                var Tags=document.getElementById(title).
getElementsByTagName('p');
06                var TagsCnt=document.getElementById(cnt).
getElementsByTagName('span');
07          var len=Tags.length;
08          for(i=1;i<len;i++){
09            Tags[i].value = i;
10            Tags[i].onmouseover=function(){changeNav(this.value)};
11            TagsCnt[i].className='undis';
12          }
13          Tags[this.flag].className='topC1';
14          TagsCnt[this.flag].className='dis';
15          function changeNav(v){
16            Tags[s.flag].className='topC0';
17            TagsCnt[s.flag].className='undis';
18            s.flag=v;
19            Tags[v].className='topC1';
20            TagsCnt[v].className='dis';
21          }
22        }
23        new TagView('NewsTop_tit','NewsTop_cnt',1);
24        new TagView('NewsTop_tit2','NewsTop_cnt2',1);
25      </script>
```

4. 脚注的制作

#footer 脚注主要是用来存放一些版本信息和联系方式，贵在简明扼要，其对应 HTML 框架也没有很多的内容。如：

```
01  </div>
02                <div id="footer">2013 Copyright&copy;All Rights Reserved.</
div>
03  </div>
```

因此对于 #footer 块的设计只要符合页面其他部分的风格即可，其 CSS 代码如下：

```
01  div#footer {
```

```
02        height: 50px;
03        margin: -50px auto 0;
04        text-align:center
05    }
```

其显示效果如图所示。

5. 整体效果的调整

通过前面的步骤已经基本上完成了该网站的制作，为了使得网站更好地切合浏览器，还得进行细微的调试，主要是通过修改 body 块的 CSS 进行控制。

```
01  body {
02        height: 100%;
03        text-align: center;
04        font: 12px/1#4 Verdana, sans-serif;
05        background-image:url(image/bg1.jpg);
06    }
```

最终的显示效果如下图所示，详细代码见随书光盘。

13.5.3 案例总结

通过这个案例——婚纱摄影网站的制作，又复习了第 10 章 CSS 3 + Div 布局的内容，网页整体布局采用的是常用的上、中、下三栏结构，从上到下分别是 banner 广告图片、主体部分、左侧边栏和脚注。在主体部分和左侧边栏分别使用了 Spry 构件实现交互效果。

高手私房菜

>>

　　行为是由事件和该事件触发的动作组成的，功能强大，深受广大网页设计者的喜爱，它是由一系列使用 JavaScript 程序预定义的页面特效工具，可以提高所制作网站的交互性。在 Dreamweaver CS6 中，行为实际上是插入到网页内的一段 JavaScript 代码，由对象、事件和工作组成。这里向读者介绍使用 Dreamweaver 内置行为为网页添加"弹出信息窗口"的技巧。

技巧：制作弹出信息窗口

【范例 13.6】弹出信息窗口（范例文件：ch13\13-6.html）

　　在许多网页打开的时候，会同时弹出一个带有制订消息的 JavaScript 警告，这个弹出消息窗口可以直接使用 Dreamweaver 内置行为完成。下面就是完成步骤。

❶ 启动 Dreamweaver 软件，新建一个 HTML 页面。

❷ 在菜单栏中单击【窗口】->【行为】命令，打开行为面板，如图所示。在行为面板中单击【添加】按钮，在弹出的菜单中选择"弹出信息"选项，如下图所示。

❸ 如图所示，在"弹出信息"对话框"消息"文本框中输入文本，单击【确定】按钮。

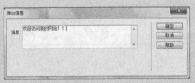

❹ 保存文件，单击【在浏览器中预览】按钮，效果如图所示。

第 14章

本章教学录像：21 分钟

CSS 3 与 jQuery 的综合应用

　　本章继续介绍一种现在流行的 jQuery 技术。jQuery 是继 Prototype 之后又一个优秀 JavaScript 框架，jQuery 因为它的上手和使用相当简单，用户能更方便地处理 HTML 文档、events、实现动画效果，并且方便地为网站提供 AJAX 交互。

本章要点（已掌握的在方框中打勾）

- □　jQuery 基础
- □　jQuery 的优势
- □　jQuery 代码的编写
- □　搭建 jQuery 环境
- □　jQuery 代码规范
- □　jQuery 对象
- □　jQuery 对象的应用

14.1 jQuery 基础

 本节视频教学录像：4 分钟

今天的 Internet 是一个动态开放的环境，Web 用户对网站的设计和功能都提出了高要求。为了构建有吸引力的交互式网站，开发者们借助于像 jQuery 这样的 JavaScript 库，实现常见任务的自动化和复杂任务的简单化。

jQuery 库广受欢迎的一个原因，就是它对种类繁多的开发任务都能游刃有余地提供帮助。而且文档说明很全，对各种应用也介绍得很详细，同时还有许多成熟的插件可供选择。

jQuery 库的设计秉承了一致性与对称性原则，它的大部分概念都是从 HTML 和 CSS 的结构中借用而来的。鉴于很多 Web 开发人员对这两种技术比对 JavaScript 更有经验，所以编程经验不多的设计者能够快速学会使用该库。

14.1.1 认识 jQuery

jQuery 是继 Prototype 之后又一个优秀的 JavaScript 库，在 2006 年 1 月由美国人 John Resig 在纽约的 barcamp 发布的开源项目，现在由 Dave Methvin 率领团队进行开发。jQuery 团队主要包括核心库、UI 和插件等开发人员以及推广和网站设计维护人员。如今，jQuery 已经成为最流行的 JavaScript 库，在世界前 10000 个访问最多的网站中，有超过 55% 的人在使用 jQuery。

jQuery 凭借简洁的语法和跨平台的兼容性，极大地简化了 JavaScript 开发人员遍历 HTML 文档、操作 DOM、处理事件、执行动画和开发 Ajax 的操作。其独特而又优雅的代码风格改变了 JavaScript 程序员的设计思路和编写程序的方式。总之，无论是网页设计师、后台开发者、业余爱好者还是项目管理者，也无论是 JavaScript 初学者还是 JavaScript 高手，都有足够多的理由去学习 jQuery。

14.1.2 jQuery 的优势

jQuery 核心理念是 "Write Less，Do More"（写得更少，做得更多）。这个理念极大地提高了编写脚本代码的效率，总的来说，jQuery 具有如下优势。

1. jQuery 实现脚本与页面的分离

jQuery 让 JavaScript 代码从 HTML 页面代码中分离出来，就像数年前 CSS 把样式代码与页面代码分离开一样。

在 HTML 代码中，经常可以看到类似这样的代码：

```
<form id="myform" onsubmit=return validate(); >
```

jQuery 可以将这两部分分离，借助于 jQuery，页面代码将如下所示。

```
<form id="myform">
```

接下来，一个单独的 JS 文件将包含以下事件提交代码：

```
01. $("myform").submit(function()
02. {
03. .... 代码
04. })
```

这样可以实现脚本代码与页面内容清晰地分开。

2. 代码的高复用性

代码的高复用性也就是说用最少的代码做最多的事，这是 jQuery 的口号，而且名副其实。使用它的高级 selector，开发者只需编写几行代码就能实现令人惊奇的效果。jQuery 把 JavaScript 带到了一个更高的层次。开发者无须检查客户端浏览器类型，无须编写循环代码，无须编写复杂的动画函数，仅仅通过一行代码就能实现上述效果。以下是一个非常简单的示例。

```
$("p.fast").addClass("one").show("slow");
```

以上简短的代码遍历 fast 类中所有的 <p> 元素，然后向其增加 one 类，同时以动画效果缓缓显示每一个段落。

3. 高性能

在大型 JavaScript 框架中，jQuery 对性能的理解最好。jQuery 的每一个版本都有重大性能提高。如果将其与新一代具有更快 JavaScript 引擎的浏览器 (如 Firefox 21.0) 配合使用，开发者在创建体验 Web 应用时将拥有全新速度优势。

4. 插件多

基于 jQuery 开发的插件目前已经有大约数千个。开发者可使用插件来进行表单确认、图表种类、字段提示、动画、进度条等任务。

5. 节省开发者学习时间

因为 jQuery 提供了大量示例代码，入门是一件非常容易的事情，不需要开发者投入太多，通过直接使用这些示例代码，或者在这些代码基础上修改，就能够迅速开始开发工作。

6. 是一个非官方标准

jQuery 并非一个官方标准。但是业内对 jQuery 的支持已经非常广泛。谷歌不但自己使用它，还提供给用户使用。另外，戴尔、Mozilla 和许多其他厂商也在使用它。微软甚至将它整合到 Visual Studio 中。如此多的重量级厂商支持该框架，用户大可以对其未来放心，大胆地对其投入时间。

14.2 jQuery 代码的编写

 本节视频教学录像：6 分钟

jQuery 现在很流行，与其他技术相比，具有很多优势，下面来看一下如何编写 jQuery 代码。

14.2.1 搭建 jQuery 环境

要编写 jQuery 代码，必须先构建 jQuery 环境，下面学习如何搭建 jQuery 环境。

1. 下载 jQuery 库

进入 jQuery 官方网站 http://jquery.com，如图所示，单击图中箭头所指的按钮（两个箭头所指的按钮任何一个都可以），然后下载最新的 jQuery 库（当前最新的版本是 1.10.2 版本）文件。官方网站会提供几种不同版本的 jQuery 库，但其中最适合的是该库最新的未压缩版。

下载后将文件名保存为 jquery.js。

2. 添加 jQuery 到网页中

下载完后不用安装，只需将文件导入页面中即可。将下载好的 JavaScript 文件放到当前目录中，这样就可以使用 HTML 的 <script> 标签引用它：

```
01  <head>
02  <script src="jquery.js"></script>
03  </head>
```

jQuery 库可以使用了。

14.2.2　编写简单的 jQuery 功能代码

现在，通过一个实例讲解如何使用 jQuery 编制网页。在编写简单的 jQuery 代码之前，要进行一些准备工作，就是在巩固前几节的内容。下面来看具体的操作步骤。

【范例 14.1】编写简单的 jQuery 代码（范例文件：ch14\14-1.html）

1. 搭建 jQuery 环境

将下载好的 jQuery 库文件保存在当前文档所在的目录，重命名并保存为 jquery.js。

在代码中引用的 jQuery 库文件：

```
<script type="text/javascript" src="jquery.js"></script>
```

2. 编写 HTML 代码

```
01  <!DOCTYPE html PUBLIC "-//W3C//DTD XHTML 1.0 Transitional//EN"
```

```
     "http://www.w3.org/TR/xhtml1/DTD/xhtml1-transitional.dtd">
02   <html xmlns="http://www.w3.org/1999/xhtml">
03   <head>
04   <meta http-equiv="Content-Type" content="text/html; charset=utf-8" />
05   <script type="text/javascript" src="jquery.js"></script>
06   <script type="text/javascript">
07   $(document).ready(function(){   // "$" 就是 jQuery 的一个简写形式
08   $("button").click(function(){   // 当单击按钮的时候执行这个
09   $("p").hide();   // 隐藏 <p> 标签的内容
10   });
11   });
12   </script>
13   <title>jQuery 实例 </title>
14   </head>
15   <body>
16   <h2> jQuery 的 hide() 函数 </h2>
17   <p> 这是第一行 </p>
18   <p> 这是第二行 </p>
19   <button type="button"> 点击隐藏 </button>   <!-- 显示一个按钮 -->
20   </body>
21   </html>
```

在代码中出现了 "$" 符号，例如：

```
$(document).ready(function()
```

"$" 符号就是 jQuery 的一个简写形式，上面的代码等同于下面这行代码。

```
jQuery (document).ready(function()
```

在这个代码中，为按钮定义了一个函数，当单击按钮的时候，隐藏 <p> 标签中间的内容。程序运行时显示效果如下图所示。

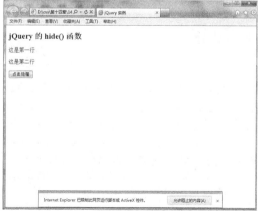

这时候浏览器会弹出一条信息，选择"允许阻止的内容（A）"。然后单击"点击隐藏"按钮，触发 hide 函数，两行文本被隐藏。

14.2.3 jQuery 代码规范

通过上一节的例子，可以看出 jQuery 语法是为方便选取 HTML 元素编制的，可以对元素执行某些操作。基本语法格式是：$(selector).action()。其中，美元符号"$"定义 jQuery；选择符（selector）"查询"和"查找"HTML 元素，action() 执行对元素的操作。

例如：

(1) $(this).hide() 实现隐藏当前元素。

(2) $("p").hide() 实现隐藏所有段落。

(3) $("p.test").hide() 实现隐藏所有 class="test" 的段落。

(4) $("#test").hide() 实现隐藏所有 id="test" 的元素。

上一章介绍的 JavaScript 是一种动态语言，其特性在给用户编程带来方便的同时，也带来了不小的麻烦——语法错误，甚至是看起来正常的语法，经常会造成程序不可预知的行为，这给 JavaScript 的代码调试带来很大的困扰。但是，对于 jQuery，从一开就消除了这一问题，那就是良好的代码规范。良好的代码规范具有如下作用。

提高程序的可读性。良好的编码风格，使代码具有一定的描述性，可以通过名字来获取一些需要 IDE 才能得到的提示，比如可访问性、继承基类等。一个良好的编码规范，帮助用户写出其他人容易理解的代码，为用户提供了最基本的模板。

统一全局，促进团队协作。开发软件是一个团队活动，而不是个人的英雄主义。编码规范，要求团队成员遵守统一的全局决策，这样成员之间可以轻松地阅读对方的代码，所有成员都以一种清晰而一致的风格进行编码。而且，开发人员也可以集中精力关注他真正应该关注的问题——自身代码的业务逻辑，与需求的契合度等局部问题。

有助于知识传递，加快工作交接。风格的相似性，能让开发人员更迅速、更容易理解一些陌生的代码，更快速地理解别人的代码。开发人员可以很快地接手项目组其他成员的工作，快速完成工作交接。

减少名字增生，降低维护成本。在没有规范的情况下，不同程序员容易为同一类型的实例起不同的名字。这对于以后维护这些代码的程序员来说会产生疑惑。

强调变量之间的关系，降低缺陷引人的机会。命名可以表示一定的逻辑关系，使开发人员在使用时必须保持警惕，从而一定程度上减少缺陷被引入的机会。

提高程序员的个人能力。不可否认，每个程序员都应该养成良好的编码习惯，而编码规范无疑是教材之一。

14.3 jQuery 对象

 本节视频教学录像：5 分钟

jQuery 对象就是通过 jQuery 包装 DOM 对象后产生的对象，它是 jQuery 独有的。如果一个对象是 jQuery 对象，那么就可以使用 jQuery 里的方法。

例如：

```
$("#fast").html();  // 获取 id 为 fast 的元素内的 html 代码，html() 是 jQuery 特有的方法；
```

上面的这段代码等同于：

```
document.getElementById("fast").innerHTML;
```

14.3.1 jQuery 对象简介

jQuery 对象有时被翻译为 "jQuery 包装集"，它将一个 Dom 对象转化为 jQuery 对象后，可以使用 jQuery 类库提供的各种函数。可以将 jQuery 对象理解为一个 "类"，并且封装了很多方法，而且可以动态地通过加载插件扩展这个类。

但 jQuery 对象和 Dom 对象是两个不同的概念，因此两者不能相互调用。Dom 对象调用的是 Dom 组件和 JavaScript 定义的方法和属性，而 jQuery 对象只能调用 jQuery 定义的方法和属性，因此一定要明白对象的类型，然后调用该对象类型所具有的方法和属性。

14.3.2 jQuery 对象的应用

jQuery 对象其实是一个 JavaScript 的数组，这个数组对象包含 125 个方法和 4 个属性，4 个属性分别是：

(1) jQuery 当前的 jQuery 框架版本号。

(2) length 指示该数组对象的元素个数。

(3) contex 一般情况下都是指向 HtmlDocument 对象。

(4) selector 传递进来的选择器内容。如 #yourId 或 .yourClass 等。

如果通过 $("#yourId") 方法获取 jQuery 对象，并且用户的页面中只有一个 id 为 yourId 的元素，那么 $("#yourId")[0] 就是 HtmlElement 元素，与 document.getElementById("yourId") 获取的元素是一样的。

jQuery 对象是 JavaScript 数据集合，要访问里面的元素，可以使用索引值，也可以使用 jQuery 对象的方法，下面就是访问 jQuery 对象的常用的几个方法。

(1) each(callback)。

该方法依次遍历 jQuery 对象的所有元素，从 0 开始，并循环执行指定的函数，在函数体内，this 关键字指向当前元素，并且会自动向该函数传递当前元素的索引值。

(2) size() 方法和 length 属性。

两者都可以被 jQuery 对象使用，返回 jQuery 对象中元素的个数，使用方式一样。

(3) get() 和 get(n)。

get() 方法将 jquery 对象转换为 dom 对象的集合。

get(n) 将 jQuery 对象中指定的元素转换为 dom 对象。

(4) index(object)。

这个方法获取 jQuery 对象中指定元素的索引值，并返回值。

如果检索到了就直接放回此元素的索引值。若检索不到则返回 −1。

现在来看一个实际例子，认识 jQuery 对象的应用。

【范例 14.2】认识 jQuery 对象的应用（范例文件：ch14\14−2.html）

```
01  <!DOCTYPE html PUBLIC "-//W3C//DTD XHTML 1.0 Transitional//EN"
"http://www.w3.org/TR/xhtml1/DTD/xhtml1-transitional.dtd">
02  <html xmlns="http://www.w3.org/1999/xhtml">
```

```
03   <head>
04   <meta http-equiv="Content-Type" content="text/html; charset=utf-8" />
05   <script type="text/javascript" src="jquery.js"></script>
06   <title>jquery 对象应用 </title>
07   </head>
08   <body>
09   <div><span> 文本一 </span></div>
10   <p><span> 文本二 </span></p>
11   <script language="javascript" type="text/javascript">
12   var span = $("span");     // 定义 jQuery 对象
13   span.each(function(n){  // 依次遍历 jQuery 对象的所有元素，
14   this.style.fontSize = (n+1)*12+"px"; // 自动把所对应元素的字体大小改变。
15   });
16   </script>
17   </body>
18   </html>
```

在代码中定义一个 jQuery 对象，依次遍历 jQuery 对象的所有元素，从 0 开始，并循环执行指定的函数，在函数体内，this 关键字指向当前元素，并且会自动向该函数传递当前元素的索引值。其显示效果如图所示。

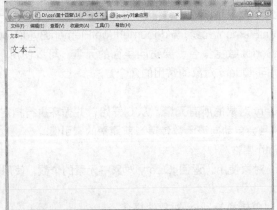

14.4 案例——制作幻灯片

 本节视频教学录像：6 分钟

在日常生活中，经常接触到幻灯片，例如动画电影中、多媒体教学中，大家日常接触最多的制作软件是 PowerPoint，可以将演示文档或图片制作成一张一张的幻灯片进行播放，现在使用 jQuery 也可以轻松实现网页上幻灯片的制作。

14.4.1 设计分析

幻灯片的播放方式有很多，现在将要制作由若干幅图像组成的幻灯片。在网页的中央定义一个容器，中间用于放图像，对任何一幅图像，单击该幅图像的左面会出现前面图像，单击图像右面会出现后面的图像。

14.4.2 制作步骤

【范例 14.3】认识 jQuery 对象的应用（范例文件：ch14\14-3.html）

❶ 准备素材图像。为方便图像的管理，制作幻灯片的所有图像统一存放在当前目录下 images 文件夹中，分别命名 01.jpg、02.jpg、03.jpg……

❷ 打开 Dreamweaver 软件。单击【文件】▶【新建】▶【空白页】▶【HTML】命令，设置标题为"jQuery 网站幻灯片切换效果"，命名并保存为 13-3.html。

❸ 搭建 jQuery 环境。下载最新的 jQuery 库文件，将下载好的 jQuery 库文件保存在当前文档所在的目录，重命名并保存为 jquery.js。

在代码中引用的 jQuery 库文件。

```
<script type="text/javascript" src="jquery.js"></script>
```

❹ 本实验还需要一个 jquery-image-scale-carousel.js 插件，在随机的光盘程序 ch14 目录中可以找到。该插件主要功能是使不同图像在固定大小的容器中保证合适的宽度和高度比，不至于因为宽高比不合适引起图像变形。把这个插件加入到程序中。

```
<script src="jquery-image-scale-carousel.js" type="text/javascript"
charset="utf-8"></script>
```

❺ CSS 代码的定义。分别定义网页所使用的字体、字号、颜色和背景颜色，以及标题的字体大小，并定义一个容器。为便于管理，把这部分 CSS 代码放到一个 sucai.css 文件中。

```
01 Body
02  {font-family:"HelveticaNeue-Light","Helvetica Neue Light","Helvetica
Neue",Helvetica,Arial,sans-serif;
03   color:#00F;
04   font-size: 12px;
05   background:#999;
06  }
07 h1 {
08   font-size: 52px;
09   text-align: center;
10  }
11 h1,h2,h3,h4 {
12   font-weight: 100;
13  }
14 #photo_container {
15   width: 960px;
16  height: 400px;
```

```
17   margin: auto;
18   background-color:#FFF;
19   }
```

然后在 HTML 文件中引用该 CSS 文件。

```
<link rel="stylesheet" href="sucai.css" type="text/css" media="screen"
charset="utf-8">
```

❻ 定义控制图像前后移动的 ID 样式，为方便管理，将这些 ID 样式集中放到 jQuery.css 文件中。由于代码内容较多，就不列举了，读者可参考随书所带文件。并在 HTML 文件中引用该 CSS 文件。

```
<link rel="stylesheet" href="jQuery.css" type="text/css" media="screen"
charset="utf-8">
```

❼ 在 HTML 文件中定义 jQuery 数组，然后使用 $(window).load(function() 函数调用，执行程序，显示图像。

```
01  <script>
02  var carousel_images = [
03  "images/01.jpg",
04  "images/02.jpg",
05  "images/03.jpg",
06  "images/04.jpg",
07  "images/05.jpg",
08  "images/06.jpg"
09  ];   // 定义数组
10  $(window).load(function() {  // 加载数据，执行这个函数
11  $("#photo_container").isc({
12  imgArray: carousel_images
13  });         // 显示数组中的内容
14  });
15  </script>
```

到此为止，所有步骤基本完成了，最后一步只需在 HTML 文件 <body> 中把存放图像的容器 <div> 装入即可。

```
01  <h1> 使用 jQuery 制作幻灯片播放 </h1>
02  <div id="photo_container"></div>
```

在图像的左侧单击图像，可以显示前一幅图像，如下图左所示；在图像右侧单击图像，可以显示后一幅图像，如下图右所示。

14.4.3 案例分析

这个案例实现图像的幻灯片播放，通讨 jQuery 定义图像数组，然后调用函数把图像装入容器，利用定义的 ID 样式实现图像前后变实现幻灯片的播放，在程序执行过程中，利用 jQuery 的插件保证合适的图像宽度与高度比。

 高手私房菜

>>

技巧 1：直接使用谷歌和微软的服务器上的 jQuery

如果不希望下载并存放 jQuery，那么也可以通过 CDN（内容分发网络）引用它。如果需要从谷歌或微软引用 jQuery，则使用以下代码之一。

1. Google CDN:

```
01  <head>
02  <script src="http://ajax.googleapis.com/ajax/libs/jquery/1.10.0/
jquery.min.js">
03  </script>
04  </head>
```

2. Microsoft CDN:

```
01  <head>
02  <script src="http://ajax.aspnetcdn.com/ajax/jQuery/jquery-
1.10.0.js">
03  </script>
04  </head>
```

技巧 2：获取最新的 Google CDN

上面地址中，读者可以发现，在 URL 中规定了 jQuery 版本 (1.10.0)。如果读者希望使用最新版本的 jQuery，但不知最新版本，可以只写第一个数字，那么谷歌会返回 1 系列中最新的可用版本。例如：

```
01   <head>
02   <script src="http://ajax.googleapis.com/ajax/libs/jquery/1/jquery.min.js">
03   </script>
04   </head>
```

第15章

 本章教学录像：24 分钟

CSS 3 与 XML 的综合应用

本章将介绍一种新的语言 —— 可扩展标记语言（Extensible Markup Language），该语言是由万维网协会（W3C）创建，用来克服 HMTL 的局限。本章将介绍 XML 的基础知识，XML 与 CSS 的联系以及它们的使用方法，并通过实例的讲解，让读者完成综合网站的开发。

本章要点（已掌握的在方框中打勾）

☐ XML 基础

☐ XML 与 CSS 的链接

☐ XML 与 CSS 的应用

☐ 在 HTML 页面中调用 XML 数据

☐ 制作企业网站

15.1 XML 基础

 本节视频教学录像：9 分钟

XML 是可扩展标记语言 (eXtensible Markup Language) 的缩写，是一种可以用来创建自定义标记的语言。从实现功能上看，XML 主要用于数据的存储，而 HTML 主要用于数据的显示。本节主要介绍 XML 的基础知识，包括 XML 的特点，XML 与 HTML 的联系，XML 的基本语法以及 XML 的编写格式等。

15.1.1 XML 的特点

XML 实际上是 Web 表示结构化信息的一种标准文本格式，它没有复杂的语法和数据定义。XML 同 HTML 一样，都是 SGML（Standard Generalized Markup Language 标准通用标记语言）。随着 Web 应用的不断深入，HTML 由于标记的固定，在需求广泛的应用中已显得捉襟见肘，仅仅只适合于数据的显示。而 XML 的出现则填补了各种数据需求的空白，这也正是设计 XML 的目的所在。XML 继承了 SGML 的许多特征，具有以下特点。

(1) XML 具有可扩展性。

XML 允许使用者创建和使用它们自己的标记，而不是 HTML 的有限标记。使用户可以根据实际应用定义自己的标记语言，甚至在特定行业定义该领域标记语言，作为该领域信息共享与数据交换的基础。

(2) XML 具有灵活性。

HMTL 很难进一步发展，就是因为它是格式，超文本和图形用户界面语义的混合，要同时发展这些混合在一起的功能是很困难的。而 XML 提供了一种结构化的数据表示方式，使得用户界面与结构化数据分离。

(3) XML 具有自描述性。

XML 文档通常包含一个文档类型声明，因此 XML 文档是自描述的。XML 文档表示数据的方式真正做到了独立于应用系统。XML 文档被看做是文档的数据库化和数据的文档化。

(4) XML 具有简明性。

XML 只有 SGML 约 20% 的复杂性。却有约 SGML80% 的功能。XML 支持世界上几乎所有的主要语言，并且不同语言的文本可以在同一文档中混合使用，应用 XML 的软件能处理这些语言的任何组合。

来看下面这个简单的 XML 文档。

【范例 15.1】 创建和使用的标记（范例文件：ch15\15-1.xml）

```
01   <?xml version="1.0" encoding=" utf-8"?>
02   < 四大名著 >
03   < 三国演义 >
04   < 作者 > 罗贯中 </ 作者 >
05   < 人物 > 曹操 </ 人物 >
06   < 人物 > 诸葛亮 </ 人物 >
07   < 人物 > 刘备 </ 人物 >
08   < 人物 > 孙权 </ 人物 >
09   </ 三国演义 >
```

```
10    < 红楼梦 >
11    < 作者 > 曹雪芹 </ 作者 >
12    < 人物 > 贾宝玉 </ 人物 >
13    < 人物 > 林黛玉 </ 人物 >
14    < 人物 > 王熙凤 </ 人物 >
15    < 人物 > 刘姥姥 </ 人物 >
16    </ 红楼梦 >
17    < 水浒传 >
18    < 作者 > 施耐庵 </ 作者 >
19    < 人物 > 宋江 </ 人物 >
20    < 人物 > 林冲 </ 人物 >
21    < 人物 > 李逵 </ 人物 >
22    < 人物 > 武松 </ 人物 >
23    </ 水浒传 >
24    < 西游记 >
25    < 作者 > 吴承恩 </ 作者 >
26    < 人物 > 唐僧 </ 人物 >
27    < 人物 > 孙悟空 </ 人物 >
28    < 人物 > 猪八戒 </ 人物 >
29    < 人物 > 沙和尚 </ 人物 >
30    </ 西游记 >
31    </ 四大名著 >
```

【运行结果】

其显示效果如图所示。

【范例分析】

在这个例子中，从代码可以直接看出，定义了很多标记，例如 < 四大名著 >、< 西游记 > 等标记，这些标记都是 HTML 所没有的。如果把这些标记放到 HTML 文件中（范例文件：ch15\15-1.html），会被当成文字内容的。如下图所示。

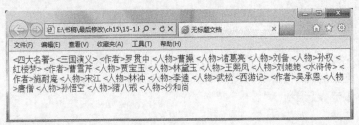

15.1.2 XML 与 HTML

HTML 的各个标记都是固定不变的，网页设计者不可能在 HTML 文档中自定义各种标记。而 XML 则没有固定的标记，可以自行通过文档类型定义（DTD, Document Type Definition 文档类型定义）的方式来进行声明。通过 HTML 提供的标记，可以将数据内容在网页上显示出来，而 XML 则能够增加文件的结构性。

XML 能比 HTML 提供更大的灵活性，但是它却不能够替代 HTML 语言。XML 和 HTML 的主要区别是 XML 是用来存放数据的，在设计 XML 时它就被用来描述数据。

下面这个例子给出了在 HTML 文件中调用 XML 的一个使用方法。

【范例 15.2】 调用 XML 的使用方法（范例文件：ch15\15-2.html）

```
01  <!DOCTYPE html PUBLIC "-//W3C//DTD XHTML 1.0 Transitional//EN"
"http://www.w3.org/TR/xhtml1/DTD/xhtml1-transitional.dtd">
02  <html xmlns="http://www.w3.org/1999/xhtml">
03  <head>
04  <meta http-equiv="Content-Type" content="text/html; charset=utf-8" />
05  <title>HTML 调用 XML</title>
06  <style type="text/css">
07  <!--
08  p{
09  font-family:Arial;
10  font-size:15px;
11  }
12  -->
13  </style>
14  <script language="javascript" event="onload" for="window"> // 使 用
JavaScript 读取 XML 的数据
15  var xmlDoc = new ActiveXObject("Microsoft.XMLDOM"); // 创建一个 xml
dom 对象
16  xmlDoc.async="false"; // 设置该对象的 async（是否异步）属性
```

```
17  xmlDoc.load("15-2.xml");  // 调用 xml 文件
18  var nodes = xmlDoc.documentElement.childNodes;  // 获得文档根节点
19  author.innerText = nodes.item(0).text; // 分别显示节点中各项目的数据
20  sex.innerText = nodes.item(1).text;
21  age.innerText= nodes.item(2).text;
22  date.innerText = nodes.item(3).text;
23  </script>
24  </head>
25  <body>
26  <p><b> 姓名 :</b> <span id="author"></span></p>
27  <p><b> 性别 :</b> <span id="sex"></span></p>
28  <p><b> 年龄 :</b> <span id="age"></span></p>
29  <p><b> 日期 :</b> <span id="date"></span></p>
30  </body>
31  </html>
```

在 HTML 文件中，首先定义一个 XMLDOM 对象，然后使用函数 xmlDoc.load("15-2.xml") 调用 XML 文件，并获取 XML 文档数据中的跟节点，以实现数据的读入。而被调用的 XML 文件 15-2.xml 代码如下：

```
01  <?xml version="1.0" encoding="utf-8"?>
02  <book>
03  <author> 张三 </author>
04  <sex> 男 </sex>
05  <age>23</age>
06  <date>2013/03/25</date>
07  </book>
```

【运行结果】

其显示效果如图所示。

【范例分析】

该实例在 HTML 中定义格式，数据在 XML 文件中存放，其中标记 <author>、<sex>、<age> 和 <date> 通过 nodes.item.text 把数据分别放到对应的 ID 样式中。实现了 HTML 显示与 XML 数据文档的分离。

15.1.3 XML 基本语法

XML 的基本语法与 HMTL 类似，以 <tag> 开始，</tag> 结束。而 XML 在语法上要求比 HMTL 要严格，如果有开始标记就必须有结束标记，而 HTML 中的
、<img> 等标记，不需要有结束标志。对于空标记，XML 标记必须使用一个斜杠和一个右尖括号来表示，例如 <img/>、 等。编写 XML 文档时需要遵守 XML 的语法规则，否则编写的 XML 文档不能被出来。

再看一下【范例 15.1】的代码，结合这段代码分几个方面介绍 XML 的基本语法。

```
01   <?xml version="1.0" encoding=" utf-8"?>
02   < 四大名著 >
03   < 三国演义 >
04   < 作者 > 罗贯中 </ 作者 >
05   < 人物 > 曹操 </ 人物 >
06   < 人物 > 诸葛亮 </ 人物 >
07   < 人物 > 刘备 </ 人物 >
08   < 人物 > 孙权 </ 人物 >
09   </ 三国演义 >
10   < 红楼梦 >
11   < 作者 > 曹雪芹 </ 作者 >
12   < 人物 > 贾宝玉 </ 人物 >
13   < 人物 > 林黛玉 </ 人物 >
14   < 人物 > 王熙凤 </ 人物 >
15   < 人物 > 刘姥姥 </ 人物 >
16   </ 红楼梦 >
17   < 水浒传 >
18   < 作者 > 施耐庵 </ 作者 >
19   < 人物 > 宋江 </ 人物 >
20   < 人物 > 林冲 </ 人物 >
21   < 人物 > 李逵 </ 人物 >
22   < 人物 > 武松 </ 人物 >
23   </ 水浒传 >
24   < 西游记 >
25   < 作者 > 吴承恩 </ 作者 >
26   < 人物 > 唐僧 </ 人物 >
27   < 人物 > 孙悟空 </ 人物 >
28   < 人物 > 猪八戒 </ 人物 >
29   < 人物 > 沙和尚 </ 人物 >
30   </ 西游记 >
31   </ 四大名著 >
```

(1) XML 文档声明。

XML 文档的第一行必须是 XML 声明，其中包含版本信息及使用的字符集等信息。上面这段代码第一行如下：

```
<?xml version="1.0" encoding="utf-8"?>
```

　　该句代码的作用就是告诉 XML 程序，这个文档是按照 XML 文档的标准对数据进行处理。在这个 XML 的声明语句之前，不允许有任何其他字符。

　　声明以 "<?" 开始，以 "?>" 结束；xml 表示该文件是一个 XML 文件；version="1.0" 表示该文件遵循的是 XML 1.0 标准，在 XML 声明中必须指定这个属性值；encoding="utf-8" 表示使用的是 utf-8 字符集。系统默认的字符集是 Unicode，它能很好地支持英文，但对中文的支持却不是很好，如果需要在 XML 中使用简体中文，可以写成如下代码：

```
<?xml version="1.0" encoding="gb2312"?>
```

　　(2) XML 的文档结构。

　　从上面这段代码可以看出，一个 XML 文档最基本的构成是 XML 声明和 XML 元素，其中第 2 行到第 31 行都是 XML 元素，用标记 "<>" 表示数据。和 HTML 不同的是，XML 标记说明了数据的含义，而 HTML 的标记是定义如何显示数据。

　　XML 的文档内容有一个根元素组成，在上面这个实例中，这个根元素的名称是 "四大名著"，它由标记 "< 四大名著 >" 开始，以 "</ 四大名著 >" 结束。开始标记和结束标记之间就是这个元素的内容。XML 标记之间存在父子层的树状关系，子标记的结束标记必须在父标记的结束标记之前，这点与 HTML 是完全一样的。例如 "三国演义"、"红楼梦"、"水浒传" 和 "西游记" 是 "四大名著" 的子标记元素，同样，"作者" 和 "人物" 分别是上面四个子标记元素的下一层子标记元素。

　　(3) XML 元素与标记。

　　元素是构成 XML 文档的内容的基本单元，它相当于放置 XML 文档内容的容器。在 XML 文档中，所有的内容都是放在各种容器中，并对这个容器进行标记。其语法形式如下：

```
< 标记 > 数据内容 </ 标记 >
```

　　标记可以根据实际需要来定义的和使用。例如上面的实例中：

```
< 作者 > 罗贯中 </ 作者 >
```

　　"作者" 是所定义的标记，"罗贯中" 是该标记的数据内容。

　　(4) XML 中的注释。

　　XML 语法的注释和 HTML 语言完全一样，也是通过 "<!--" 与 "-->" 来完成的。该注释可以出现在 XML 文档声明之后的任何位置，但不能影响标记，下面例子就是不正确的注释，注释放到了 </ 作者 > 内。

```
< 作者 > 罗贯中 </ 作者 <!一这是不正确的注释 -->> // 位置不对
```

　　(5) XML 属性。

　　在 XML 中，用户可以自定义所需要的标记属性，属性代表引入标记的数据，是元素的可选组成部分，其作用是对属性及其内容的附加信息进行描述，由 "=" 分割开的属性名和属性值构成，而且用引号括起来。其基本格式为：

```
< 标记名 属性名 = "属性值"，属性名 = "属性值"，…> 内容 </ 标记名 >
```

例如：

```
< 作者 性别 = "男" > 罗贯中 </ 作者 >
```

对于没有数据内容的空元素的属性可以采用下面两种方法定义，读者可以根据自己的习惯选择。

```
01   <phone size="small"></phone>
02   <phone name="iphone" price="expensive"/>
```

此外，XML 语言对大小写是敏感的，这点与 HTML 不同。例如，在 XML 中，<book> 和 <BOOK> 是两个不同的标记。

15.1.4 格式正确的 XML 文档

一个有效的 XML 文档也是一个结构良好的 XML 文档，同时还必须符合 DTD 的规则。DTD(document Type Definition) 的意图在于定义 XML 文档的合法性。它通过定义一系列合法的元素决定了 XML 文档的内部结构。

一个 XML 文档必须遵循结构性原则，否则 XML 对这个 XML 文档的解释就会出错。如果一个 XML 文档包含一个或多个元素，各元素之间正确嵌套，并且正确地使用了属性，符号 XML 的基本语法规范，则认为这个 XML 文档是格式良好的。为了保证一个 XML 文档格式良好，一般遵循以下规则。

(1) XML 文档的开始必须是 XML 声明。

(2) 保证每一个元素都有开始标记和结束标记。

(3) 只能有一个根元素。各元素之间正确嵌套，不能交叉。

(4) 元素必须正确关闭。

(5) 属性值必须使用引号。

15.2 XML 与 CSS 的链接

 本节视频教学录像：3 分钟

XML 的主要用途是文件数据结构的描述，但 XML 并没有办法告诉浏览器，这些结构化的数据怎样显示出来。与 HTML 的原理类似，通过连接外部风格样式，能够很好地显示数据。本节主要介绍 XML 调用 CSS 的方法。

15.2.1 使用 xml:stylesheet 指令

与 HTML 页面一样，在 XML 中同样可以连接外部 CSS 文件，来控制各个标记，其方法与 HTML 外部连接 CSS 文件很类似。具体格式如下。

```
<?xml-stylesheet type="text/css" href="15-3.css"?>
```

其中，<?xml-stylesheet? > 是处理指令，告诉解析器 XML 文档显示时应用了 CSS 样式表，type 用于指定样式表的格式，CSS 样式表就使用 text/css、href 指定使用的样式表的 URL，该 URL 可以使用相对路径或者绝对路径格式。下面看一下实际的应用。

在【范例 15.1】中定义了 XML 文件 15-1.xml，下面以这个文件为基础，复制它，新生成的文件命名为 15-3.xml。修改这个文件，并建立外部 CSS 文件，然后在 XML 文件中调用 CSS 文件。

【范例 15.3】　连接外部 CSS 文件（范例文件：ch15\15-3.xml）

请看以下这段代码。

```
01  <?xml version="1.0" encoding="gb2312"?>
02  <?xml-stylesheet type="text/css" href="15-3.css"?> <!-- 调用外部 CSS 文件 -->
03  < 四大名著 >
04  < 三国演义 > 三国演义
05  < 作者 > 罗贯中 </ 作者 >
06  < 人物 > 曹操 </ 人物 >
07  < 人物 > 诸葛亮 </ 人物 >
08  < 人物 > 刘备 </ 人物 >
09  < 人物 > 孙权 </ 人物 >
10  </ 三国演义 >
11  < 红楼梦 > 红楼梦
12  < 作者 > 曹雪芹 </ 作者 >
13  < 人物 > 贾宝玉 </ 人物 >
14  < 人物 > 林黛玉 </ 人物 >
15  < 人物 > 王熙凤 </ 人物 >
16  < 人物 > 刘姥姥 </ 人物 >
17  </ 红楼梦 >
18  < 水浒传 > 水浒传
19  < 作者 > 施耐庵 </ 作者 >
20  < 人物 > 宋江 </ 人物 >
21  < 人物 > 林冲 </ 人物 >
22  < 人物 > 李逵 </ 人物 >
23  < 人物 > 武松 </ 人物 >
24  </ 水浒传 >
25  < 西游记 > 西游记
26  < 作者 > 吴承恩 </ 作者 >
27  < 人物 > 唐僧 </ 人物 >
28  < 人物 > 孙悟空 </ 人物 >
29  < 人物 > 猪八戒 </ 人物 >
30  < 人物 > 沙和尚 </ 人物 >
31  </ 西游记 >
32  </ 四大名著 >
```

其对应的 CSS 文件为 15-3.css，如下所示。

```
01  三国演义 {
02  display:block;
03  font-size:10px;
04  font-family:Arial;
05  font-weight:bold;
```

```
06    color:#0093ff;
07    }
08    红楼梦 {
09    display:block;
10    font-size:20px;
11    font-family:Arial;
12    font-weight:bold;
13    color:#F00;
14    }
15    水浒传 {
16    display:block;
17    font-size:30px;
18    font-family:Arial;
19    font-weight:bold;
20    color:#F00;
21    }
22    西游记 {
23    display:block;
24    font-size:40px;
25    font-family:Arial;
26    font-weight:bold;
27    color:#F00;
28    }
29    作者 {
30    display:block;
31    font-weight:bold;
32    }
33    人物 {
34    font-weight:bold;
35    font-style:italic;
36    color:#FF0000;
37    }
```

【运行结果】

其显示效果如图所示。

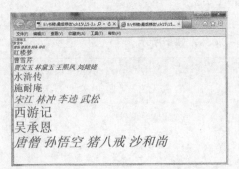

【范例分析】

在 CSS 代码中，分别为"三国演义"、"红楼梦"、"水浒传"和"西游记"四个标记定义样式，同时也为"作者"和"人物"定义了样式，在 HTML 文件中通过外部链接的方法，将 15-3.css 文件连接到 XML 文件中，然后在 CSS 中用定义的标记控制 XML 中的内容按照格式显示。

15.2.2　使用 @import 指令

允许在样式表中使用 @import 指令来引入一个或多个独立保存的样式表，即将这些样式表包含的规则添加到当前样式表中来。@import 指令的使用格式如下：

```
@import url (URL);
```

其中，URL 是被引用的 CSS 样式表的地址，可以是本地或者是网络上其他文件的绝对路径或相对路径。

在 @import 指令的使用过程中，应该注意以下几点。

(1) @import 指令必须放置在 CSS 文件的开头，即 @import url 指令的前面不允许出现其他的规则。

(2) 如果被引用的样式表中的样式与引用者的样式冲突，则引用者的样式优先。

(3) @import 指令末尾的分号（;）不能缺少。

15.3　XML 与 CSS 的应用

 本节视频教学录像：5 分钟

本节通过几个具体的实例，进一步学习 CSS 控制各个 XML 中数据的技巧。

15.3.1　显示学生信息

下面通过显示学生信息的例子学习 XML 的正确使用。首先需要创建 XML 文档，然后指定 CSS 文件链接到 XML 文档中。

【范例 15.4】　学习 XML 的正确使用（范例文件：ch15\15-4.xml）

```
01  <?xml version="1.0" encoding="utf-8"?>
02  <xueshengxinxibiao>
03  <xuesheng>
04  <xuesheng_id>200848301688</xuesheng_id>
05  <xingming> 张三 </xingming>
06  <xingbie> 男 </xingbie>
07  <banji> 电信 1</banji>
08  <data>2013-3-1</data>
09  </xuesheng>
10  <xuesheng>
```

```
11   <xuesheng_id>200848301689</xuesheng_id>
12   <xingming> 李四 </xingming>
13   <xingbie> 女 </xingbie>
14   <banji> 电信 2</banji>
15   <data>2013-3-1</data>
16   </xuesheng>
17   </xueshengxinxibiao>
```

【运行结果】

这是一个没有应用任何样式表的 XML 文档，如果直接在浏览器中预览该 XML 文档，可以看到该文档的源文件，如图所示。

为了更好地显示学生信息，给 XML 创建一个配套的 CSS 样式表，文件名为 15-4.css，代码如下：

```
01   @charset "utf-8";
02   /* CSS Document */
03   xuesheng{
04   display:block;
05   margin-top:10px;
06   }
07   xuesheng_id{
08   display:block;
09   font-size:16px;
10   font-weight:bold;
11   }
12   data{
13   float:16px;
14   font-weight:bold;
15   font-style:italic;
16   color:#FF0000;
17   }
```

为了能在 XML 文档中使用该 CSS 样式表，需要在 XML 文档中添加链接样式表文件的代码。内容如下：

```
<?xml:stylesheet type="text/css" href="style/15-4.css"?>
```

【运行结果】

加入链接样式表文件代码后的显示效果如图所示。

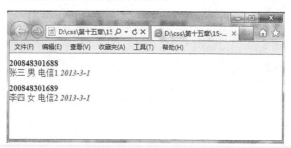

15.3.2　实现隔行变色的表格

通过 CSS 样式可以对 HTML 中的 <table> 等相关的表格元素进行控制，从而实现各种各样的表格效果。类似的，对于用 XML 表示的数据，也可以采用定义 CSS 的方法，来实现隔行变色的效果，使得表格看上去更美观。来看下面这个范例。

【范例 15.5】　控制相关的表格元素（范例文件：ch15\15-5.xml）

```
01    <?xml version="1.0" encoding="utf-8"?>
02    <?xml-stylesheet type="text/css" href="15-5.css"?>
03    < 列表 >
04    < 标题 > 人员列表 </ 标题 >
05    < 字段名称 >
06    < 姓名 > 姓名 </ 姓名 >
07    < 班级 > 班级 </ 班级 >
08    < 出生日期 > 出生日期 </ 出生日期 >
09    < 星座 > 星座 </ 星座 >
10    < 电话 > 电话 </ 电话 >
11    </ 字段名称 >
12    < 学生 >
13    < 姓名 >isaac</ 姓名 >
14    < 班级 >W13</ 班级 >
15    < 出生日期 >Jun 24th</ 出生日期 >
16    < 星座 >Cancer</ 星座 >
17    < 电话 >1118159</ 电话 >
18    </ 学生 >
19    < 学生 1>
20    < 姓名 >girlwing</ 姓名 >
```

```
21    < 班级 >W210</ 班级 >
22    < 出生日期 >Sep 16th</ 出生日期 >
23    < 星座 >Virgo</ 星座 >
24    < 电话 >1307994</ 电话 >
25    </ 学生 1>
26    < 学生 >
27    < 姓名 >tastestory</ 姓名 >
28    < 班级 >W15</ 班级 >
29    < 出生日期 >Nov 29th</ 出生日期 >
30    < 星座 >Sagittarius</ 星座 >
31    < 电话 >1095245</ 电话 >
32    </ 学生 >
33    ...
34    </ 学生 >
35    ...
36    </ 列表 >
```

【运行结果】

由于没有为 XML 加入 CSS 样式代码约束，所以在页面中看到的是网页的源码。如图所示。

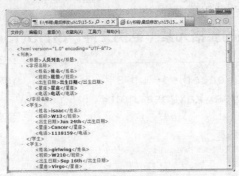

为该 XML 文档加入 CSS 控制，对整个 < 列表 > 数据列表进行绝对定位，适当地调整位置，文字大小和字体，CSS 代码（15-5.css）如下。

```
01    @charset "utf-8";
02    /* CSS Document */
03    列表 {
04    font-family:Verdana, Geneva, sans-serif;
05    font-size:14px;
06    position:absolute;  /* 绝对定位 */
07    top:0px;
08    left:0px;
09    padding:4px;  /* 适当的调整位置 */
10    }
```

【运行结果】

加入 CSS 控制代码该 XML 文件显示效果如图所示。

这时可以看到，数据紧密地堆砌在一起，原因是 XML 的数据默认不是块元素，而是行元素，将 CSS 中的每个行都设置为块，并为每个行加入相应的颜色和空隙，代码如下所示。

```
01  标题 {
02  margin-bottom:3px;
03  font-weight:bold;
04  font-size:1.4em;
05  display:block;              /* 块元素 */
06  }
07  字段名称 {
08  background-color:#4bacff;
09  display:block;              /* 块元素 */
10  border:1px solid #0058a3;   /* 边框 */
11  margin-bottom:-1px;            /* 解决边框重叠的问题 */
12  padding:4px 0px 4px 0px;
13  }
14  学生 {
15  display:block;              /* 块元素 */
16  background-color:#eaf5ff;   /* 背景色 */
17  border:1px solid #0058a3;   /* 边框 */
18  margin-bottom:-1px;
19  padding:4px 0px 4px 0px;    }
20  学生 1{
21  display:block;              /* 块元素 */
22  background-color: #c7e5ff;   /* 背景色 */
23  border:1px solid #0058a3;    /* 边框 */
24  padding:4px 0px 4px 0px;
25  }
```

【运行结果】

最终效果如图所示。

【范例分析】

在 CSS 代码中，分别设置"学生"和"学生 1"两个标记不同的背景颜色，即可实现隔行变色的效果。

15.4 案例1——在 HTML 页面中调用 XML 数据

 本节视频教学录像：3 分钟

在前面的章节中已经介绍了如何在 XML 中调用 CSS 文件，本节介绍如何在 HTML 页面中调用 XML 数据。

15.4.1 设计分析

本案例主要是在 HTML 页面中调用 XML 数据，使得 HTML 和 XML 的联系更加紧密。同时定义 CSS 文件，为数据的显示以及网页背景设置格式，在本案例中需要建立三个文件，一个是 15-6.xml，一个是其对应的 HTML 文件 15-6.html，另外一个是 CSS 格式文件 15-6.css。通过 xmlDoc.load 语句将 15-6.xml 文件和 HMTL 文件连接起来，并使用连接方式读入 CSS 文件。

15.4.2 制作步骤

具体的实现步骤如下。

【范例 15.6】 在 HTML 页面中调用 XML 数据（范例文件：ch15\15-6. html）

❶ 新建 XML 文件（范例文件：ch15\15-6.xml）。

```
01   <?xml version="1.0" encoding="utf-8"?>
02   < 班级 >
03   <user 姓名 > 张三 </user 姓名 >
04   <age>23</age>
05   <email>zsmail@163.com</email>
```

```
06    <address> 北京 </address>
07    </ 班级 >
```

❷ 新建 HTML 文件（范例文件：ch15\15-6.html）。

```
01    <!DOCTYPE html PUBLIC "-//W3C//DTD XHTML 1.0 Transitional//EN"
"http://www.w3.org/TR/xhtml1/DTD/xhtml1-transitional.dtd">
02    <html xmlns="http://www.w3.org/1999/xhtml">
03    <head>
04    <meta http-equiv="Content-Type" content="text/html; charset=utf-8" />
05    <title> 在 HTML 中调用 XML 数据 </title>
06    <script language="JavaScript" for="window" event="onload">
07    var xmlDoc=new ActiveXObject("Microsoft.XMLDOM");
08    xmlDoc.async="false";
09    xmlDoc.load("15-6.xml");
10    nodes=xmlDoc.documentElement.childNodes;
11    user 姓名 .innerText=nodes.item(0).text;
12    age.innerText=nodes.item(1).text;
13    email.innerText=nodes.item(2).text;
14    address.innerText=nodes.item(3).text;
15    </script>
16    <link href="15-8.css" rel="stylesheet" type="text/css" />
17    </head>
18    <body bgcolor="#ffffff">
19    显示人员的信息 :<p>
20    <div><b> 姓名 :</b>
21    <span id="user 姓名 "></span> </div>
22    <div> <b> 年龄 :</b>
23    <span id="age"></span></div>
24    <div><b>Email:</b>
25    <span id="email"></span></div>
26    <div> <b> 城市 :</b>
27    <span id="address"></span></div>
28    </body>
29    <html>
```

❸ 新建 CSS 文件（范例文件：ch15\15-6.css）。

```
01    @charset "utf-8";
02    /* CSS Document */
03    body {
04    height: 100%;
05    font: 12px/1#4 Verdana, sans-serif;
06    font-size:36px;
```

```
07    background-color:#666
08    }
09    div {
10    width:160px;
11    line-height: 24px;
12    list-style-type: none;
13    text-align:center;
14    font-size:18px;
15    color:#00F;
16    }
```

【运行结果】

其显示效果图如下所示。

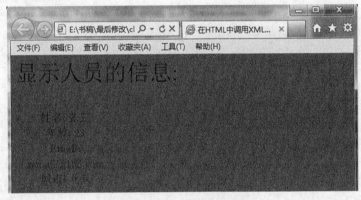

15.5 案例 2——制作企业网站

 本节视频教学录像：4 分钟

本节给出一个例子，通过 XML 和 HTML 相结合来制作出优秀的动态网页。

15.5.1 设计分析

接下来使用 XML 以及 HTML 制作出一个优秀的企业动态网页。该企业网站的名字为绿色空间，该企业以保护环境为宗旨，热衷于公益事业。使用的方法和上一个案例类似，新建两个文件，一个 XML 文件，另外一个是 HTML 文件，通过使用 xmlDoc.load 语句将 XML 文件和 HMTL 文件连接起来。

15.5.2 制作步骤

具体的实现步骤如下。

【范例 15.7】 使用 XML 以及 HTML 制作企业动态网页（范例文件：ch15\15-7.html）

新建 XML 文件（swtch.xml）。

```
01  <?xml version="1.0" encoding="utf-8"?>
02  <switch>
03  <note>
04  <!-- 图片的地址 -->
05  <pic>big/1.jpg</pic>
06  <!-- 缩略图的地址 -->
07  <small>small/1.jpg</small>
08  <!-- 标题文字 -->
09  <title> 环保公益 1</title>
10  <!-- 内容文字 -->
11  <content> 绿色地球 </content>
12  <!-- 右下角文字 -->
13  <!-- 播放的速度 -->
14  <speed>4000</speed>
15  </note>
16  <note>
17  <pic>big/2.jpg</pic>
18  <small>small/2.jpg</small>
19  <title> 环保公益 2</title>
20  <content> 保护地球 </content>
21  </note>
22  <note>
23  <pic>big/3.jpg</pic>
24  <small>small/3.jpg</small>
25  <title> 环保公益 3</title>
26  <content> 爱护环境 </content>
27  </note>
28  <note>
29  <pic>big/4.jpg</pic>
30  <small>small/4.jpg</small>
31  <title> 环保公益 4</title>
32  <content> 生产生活 </content>
33  </note>
34  <note>
35  <pic>big/5.jpg</pic>
36  <small>small/5.jpg</small>
37  <title> 环保公益 5</title>
38  <content> 写意生活 </content>
39  </note>
40  </switch>
```

【运行结果】

新建 HTML 文件，由于 HTML 文件中含有大量的 JavaScript 的代码，在这里介于篇幅的限制就不一一列举出来了。感兴趣的读者可以自行查看随书程序。

最终的显示效果如图所示，每次点击一个小图就会出来一个大图，并且每个图片中都有文字的叙述。

 高手私房菜

>>>

技巧：XML 转义字符

如果在 XML 文档中使用类似"<"的字符，那么解析器将会出现错误，因为解析器会认为这是一个新元素的开始。所以不应该像下面那样书写代码：

```
<message> if salary < 1000 then </message>
```

为了避免出现这种情况，必须将字符"<"转换成一个实体进行代替，下面是 5 个在 XML 文档中预定义好的实体。

转义实体	被转义字符	含义
&lt;	<	小于号
&gt;	>	大于号
&amp;	&	和
&apos;	'	单引号
&quot;	"	双引号

实体必须以符号"&"开头，以符号";"结尾。
因此上面那条错误代码可以写成下面的形式。

```
<message> if salary &lt; 1000 then </message>
```

第 **16** 章

本章教学录像：19 分钟

CSS 与 Ajax 的综合应用

　　Ajax（Asynchronous JavaScript and XML， 异 步 JavaScript 和 XML）不是一种新的编程技术，而是一种用于创建更快、更好及交互性更强的 Web 应用程序的技术。它能使浏览器为用户提供更为自然的浏览体验，就像在使用桌面应用程序一样。本章首先讲解 Ajax 的基础知识，然后讲解 Ajax 的使用方法，最后通过实例介绍如何把 CSS 与 Ajax 结合完成网页开发。

本章要点（已掌握的在方框中打勾）

☐ Ajax 简介

☐ Ajax 的关键元素

☐ Ajax 的优势

☐ 实现 Ajax 的步骤

☐ 使用 CSS 的必要性

☐ Ajax 应用

16.1 Ajax 简介

 本节视频教学录像：6 分钟

　　Ajax 不是一种语言，而是多种技术（样式表、JavaScript、XHTML、XML 和可扩展样式语言转换）组合在一起，Ajax 只是这几种技术组合的代名词。在未使用 Ajax 之前，用户在单击某个按钮后，往往需要等待页面的整体刷新，才能与服务器同步。而 Ajax 提供与服务器异步通信的能力，当用户的请求返回时，则使用 JavaScript 和 CSS 来控制局部页面的更新，而不是刷新整个页面。最重要的是用户甚至不知道浏览器正在和服务器进行通信，Web 网页看起来也是静止不动的。Ajax 的内容十分丰富，它能够将一个页面制作成强大的桌面应用程序，就像 Google Map、Google Moon、Gmail 等。

　　Ajax 相当于在用户和服务器之间建立了一个中间层，使得用户操作与服务器响应异步化。并不是所有的用户请求都提交给服务器，像一些数据处理和验证等交给 Ajax 引擎来做，只有需要从服务器读取新数据的时候，才有 Ajax 引擎向服务器提交请求。

　　用过 Gmail 的用户都知道在邮箱的页面上，如果有新邮件发送到了 Gmail 邮箱，用户不需要刷新，就会看到收件箱自动变成蓝色的粗体字，不仅仅是 Gmail 邮箱，其他的邮箱也同样应用到了这项技术，比如常见的网易邮箱。

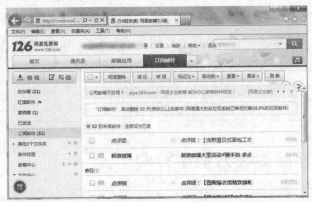

　　这些收取邮件的工作通常都是在不知不觉中进行的，这就是所谓的同步。整个网页在后台与服务器进行着通信，自动完成邮件的收取工作，这是 Ajax 的经典应用。

　　如图所示的是百度地图的一个截图，当用户浏览地图，对地图进行缩放、拖动时，刷新的不是整个页面，而仅仅是地图区域的一块，整个页面浏览起来也会十分的流畅。

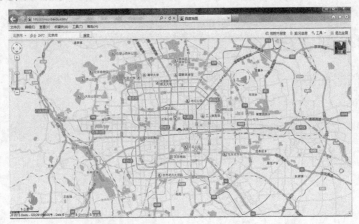

总而言之，Ajax 就是一种在 Web 上应用的技术，它可以使得用户在浏览网页的时候就像是在使用本地上的一个桌面程序一样快捷和便利。

16.1.1　Ajax 的关键元素

Ajax 是 4 种技术的集合，要灵活地运用 Ajax 就必须深入了解这些不同的技术，在下表简要地介绍了这些技术，以及它们在 Ajax 中所扮演的角色。

技术	角色
JavaScript	JavaScript 是通用的脚本语言，用来嵌入在某种应用之中。 Web 浏览器中嵌入的 JavaScript 解释器允许通过程序与浏览器的很多内建功能进行交互，主要用来传递用户界面上的数据到服务器端并返回处理结果
CSS（层叠样式表）	CSS 为 Web 页面元素提供了一种可重用的可视化样式的定义方法。它提供了简单而又强大的方法，以一致的方式定义和使用可视化样式。在 Ajax 应用中，用户界面的样式可以通过 CSS 独立修改
DOM（文档对象模型）	DOM 以一组可以使用 JavaScript 操作的可编程对象展现出 Web 页面的结构。通过使用脚本修改 DOM，Ajax 应用程序可以在运行时改变用户界面，或者高效地重绘页面中的某个部分
XMLHttpRequest 对象	XMLHttpRequest 对象允许 Web 程序员从 Web 服务器以后台活动的方式获取数据。数据格式通常是 XML，但是也可以很好地支持任何基于文本的数据格式

在上述 Ajax 的 4 个部分中，JavaScript 就像胶水将各个部分粘合在一起，定义应用的工作流和业务逻辑。通过使用 JavaScript 操作 DOM 改变和刷新用户界面，不断地重绘和重新组织显示给用户的数据，并且处理用户基于鼠标和键盘的交互。

CSS 为应用提供了一致的外观，并且为以编程方式操作 DOM 提供了强大的捷径。

XMLHttpRequest 对象则用来与服务器进行异步通信，在用户工作时提交用户的请求并获取最新的数据。

Ajax 的四种技术之中，CSS、DOM 和 JavaScrip 都是很久以前就出现的新技术，它们以前合在一起称作动态 HTML，或者简称 DHTML，但它无法克服需要完全刷新整个页面的问题。Ajax 与 DHTML 相比，它可以发送异步请求，这大大延长了 Web 页面的寿命。通过与服务器进行异步通信，无须打断用户正在界面上执行的操作，Ajax 与其前任 DHTML 相比，为用户带来了真正的价值。

16.1.2　Ajax 的优势

已经知道了 Ajax 的基本情况和实现的技术，那么它有什么优势呢？下面是对其优势的概括。

（1）由于可以在页面内与服务器通信，不必整体刷新页面，减少了数据传输量，提高了 Web 应用的响应速度，给用户带来全新的感受。

（2）由于可以在页面内与服务器通信，使得构建智能化的客户端控件成为可能。例如：数据表格，树型控件等各种复杂的控件。

（3）智能化的客户端控件可以通过 XMLHttpRequest 与服务器通信，来获取数据，并可缓冲和处理数据，使得许多工作可以在客户端完成。

(4) 智能化的客户端控件具有自己的属性、方法和事件，使得 Web 编程变得像桌面程序的界面编程一样功能丰富。

(5) Ajax 使得 Web 应用即保留了 B/S 结构的优点，又具有 C/S 结构的强大功能。

综上所述，可以认为 Ajax 就是 Web 标准和 Web 应用的可用性理论的集大成者。它极大地改善了 Web 应用的可用性和用户的交互体验，最终得到了用户和市场的广泛认可。

16.1.3 实现 Ajax 的步骤

Ajax 是异步通信的一种技术，主要实现技术是 JavaScript+XML+HTML+CSS+ 服务端。要完整实现一个 Ajax 异步调用和局部刷新，通常需要以下几个步骤。

(1) 创建 XMLHttpRequest 对象，也就是创建一个异步调用的对象。

(2) 创建一个新的 HTTP 请求，并指定该 HTTP 请求的方法，URL 以及验证信息。

(3) 设置响应 HTTP 请求状态变化的函数。

(4) 发送 HTTP 请求。

(5) 获取异步调用返回的数据。

(6) 使用 JavaScript 和 DOM 实现局部刷新。

16.1.4 使用 CSS 的必要性

在 16.1.2 小节中讲解了 Ajax 的各个组成部分，以及它们之间相互作用的关系。这里重点强调 CSS 在 Ajax 这种新技术中的重要地位。

CSS 在 Ajax 中永远扮演着页面美术师的位置，无论 Ajax 采用何种运作方式，异步调用也好，局部刷新也好，任何时候显示在用户面前的都是一个页面。有页面的存在就必须有页面框架的设计，以及后期美工的制作，CSS 则对用户显示在浏览器上的界面进行美化工作。

例如百度地图，无论它的 Ajax 底层通信如何实现，地图的浏览如何使用局部刷新，页面上的各个 <div> 块以及文字的颜色、大小、字体等参数，仍然还是由 CSS 进行设置。

▌16.2 Ajax 应用

 本节视频教学录像：4 分钟

正如上一节中所讲，Ajax 结合了 4 种不同的技术，实现了客户端与服务器的异步通信，对页面实行局部更新，大大增强了浏览的速度。关于 Ajax 的详细介绍，有兴趣的读者可以参考其他的相关资料，本节只是通过简单的实例，对 Ajax 进行初步的介绍。

16.2.1 创建 XMLHttpRequest 对象

XmlHttpRequest 对象的设计目标十分明确，就是用于后台的方式获取数据，这使得发出异步调用的请求使用起来十分的流畅，可以在 IE 浏览器中作为 JavaScript 的对象进行访问。通过 XmlHttpRequest 对象与服务器进行通信的是 JavaScript 技术。在使用 XmlHttpRequest 对象前，必须通过 JavaScript 创建它。

如【范例 16.1】所示的代码就是简单创建 XmlHttpRequest 对象的方法。

【范例 16.1】 创建 XmlHttpRequest 对象（范例文件：ch16\16-1.html）

```
01  <html>
02  <head>
03  <title>Ajax 入门 </title>
04  <script language="javascript">
05  var xmlHttp;
06  function createXMLHttpRequest(){
07  if(window.ActiveXObject){ // 判断是否支持 ActiveX 控件
08  xmlHttp = new ActiveXObject("Microsoft.XMLHTTP"); // 通过实例化
ActiveXObject 的一个新实例来创建 XMLHTTPRequest 对象
09  }
10  else if(window.XMLHttpRequest){  // 判断是否把 XMLHTTPRequest 实现为一
个本地 javascript 对象
11  xmlHttp = new XMLHttpRequest();// 创建 XMLHTTPRequest 的一个实例（本
地 javascript 对象）
12  }
13  }
14  // 创建 XMLHttpRequest 对象
15  createXMLHttpRequest()
16  </script>
17  </head>
18  <body>
19  </body>
20  </html>
```

【范例分析】

如上代码所示，根据浏览器是否支持 ActiveX 控件，使用不同方法创建 XMLHttpRequest 对象，非 IE 浏览器例如火狐大多直接支持 XMLHttpRequest 对象，而 IE 浏览器（主要针对低版本的 IE 6) 则只能通过 ActiveX 的方式创建 XMLHttpRequest。

16.2.2 发出 Ajax 请求

在建立了 XMLHttpRequest 对象以后，便可以加入各种 JavaScript 代码来利用这个对象，让它向服务器发送异步的请求。假设 HTML 页面中有一个简单的表单，如下所示。

```
01  <form>
02  <p> 城　市：<input type="text" name="city" id="city" size="25"
onChange="callServer();"></p>
03  <p> 国　家：<input type="text" name="state" id="state" size="25"
onChange="callServer();"></p>
```

```
04  <p> 代号 : <input type="text" name="zipCode" id="city" size="5"></p>
05  </form>
```

表单中有 3 个文本框，让用户填写，而输入框调用 onChange 函数，该函数在输入的内容改变时触发调用 callServer() 函数。于是可以加入相应的 JavaScript 函数，利用 XMLHttpRequest 对象进行异步的请求，如下代码所示。

```
01  function callServer(){
02  // 获取表单中的数据
03  var city = document.getElementById("city").value;
04  var state = document.getElementById("state").value;
05  // 如果没有填写则返回
06  if ((city == null) || (city == "")) return;
07  if ((state == null) || (state == "")) return;
08  // 链接服务器，自动获得代号。本例没有链接服务器，只是示例
09  var url = "getZipCode.php?city=" + escape(city) + "&state=" +
escape(state);
10  // 打开链接
11  xmlHttp.open("GET", url, true);
12  // 告诉服务器在运行完成后可能要用五分钟或者五个小时做什么这里触发 updatePage
函数
13  xmlHttp.onreadystatechange = updatePage;
14  // 发送请求
15  xmlHttp.send(null);
16  }
```

以上代码使用的是基本的 JavaScript 获取表单字段的值，然后设置一个 php 代码段 ""getZipCode.php?city=" + escape(city) + "&state=" + escape(state)" 作为链接的目标。要注意脚本 URL 的指定方式，city 和 state 使用简单的 get 参数附加在 URL 之后。

接着打开一个链接，指定链接方法 get 和链接的 URL 地址。最后一个参数如果为 ture，将请求一个异步链接；如果为 false，则等待服务器返回响应。当设置为 true 时，服务器在后台处理请求的时候，用户仍然可以使用表单，甚至其他 JavaScript 代码。

最后使用 null 值调用函数 send()，是因为已经在请求 URL 中添加了要发送给服务器的数据 (city 和 state)，所以请求中不需要发送任何数据。这样就发送了请求，服务器按照相关的要求工作。

16.2.3 处理服务器响应

在发出了 Ajax 请求后需要等待服务器的响应时间，并处理相关的服务响应。在 callServer() 函数中已经指定响应函数为 updatePage()，代码如下所示。

```
// 处理服务器响应
01  function updatePage(){
02  if (xmlHttp.readyState == 4) {
03  var response = xmlHttp.responseText;
04  document.getElementById("zipCode").value = response;
```

```
05 }
06 }
```

以上代码等待服务器调用，如果是就绪状态，则使用服务器返回的值，并把返回的值添加到相应的表单字段中，于是代码字段便出现了城市代表的值。

16.2.4 使用 CSS 样式

通过 XMLHttpRequest 的设置，异步通信的页面也就制作完成了。其显示效果如图所示。

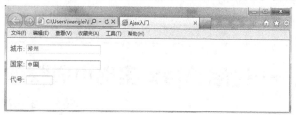

从图中可以看出，整体的页面效果很单调，为了使得画面更加好看，就需要加入 CSS 进行整体的样式风格设置。加入的 CSS 代码如下。

```css
01 <style type="text/css">
02 <!--
03 body{
04 font-size:13px;
05 background-color:#e7f3ff;
06 }
07 form{
08 padding:0px; margin:0px;
09 }
10 input{
11 border-bottom:1px solid #007eff;/* 下划线 */
12 font-family:Arial, Helvetica, sans-serif;
13 color:#007eff;
14 background:transparent;
15 border-top:none;
16 border-left:none;
17 border-right:none;
18 }
19 p{
20 margin:0px;
21 padding:2px 2px 2px 10px;
22 background:url(icon.gif) no-repeat 0px 10px;/* 加入小 icon 图标 */
23 }
24 -->
25 </style>
```

【运行结果】

加入 CSS 样式控制后的显示效果如图所示。

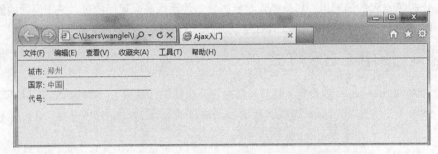

16.3 案例 1——使用 Ajax 实现页面特效

 本节视频教学录像：5 分钟

现在通过一个综合案例来介绍将 Ajax 和 CSS 结合在一起使用，实现页面的滑动效果。

16.3.1 设计分析

在本案例中，Ajax 主要负责网站的动态效果以及一些互动操作，而 CSS 负责网站的样式设置。这两种技术在一起使用，会使网站在具有互动性的同时，还具有美观的样式。

16.3.2 制作步骤

下面就使用 Ajax 和 CSS 技术，来完成页面滑动的效果。

【范例 16.2】 页面滑动（范例文件：ch16\16-2.html）

❶ 新建 XML 文件（实例文件：ch16\16-2.xml）。

```
01  <!DOCTYPE html PUBLIC "-//W3C//DTD XHTML 1.0 Strict//EN"
02  "http://www.w3.org/TR/xhtml1/DTD/xhtml1-strict.dtd">
03  <html>
04  <head>
05  <title>Navigation Effect Using Ajax</title>
06  <link rel="stylesheet" type="text/css" href="16-2.css" />
07  <script type="text/javascript" src="jquery.js"></script>
08  <script type="text/javascript" src="sliding_effect.js"></script>
09  </head>
10  <body>
11  <div id="navigation-block">
12  <h2><span> 使用 Ajax 实现页面特效 </span></h2>
13  <ul id="sliding-navigation">
14  <li class="sliding-element"><h3>Navigation 标题 </h3></li>
```

```
15  <li class="sliding-element"><a href="#">Link 1</a></li>
16  <li class="sliding-element"><a href="#">Link 2</a></li>
17  <li class="sliding-element"><a href="#">Link 3</a></li>
18  <li class="sliding-element"><a href="#">Link 4</a></li>
19  <li class="sliding-element"><a href="#">Link 5</a></li>
20  </ul>
21  </div>
22  </body>
23  </html>
```

❷ 加入 CSS 控制，通过 CSS 对页面进行美化，CSS 样式代码如下所示。

```
01  body
02  {
03  margin: 0;
04  padding: 0;
05  background: #1d1d1d;
06  font-family: "Lucida Grande", Verdana, sans-serif;
07  font-size: 100%;
08  }
09
10  h2
11  {
12  color: #999;
13  margin-bottom: 0;
14  margin-left:13px;
15
16  height:40px;
17  }
18  h2 span
19  {
20  font-size:30px;
21  }
22  p
23  {
24  color: #ffff66;
25  margin-top: .5em;
26  font-size: .75em;
27  padding-left:15px;
28  }
29  #navigation-block {
30  position:relative;
31  top:100px;
32  left:200px;
```

```
33  }
34  #hide {
35  position:absolute;
36  top:30px;
37  left:-190px;
38  }
39  ul#sliding-navigation
40  {
41  list-style: none;
42  font-size: .75em;
43  margin: 30px 0;
44  padding: 0;
45  }
46  ul#sliding-navigation li.sliding-element h3,
47  ul#sliding-navigation li.sliding-element a
48  {
49  display: block;
50  width: 150px;
51  padding: 5px 18px;
52  margin: 0;
53  margin-bottom: 5px;
54  }
55  ul#sliding-navigation li.sliding-element h3
56  {
57  color: #fff;
58  background:#333 url(heading_bg.jpg) repeat-y;
59  font-weight: normal;
60  }
61  ul#sliding-navigation li.sliding-element a
62  {
63  color: #999;
64  background:#222 url(tab_bg.jpg) repeat-y;
65  border: 1px solid #1a1a1a;
66  text-decoration: none;
67  }
68  ul#sliding-navigation li.sliding-element a:hover { color: #ffff66; }
```

❸ 通过 CSS 样式的设置，整个页面有的内容也就显示出来了，现在还差 Ajax 代码，接下来就是新
   建一个外部的 JavaScript 文件，编写代码。

说 明　介于篇幅的限制，该外部 JavaScript 的代码也很多，并且比较复杂，在这里就不
一一列举出来了，有兴趣的读者可以自己查看随书文件 ch16\16-2.js。

❹ 在页面头部的 <head> 与 </head> 标记之间加入代码，链接外部 javascript 文件，代码如下所示。

```
01  <script type="text/javascript" src="jquery.js"></script>
02  <script type="text/javascript" src="sliding_effect.js"></script>
```

❺ 保存页面，在浏览器中浏览页面，可以看到 CSS 与 Ajax 结合实现了页面动态的滑动效果，就像 Flash 里面的活动窗口一样，如图所示。

▌16.4 案例 2——实现可拖动 DIV 块

 本节视频教学录像：4 分钟

Ajax 可以加快用户的访问速度，使得使用网页就像桌面程序一样。本节就以简单的可拖动的 DIV 块为例，展示 Ajax 的强大功能。

16.4.1 设计分析

本实例主要是通过 Ajax 和 JavaScript 控制的相结合，并配以 CSS 的样式控制，展现 Ajax 的强大之处。实现网页中出现可拖动的 DIV 块，当鼠标左键移到某一个 DIV 块表格的第一行时，按住鼠标左键不放，可以移到 DIV 块到其他位置。

16.4.2 制作步骤

具体的制作步骤如【范例 16.3】所示。

【范例 16.3】 网页拖动 DIV 块（范例文件：ch16\16-3.html）

❶ 先在 HTML 页面中建立各个表格块，用于存放要拖动的数据。

```
01  <body>
02  <table cellspacing="4" width="100%" id="parentTable">
03  <tr>
04  <td width="25%" valgin="top">
05  <table class="dragTable" cellspacing="0">
06  <tr><td>CSS</td></tr>
```

07 <tr><td>CSS（Cascading Style Sheet），中文译为层叠样式表，是用于控制网页样式并允许将样式信息与网页内容分离的一种标记性语言。CSS 是 1996 年由 W3C 审核通过，并且推荐使用的。</td><tr>

08 </table>

09 <table class="dragTable" cellspacing="0">

10 <tr><td>AJAX</td></tr>

11 <tr><td>Ajax（Asynchronous JavaScript and XML，异步 JavaScript 和 XML）是目前很新的一项网络应用技术。</td><tr>

12 </table>

13 </td>

14 <td width="25%">

15 <table class="dragTable" cellspacing="0">

16 <tr><td>Javascript</td></tr>

17 <tr><td>Javascript 是一种基于对象的脚本语言，使用它可以开发 Internet 客户端的应用程序。Javascript 在 HTML 页面中以语句的方式出现，并且执行相应的操作。</td><tr>

18 </table>

19 </td>

20 <td width="25%">

21 <table class="dragTable" cellspacing="0">

22 <tr><td>XML</td></tr>

23 <tr><td>XML 是 eXtensible Markup Language 的缩写，即可扩展标记语言。它是一种可以用来创建自定义标记的语言，由万维网协会（W3C）创建，用来克服 HTML 的局限。</td><tr>

24 </table>

25 <table class="dragTable" cellspacing="0">

26 <tr><td> 网页 </td></tr>

27 <tr><td> 保持页面的 HTML 不变，通过分别调用三个外部 CSS 文件，实现三个完全不同的页面。</td><tr>

28 </table>

29 </td>

30 </tr>

31 </table>

32 </body>

其显示效果如图所示，由于没有任何 CSS 控制所以页面显得很杂乱。

❷ 为页面加入 Ajax 代码使得整个块能够自由拖动。

```
01  <script language="javascript" defer="defer">
02  var Drag={
03  dragged:false,
04  ao:null,
05  tdiv:null,
06  dragStart:function(){
07  Drag.ao=event.srcElement;
08  if((Drag.ao.tagName=="TD")ll(Drag.ao.tagName=="TR")){
09  Drag.ao=Drag.ao.offsetParent;
10  Drag.ao.style.zIndex=100;
11   }else
12   return;
13  Drag.dragged=true;
14  Drag.tdiv=document.createElement("div");
15  Drag.tdiv.innerHTML=Drag.ao.outerHTML;
16  Drag.ao.style.border="1px dashed red";
17  Drag.tdiv.style.display="block";
18  Drag.tdiv.style.position="absolute";
19  Drag.tdiv.style.filter="alpha(opacity=70)";
20  Drag.tdiv.style.cursor="move";
21  Drag.tdiv.style.border="1px solid #000000";
22  Drag.tdiv.style.width=Drag.ao.offsetWidth;
23  Drag.tdiv.style.height=Drag.ao.offsetHeight;
24  Drag.tdiv.style.top=Drag.getInfo(Drag.ao).top;
25  Drag.tdiv.style.left=Drag.getInfo(Drag.ao).left;
26  document.body.appendChild(Drag.tdiv);
27  Drag.lastX=event.clientX;
28  Drag.lastY=event.clientY;
29  Drag.lastLeft=Drag.tdiv.style.left;
30  Drag.lastTop=Drag.tdiv.style.top;
31  },
32  draging:function(){// 判断 MOUSE 的位置
33  if(!Drag.draggedllDrag.ao==null)return;
34  var tX=event.clientX;
35  var tY=event.clientY;
36  Drag.tdiv.style.left=parseInt(Drag.lastLeft)+tX-Drag.lastX;
37  Drag.tdiv.style.top=parseInt(Drag.lastTop)+tY-Drag.lastY;
38  for(var i=0;i<parentTable.cells.length;i++){
39  var parentCell=Drag.getInfo(parentTable.cells[i]);
40   if(tX>=parentCell.left&&tX<=parentCell.right&&tY>=parentCell.top&&tY<=parentCell.bottom){
```

```
41  var subTables=parentTable.cells[i].getElementsByTagName("table");
42  if(subTables.length==0){
43   if(tX>=parentCell.left&&tX<=parentCell.right&&tY>=parentCell.
top&&tY<=parentCell.bottom){
44  parentTable.cells[i].appendChild(Drag.ao);
45  }
46  break;
47  }
48  for(var j=0;j<subTables.length;j++){
49  var subTable=Drag.getInfo(subTables[j]);
50   if(tX>=subTable.left&&tX<=subTable.right&&tY>=subTable.
top&&tY<=subTable.bottom){
51  parentTable.cells[i].insertBefore(Drag.ao,subTables[j]);
52  break;
53  }else{
54  parentTable.cells[i].appendChild(Drag.ao);
55  }
56  }
57  }
58  }
59  },
60  dragEnd:function(){
61  if(!Drag.dragged)
62  return;
63  Drag.dragged=false;
64  Drag.mm=Drag.repos(150,15);
65  Drag.ao.style.borderWidth="0px";
66  //Drag.ao.style.border="1px solid #003a82";
67  Drag.ao.style.border="1px solid #206100";
68  Drag.tdiv.style.borderWidth="0px";
69  Drag.ao.style.zIndex=1;
70  },
71  getInfo:function(o){// 取得坐标
72  var to=new Object();
73  to.left=to.right=to.top=to.bottom=0;
74  var twidth=o.offsetWidth;
75  var theight=o.offsetHeight;
76  while(o!=document.body){
77  to.left+=o.offsetLeft;
78  to.top+=o.offsetTop;
79  o=o.offsetParent;
80  }
81  to.right=to.left+twidth;
```

```
82  to.bottom=to.top+theight;
83  return to;
84  },
85  repos:function(aa,ab){
86  var f=Drag.tdiv.filters.alpha.opacity;
87  var tl=parseInt(Drag.getInfo(Drag.tdiv).left);
88  var tt=parseInt(Drag.getInfo(Drag.tdiv).top);
89  var kl=(tl-Drag.getInfo(Drag.ao).left)/ab;
90  var kt=(tt-Drag.getInfo(Drag.ao).top)/ab;
91  var kf=f/ab;
92  return setInterval(function(){
93  if(ab<1){
94  clearInterval(Drag.mm);
95  Drag.tdiv.removeNode(true);
96  Drag.ao=null;
97  return;
98  }
99  ab--;
100 tl-=kl;
101 tt-=kt;
102 f-=kf;
103 Drag.tdiv.style.left=parseInt(tl)+"px";
104 Drag.tdiv.style.top=parseInt(tt)+"px";
105 Drag.tdiv.filters.alpha.opacity=f;
106 }
107 ,aa/ab)
108 },
109 inint:function(){
110 for(var i=0;i<parentTable.cells.length;i++){
111 var subTables=parentTable.cells[i].getElementsByTagName("table");
112 for(var j=0;j<subTables.length;j++){
113 if(subTables[j].className!="dragTable")
114 break;
115 subTables[j].rows[0].className="dragTR";
116 subTables[j].rows[0].attachEvent("onmousedown",Drag.dragStart);
117 }
118 }
119 document.onmousemove=Drag.draging;
120 document.onmouseup=Drag.dragEnd;
121 }
122 }
123 Drag.inint();
124 function _show(str){
```

```
125  var w=window.open('','');
126  var d=w.document;
127  d.open();
128  str=str.replace(/=(?!")(.*?)(?!")( |>)/g,"=\"$1\"$2");
129   str=str.replace(/(<)(.*?)(>)/g,"<span style='color:red;'><$2></
span><br />");
130  str=str.replace(/\r/g,"<br />\n");
131  d.write(str);
132  }
133  </script>
```

　　页面的效果如图所示。可以看出,页面很单调。虽然可以实现 Div 块的控制,但都是一些白色的显示框。所以要对它加入 CSS 样式控制。

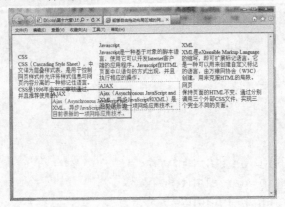

❸　加入 CSS 样式控制。

```
01  <style type="text/css">
02  <!--
03  body{
04  font-size:12px;
05  font-family:Arial, Helvetica, sans-serif;
06  margin:0px; padding:0px;
07  /*background-color:#ffffd5;*/
08  background-color:#e6ffda;
09  }
10  .dragTable{
11  font-size:12px;
12  /*border:1px solid #003a82;*/
13  border:1px solid #206100;
14  margin-bottom:5px;
15  width:100%;
16  /*background-color:#cfe5ff;*/
17  background-color:#c9ffaf;
```

```
18 }
19 td{
20 padding:3px 2px 3px 2px;
21 vertical-align:top;
22 }
23 .dragTR{
24 cursor:move;
25 /*color:#FFFFFF;
26 background-color:#0073ff;*/
27 color:#ffff00;
28 background-color:#3cb500;
29 height:20px;
30 font-weight:bold;
31 font-size:14px;
32 font-family:Arial, Helvetica, sans-serif;
33 }
34 #parentTable{
35 border-collapse:collapse;
36 }
37 -->
38 </style>
```

【运行结果】

加入 CSS 样式控制后，最终的显示效果如图所示。

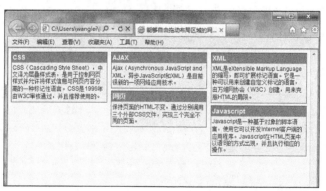

 高手私房菜

>>

技巧 1：编码问题

通过 XMLHttpRequest 获取的数据，默认的字符编码是 UTF-8，如果前端页面是 GB2312

或者其他编码，显示获取的数据就是乱码。通过 XMLHTTPRequest，POST 的数据也是 UTF-8
编码，如果后台是 GB2312 或者其他编码也会出现乱码。解决方法：统一到 UTF-8。这也是国
际化的必然趋势。

输出通过 XMLHttpRequest 获取的文本文本时，在 headers 中增加文本声明（直接 HTML 声
明没有作用）。如：

```
01  PHP:header('Content-Type:text/html;charset=GB2312');
02  ASP:Response.Charset = "GB2312"
03  JSP:response.setHeader("Charset","GB2312");
```

WWW 服务器上强制声明。比如在 apache 下的配置：

```
AddDefaultCharset GB2312
```

这种情况主要是应对通过 XMLHttpRequest 访问的文件是静态文件，无法声明 headers
的情况下。静态页面一般都会经过 Apache 的 deflate 或 gzip 压缩，此时在 IE 中，首次通过
XMLhttpRequest 获得的数据可以正常显示，但再获取数据显示时出现乱码，这是因为再次获取
的数据来自缓存，可能由于浏览器解压缩的问题导致 Apache 设置的默认编码声明丢失。由于这
种情况下一般是纯文本，可能还无法禁止缓存，可以设置 XMLhttpRequest 访问的文本文件不压
缩来解决这个问题。

非 UTF-8 页面通过 XMLHttpRequest 获取的文本文本输出前字符转码成 unicode，或者编
码直接是 UTF-8，可以正常显示。

技巧 2：IE 下的 reponseXML 问题

使用 responseXML 时，IE 浏览器只能接受 .xml 为后缀的 XML 文件，如果不能以 .xml 文件
为结尾的，则需要进行如下处理：

在服务器端声明是 XML 文件类型。如：

```
01  PHP:header("Content-Type:text/xml;charset=utf-8");
02  ASP:Response.ContentType = "text/xml";
03  JSP:response.setHeader("ContentType","text/xml");
```

利用 responseText 获取，然后封装成 XML。

第 4 篇

实战篇

本篇结合前文所学知识，对其有代表性的淘宝网和开心网进行分析，帮助读者了解购物网站和社交网站的布局特点，并指导读者完成自己的网站。通过本章的学习，读者将积累一定的实战经验，为实际开发工作奠定基础。

▶第 17 章　购物类网站布局分析

▶第 18 章　社交类网站布局分析

第 **17** 章

本章教学录像：14 分钟

购物类网站布局分析

　　购物网站是为买卖双方提供交易的互联网平台，商家在网站上展示出售商品信息，顾客从中选择并购买所需的商品。购物网站主要包含的内容有：发布商品信息，提供商品分类检索，用户能方便订购商品、有效进行订单管理。相对于传统商业，购物网站降低了商家的成本。同时，顾客可以足不出户购买到物美价廉的商品。本章以淘宝网为例，分析如何创建购物网站，并以创建一个购书网站作为实例介绍制作过程。

本章要点（已掌握的在方框中打勾）

☐ 淘宝网布局分析

☐ 制作购书网

17.1 淘宝网整体布局分析

本节视频教学录像：7 分钟

目前网络上的购物网站层出不穷，淘宝、京东等大型购物网站以及其他经营各种产品的网站也越来越多，如何设计一个好的购物网站已经成为了当前电子商务的一个主流。本节将深入剖析淘宝网网站的整体布局，版面结构以及网站模块组成，让读者了解和体验 CSS 在购物网站布局中的使用方法。

17.1.1 整体设计分析

购物网站就是在网络上建立一个虚拟的购物商场，让用户在网络上进行购物。网上购物让人们的购物过程变得轻松、快捷、方便，适应现在人们的快节奏生活；同时，购物网站又能有效地控制"商场"运营的成本，开辟了一个新的销售渠道。网络购物网站具有网站上的品种丰富、数量众多、商品价格优惠、支付方式较安全、商品搜索功能强大的特点。

淘宝网是一个基于 C2C 模式的交易平台，由阿里巴巴集团在 2003 年 5 月 10 日投资创立，是亚太最大的网络零售商圈，商家可以在淘宝网开店铺，以会员制的方式对商家收费，顾客可以在淘宝网平台上购买所需商品。2012 年底，淘宝网注册用户数达到 5 亿，每天有超过 6000 万的固定访客，同时每天的在线商品数已经超过了 8 亿件，平均每分钟售出 4.8 万件商品。

淘宝网站采用具有很强亲和力的桔黄色为主色调，使得整个网站显得朝气蓬勃，富有渲染力。淘宝网的首页如图所示。

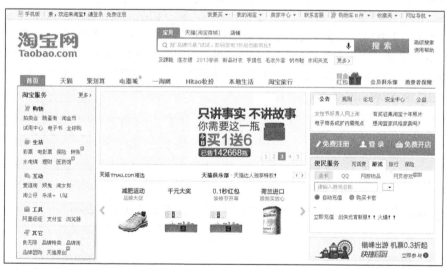

可以看出，淘宝网页面非常简洁，让访问网站的人一目了然。位于主页面右上角的导航系统简单清晰，即使是新手也不会无所适从。淘宝服务的分类列表和商家的广告图片浏览位于主体上半部分。主体中间部分大篇幅显示淘宝所有类目的分类列表。主体的下面部分包括本地生活和推荐频道，可以提供给用户更加个性化的服务。淘宝的应用服务位于主体的右侧。主页的底部是常见问答、友情链接、网站版权、备案等信息。网站上的每一项功能都有丰富而完备的辅助知识和提示，犹如一个随身顾问。网站上的商品分类井井有条，一览无余，图字清晰。同时，淘宝网页面中的图片、素材、文字等元素设计得清晰、干净，使用的对比色饱和度适中。淘宝网所提供的搜索功能非常人性化，搜索引擎包括简单搜索和高级搜索两种，使消费者可以从各个角度对商品及买家等进行搜索。

17.1.2 排版架构分析

淘宝网在整个的版式设计上，紧紧围绕"淘宝"二字这一主题，其中用到静、动态网页技术，三维动画等多媒体技术。由于淘宝网是一个大型的商业网站，且内容复杂。接下来将对淘宝网的首页的架构进行分析。淘宝网的首页包含大量的图片、各个子页的链接等，因此，在介绍淘宝网首页的时候只需要将每个部分用到的 <div> 块列举出来，并讲解其作用。淘宝网首页的排版框架采用回字形，如图所示。

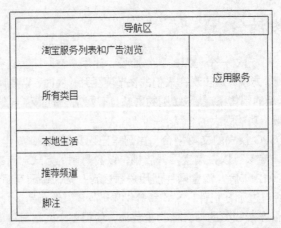

接下来将详细介绍淘宝网首页各个模块的功能以及相关块中所包含的子 <div> 块。导航区包括网站导航、淘宝网的 logo、搜索引擎、快速导航等内容，如图所示。其中，#site-nav 块主要包括用户登录信息、我的淘宝、卖家中心、购物车、客服信息、收藏夹、网站导航等相关信息。#J_DirectPromo_274 块是淘宝网的 logo 标志模块，放在页面的左上角。#J_Search 块是 Tab 菜单，可以基于淘宝宝贝，天猫（淘宝商城），店铺多类别的进行搜索，并且提供搜索帮助。#J_Trip 块包括快速导航，会员俱乐部和消费者保障。

#site-nav	
#J_DirectPromo_2	#J_Search
74	#search-hots
#J_Trip	

以 #site-nav 块为例，#site-nav 块是下拉菜单的形式，相应的代码如下所示。

```
01  <div id="site-nav">
02  <UL class="quick-menu">
03  <LI class="menu-item"> 我要买 </LI>
04  <LI class="mytaobao menu-item"> 我的淘宝 </LI>
05  <LI class="seller-center menu-item"> 卖家中心 </LI>
06  <LI class="service"> 联系客服 </LI>
07  <LI class="cart"> 购物车 </LI>
08  <LI class="favorite menu-item"> 收藏夹 </LI>
09  <LI class="services menu-item last"> 网站导航 </LI>
10  </UL>
```

11　</div>

位于主体上半部分的淘宝服务列表和商家的广告图片浏览区域架构如图所示，主要包括淘宝服务的分类列表，广告图片和广告文字的滚动播放，热点品牌的 logo 展示。其中，#J_ProductList 块以表格形式显示服务的分类信息，桔黄色的外框，粉红色的背景在整个网页中十分醒目。广告浏览区以不同的方式展示广告，#J_MainPromo 块主要实现广告图片的滚动播放。#J_TMall 块是以旋转木马的样式展示广告文字和广告图片。.hot-banner 块是热点品牌的 logo 图标。品牌效应是商业社会中企业价值的延续，在当前品牌先导的商业模式中，品牌意味着商品定位、经营模式、消费族群和利润回报。品牌效应可以带动商机，显示出消费者自身身价的同时，也无形中提高了商家的品位，好让更多的高层次消费者光临店面。淘宝通过知名品牌的商品广告图片来吸引消费者的眼球，引导浏览者点击相应的链接，延长浏览者在淘宝网站的浏览时间，激起消费者的购买欲。这也是非常值得效仿的地方。

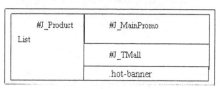

这个部分在整个页面的主体位置，因此在细节处理上要注意，#J_ProductList 块以表格形式组织服务分类信息的展示。淘宝服务列表和广告浏览区域的代码框架如下：

```
01    <div style="zoom: 1;" class="col-main">
02    <div id="J_ProductList" class="product-list"></div>
03    <DL class="product-body-services">
04    <DT> 购物 </DT>
05    <DD> 拍卖会 </DD>
06    <DD> 跳蚤街 </DD>
07    …
08    <DT> 生活 </DT>
09    <DD> 彩票 </DD>
10    <DD> 电影票 </DD>
11    …
12    </DL>
13    <div id="J_MainPromo" class="mainpromo"></div>
14    <div id="J_TMall" class="tmall"></div>
15    <div class="hot-banner"></div>
16    </div>
```

主体的中间部分显示淘宝所有类目的分类列表。包括虚拟、服装、鞋包服饰、运动户外、珠宝手表、数码等多个类别的信息。这个列表能够很清晰地看到各个分类中更为详细的信息，针对性很强，不会花费太多的时间，消费者就能找到自己需要的东西。这个部分的代码框架如下：

```
01    <div id="J_CategoryHover" class="category-main" data-abtestType="">
02        <div class="category-all cat-all"></div>
03        <div class="category-item cat-clothes"></div>
```

```
04        <div class="category-item cat-baldric"></div>
05        <div class="category-item cat-sports"></div>
06        <div class="category-item cat-jewelry"></div>
07        <div class="category-item cat-digital"></div>
08        <div class="category-item cat-appliances"></div>
09        <div class="category-item cat-beauty"></div>
10        <div class="category-item cat-baby"></div>
11        <div class="category-item cat-living"></div>
12        <div class="category-item cat-foods"></div>
13        <div class="category-item cat-dailyuse"></div>
14        <div class="category-item cat-car"></div>
15        <div class="category-item cat-entertain"></div>
16        <div class="category-item cat-special"></div>
17    </div>
```

位于主体右侧的应用服务架构如图所示，是一些公告、便民服务，比如可以在线给手机充值，机票预订等。#J_Notice 块以 Tab 页的形式，展示公告、规则、论坛、安全中心、公益等信息，当鼠标滑动到某个选择页上，下面会出现相关的文字内容。#J_Status 块对应的用户注册、登录、开店的快速链接。#J_Convenience 块对应的便民服务的 Tab 页，包括充话费选择页可以在线充话费；游戏选择页可以在线购买点卡，购买 Q 币，网游物品等；旅行选择页可以查询航班、酒店、门票等信息。#J_Act 块展示的是促销活动的图片信息，图片信息是以旋转木马方式显示。#J_Recom 块对应的是精彩活动、最热卖、创意生活、生活团购的 Tab 页。各个选择页以列表的方式显示板块的内容。

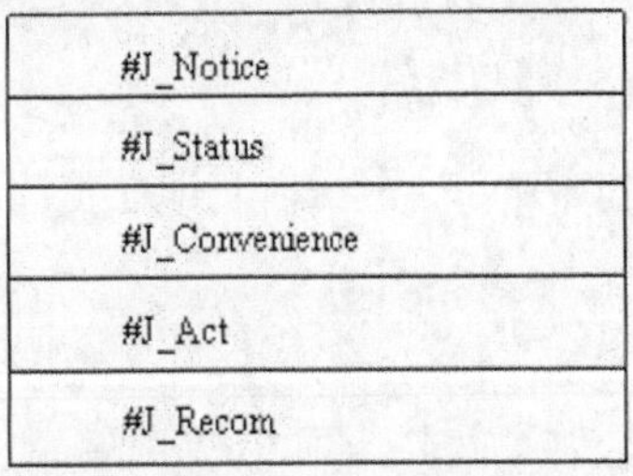

这部分内容的代码框架如下：

```
01    <div id="J_Notice" class="notice"></div>
02    <div id="J_Status" class="status loading"></div>
03    <div id="J_Convenience" class="convenience" data-activeIndex="0"></div>
04    <div style="position: relative;" class="col-sub"></div>
05    <div id="J_Act" class="new-actives"></div>
06    <div class="category-sub clearfix"></div>
```

本地生活是 #J_Local 块，它的架构如图所示，主要包括 .local-head 块，显示用户所在城市列表，.local-body 以列表方式展示便民服务、卡卷 & 票务、生活超市、美食 & 外卖、房产 & 服务等内容。

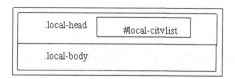

本地生活模块的代码框架如下：

```
01    <div id="J_Local" class="local-life">
02    <div class="local-head"></div>
03    <div id="local-citylist"></div>
04    <div id="J_LocalLifeBd" class="local-body">
05    <UL class="local-items">
06    <LI> 便民服务 </LI>
07    <LI> 卡券 &amp; 票务 </LI>
08    <LI> 生活超市 </LI>
09    <LI> 美食 &amp; 外卖 </LI>
10    <LI> 房产 &amp; 服务 </LI>
11    </UL>
12    </div>
13    </div>
```

推荐频道如下图所示，内容包括：shop-guide 块，.guide-left 块，若干个 .small-block 块，.guide-right 块，.hotsale-nav 块。shop-guide 块是各个社区的超链接。.guide-left 块是图片互动，内容包括：顽兔社区，淘女郎搭配购，攻略乐活 +，爱逛街宝贝。.small-block 块是生活窍门，内容包括：服饰美容，家居母婴，促销汇折扣，天天特价包邮，专辑精品收藏。.guide-right 块是主题市场，内容包括：明星开店，清仓，试用，生活私搭。.hotsale-nav 块推荐热卖单品，为了更好地区分、突出各类商品，采用图片来充当各类商品的快捷链接，通过使用鲜艳的图片来吸引消费者的眼球，同时也让使网页更加丰富、充实。

.shop-guide		
.left-detail	.small-block	.guide-right
	.small-block	
	.small-block	
	.small-block	
	.small-block	
.hotsale-nav		

这部分的代码框架如下：

```
01    <div class="shop-guide"></div>
02    <div class="left-detail"></div>
03    <div class="small-block"></div>
04    <div class="small-block"></div>
```

```
05    <div class="small-block"></div>
06    <div class="small-block"></div>
07    <div class="small-block"></div>
08    <div class="guide-right"></div>
09    <div class="hotsale-nav"></div>
```

首页最下方的脚注部分如图所示。包括帮助信息、版权信息和联系方式。.layout helper 块用来放消费者保障、新手上路、付款方式、淘宝特色等内容。#footer 主要用来放一些版权信息和联系方式。对于 #footer 块最主要的是切合页面其他部分的风格。

.helper-s1 （消费者保障）	.helper-s2 （新手上路）	.helper-s3 （付款方式）	.helper-s4 （淘宝特色）
.footer-ali（阿里巴巴各类网站）			
.foot-nav（关于淘宝）			
.footer-copyright（经营许可证等）			
.footer-ext（外部网站的相关链接）			

这部分的代码框架如下:

```
01    <div class="layout helper" data-spm="1.186875.220662">
02        <div class="helper-s1"></div>
03        <div class="helper-s2"></div>
04        <div class="helper-s3"></div>
05        <div class="helper-s4"></div>
06    </div>
07    <div id="J_Footer" class="footer footer-best" data-spm="1.229212.245549">
08        <div class="footer-ali"></div>
09        <div class="foot-nav"></div>
10        <div class="footer-copyright"></div>
11        <div class="footer-ext"></div>
12    </div>
```

▍17.2 制作自己的网站——图书购物网站

 本节视频教学录像：7 分钟

本例的网上商店主要是以出售图书为主。该类型的网站主要的特点就是绚丽，图片多且文字简明，采用红色调为主色调，让人耳目一新。效果图如图所示。

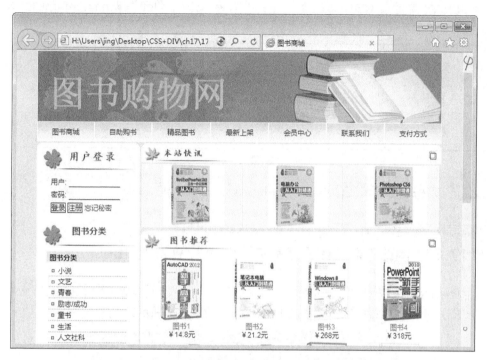

通过该效果图可以看出，该网站的文字内容并不是很多，主要页面都是商品的展示，也包括各式各样的图书封面图片以及售价。考虑到这是一个购物类型的网站，必须有一个用户登录的系统，左侧的导航栏也将图书的种类进行了分类，便于顾客寻找以及删选。

页面的整体上使用的是一个浅红色为主的基调，图片的边框大多使用的是红色，各个栏目都采用白色背景，衬托出页面整洁大方的特点。

17.2.1 版面架构分析

整个页面的版面架构十分简单，包括 banner 图片、导航条、左侧的导航信息以及主题部分的图书排列展示模块，因此采用的是最基本的网页框架，如图所示。

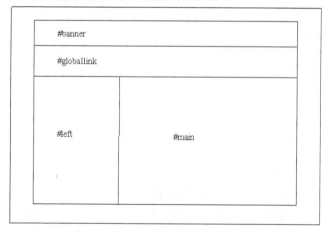

图中各个部分直接采用了 HTML 代码中各个 <div> 块对应的 id。其中 #banner 块对应页面上的 banner 图片，#globallink 则是网站的导航栏，#left 包含登录模块以及图书分类模块，#main 块

主要包含了出售图书的主要信息、本站快讯、图书推荐等。其中，#left 与 #main 是页面的主体部分，是页面的主要内容展示模块。对应的代码如下：

```
01  <div id = "container" >
02    <div id = "banner" ></div>
03    <div id = "globallink" ></div>
04    <div id = "left" ></div>
05  </div>
```

17.2.2 网站模块组成

在确定完网页的模块之后，开始对网页各个模块进行设计。

【范例 17.1】 网站界面制作（范例文件：ch17\17-1.html）

1. 本站的 banner 图片

本站的 banner 图片制作方式十分简单，在网上寻找一个感觉比较好的图片，使用 Photoshop 软件将图片进行渐变处理，然后加上文字就是 banner 图片了，如图所示。

2. 导航菜单

导航菜单采用的是项目列表的方式，将 <ui> 标记和 <li> 标记进行相应的设置，使得菜单能够显示在同一行中，其导航效果如图所示。

其对应的 HTML 框架如下所示。

```
01  <div id="globallink">
02    <ul>
03      <li><a href="#"> 图书商城 </a></li>
04      <li><a href="#"> 自助购书 </a></li>
05      <li><a href="#"> 精品图书 </a></li>
06      <li><a href="#"> 最新上架 </a></li>
07      <li><a href="#"> 会员中心 </a></li>
08      <li><a href="#"> 联系我们 </a></li>
09      <li><a href="#"> 支付方式 </a></li>
10    </ul>
```

```
11   <br>
12   </div>
13   background:url(images/nav_bg.gif) 0 0 repeat-x;
14   font:bold 11px/36px Arial, Helvetica, sans-serif;
```

对应的 CSS 代码如下所示。

```
01   #globallink{
02       margin:0px; padding:0px;
03   }
04   #globallink ul{
05       list-style:none;
06       padding:0px; margin:0px;
07   }
08   #globallink li{
09       float:left;
10       text-align:center;
11       width:100px;
12   }
13   #globallink a{
14       display:block;
15       padding:9px 6px 11px 6px;
16       background:url(button1.jpg) no-repeat;
17       margin:0px;
18   }
19   #globallink a:link, #globallink a:visited{
20       color:#630002;
21       text-decoration:none;
22   }
23   #globallink a:hover{
24       color:#FFFFFF;
25       text-decoration:underline;
26       background:url(button1_bg.jpg) no-repeat;
27   }
```

3. 图书导购

考虑到实际的购物网站需要保存顾客的信息，以便顺利地进行交易，因此在 #left 块中必须包含用户的登录表单，其 HTML 代码十分简单，如下所示。

```
01   <div id="login">
02     <form>
03        <p> 用户 : <input type="text" class="text"></p>
04        <p> 密码 : <input type="text" class="text"></p>
05          <p><input type="button" class="btn" value=" 登　录 "> <input
```

```
type="button" class="btn" value=" 注册 "> <a href="#"> 忘记秘密 </a></p>
06      </form>
07   </div>
```

用户登录表的的显示效果如图所示。

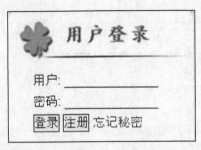

在 #left 块中除了有用户登录的 #login 模块外，在用户登录模块下面还有着 #category 模块，它和普通的项目列表一样，其 HTML 代码如下。

```
01 <div id="category">
02      <h4><span> 图书分类 </span></h4>
03        <ul>
04          <li><a href="#"> 小说 </a></li>
05          <li><a href="#"> 文艺 </a></li>
06          <li><a href="#"> 青春 </a></li>
07          <li><a href="#"> 励志 / 成功 </a></li>
08          <li><a href="#"> 童书 </a></li>
09          <li><a href="#"> 生活 </a></li>
10          <li><a href="#"> 生活 </a></li>
11          <li><a href="#"> 人文社科 </a></li>
12          <li><a href="#"> 经管 </a></li>
13          <li><a href="#"> 教育 </a></li>
14          <li><a href="#"> 工具书 </a></li>
15        </ul>
16   </div>
```

#category 模块的内容主要是负责图书的分类，将图书分成各种类别，以便于顾客的查找，其 CSS 代码如下所示，显示效果如图所示。

```
01 #category{
02     background:url(category.jpg) no-repeat;
03     padding:55px 0px 40px 0px;
04 }
05   #category h4{
06     margin:0px 18px 0px 18px;
07     padding:3px 0px 1px 5px;
08     background-color:#ffd1d1;
```

```
09       font-size:12px;
10   }
11   #category ul{
12     list-style:none;
13     margin:0px;
14     padding:5px 22px 15px 22px;
15   }
16   #category ul li{
17     padding:2px 0px 2px 16px;
18     border-bottom:1px dashed #999999;
19     background:url(icon1.gif) no-repeat 5px 7px;
20   }
21   #category ul li a:link, #category ul li a:visited{
22   color:#000000;
23   text-decoration:none;
24   }
25   #category ul li a:hover{
26     color:#666666;
27   text-decoration:underline;
28   }
```

在 #left 块的最下面是一个价格模块，在这个模块中给图书定义了价格区间。通过这个区间，顾客可以更好地找到需要的图书。其显示效果如图所示。

4. 主体内容

　　页面的主体部分主要是以图书的展示以及销售价格为主，各个模块的设置也大同小异，模块的整体设置依然采用左浮动和固定宽度的版式，代码如下所示。

```
01  #main{
02      float:left;
03      width:518px;
04      margin:1px 0px 0px 2px
05  }
```

　　位于最上方的"本站快讯"，其 HTML 结构就是几幅图片，用于显示网站最新的图书，其代码如下所示，显示效果如图所示。

　　HTML 框架代码：

```
01  <div id="main">
02      <div id="latest"><a href="#"><img src="new1.jpg"></a><a href="#"><img src="new2.jpg"></a><a href="#"><img src="new3.jpg"></a></div>
03  </div>
```

　　对应的 CSS 代码为：

```
01  #latest{
02      background:url(latest.jpg) no-repeat;
03      padding:35px 0px 0px 0px;
04  {
05  #latest img{
06  border:none;
07  padding-left:1px;
08  }
```

　　在"本站快讯"下面的是"图书推荐"以及"新品上市"，用书的图片作为展示，其代码显示如下，显示效果如图所示。

```
01  <div id="recommend">
02      <ul>
03          <li><a href="#"><img src="book1.jpg"><br>图书 1</a><br>￥14.8 元 </li>
04          <li><a href="#"><img src="book2.jpg"><br>图书 2</a><br>￥21.2
```

```
元 </li>
05        <li><a href="#"><img src="book3.jpg"><br> 图书 3</a><br> ￥268
元 </li>
06        <li><a href="#"><img src="book4.jpg"><br> 图书 4</a><br> ￥318
元 </li>
07        <li><a href="#"><img src="book5.jpg"><br> 图书 5</a><br> ￥368
元 </li>
08        <li><a href="#"><img src="book6.jpg"><br> 图书 6</a><br> ￥188
元 </li>
09        <li><a href="#"><img src="book7.jpg"><br> 图书 7</a><br> ￥198
元 </li>
10        <li><a href="#"><img src="book8.jpg"><br> 图书 8</a><br> ￥268
元 </li>
11        </ul>
12    <br> 
13    </div>
```

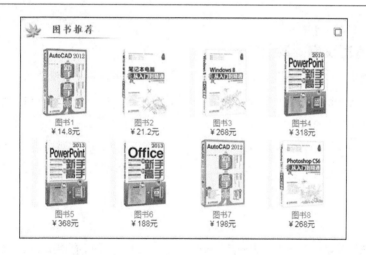

主体内容的最下面是"读书寄语"，主要是介绍读书给读者带来的好处，通过文字的方式展现出来，使用项目列表进行排版，其代码如下所示，显示效果如图所示。

```
01   < div id="tips">
02        <ul>
03        <li><a href="#"> 书籍是人类进步的阶梯 </a></li>
04        <li><a href="#"> 多读书，可以让你觉得有许多的写作灵感 </a></li>
05        <li><a href="#"> 多读书，可以让你全身都有礼节 </a></li>
06        <li><a href="#"> 多读书，可以让你多增加一些课外知识 </a></li>
07          <li><a href="#"> 多读书，可以让你变聪明，变得有智慧去战胜对手 </a></li>
08        <li><a href="#"> 多读书，也能使你的心情变得快乐 </a></li>
09        <li><a href="#"> 读书能陶冶人的情操，给人知识和智慧 </a></li>
```

```
10        </ul>
11    <br> 
12  </div>
```

读书寄语

> 书籍是人类进步的阶梯
> 多读书，可以让你全身都有礼节
> 多读书，可以让你变聪明，变得有智慧去战胜对手

> 多读书，可以让你觉得有许多的写作灵感
> 多读书，可以让你多增加一些课外知识
> 多读书，也能使你的心情变得快乐
> 读书能陶冶人的情操，给人知识和智慧

5. 整体调整

通过对所有模块的排版，整个购物网站就基本制作完成了，最后必须对整体页面进行排版和查看，对 #body 模块进行调整，调整过后的页面更加和谐，更加美观。

📖 高手私房菜

>>

技巧：固定宽度汉字（词）折行

在实际应用中，如果在一个固定宽度容器里面要显示很多地名（假设地名间以空格分隔），为了避免在显示的时候地名中间断开（即一个字在上面一行，而另一个字折到下一行去了）。可以使用使用 word-break 属性。比如：

```
01  <div style="width:210px;height: 200px;background: #ccc;word-break:keep-all"> 中国南京 中国上海 中国天津 中国海南岛 中国郑州 中国连云港 中国哈尔滨 中国河南 中国河北 中国广东
02  </div>
```

此时的显示结果如图所示（左为使用 word-break 属性，右为没有使用 word-break 属性）。

```
中国南京 中国上海 中国天津
中国海南岛 中国郑州
中国连云港 中国哈尔滨
中国河南 中国河北 中国广东
```

```
中国南京 中国上海 中国天津
中国海南岛 中国郑州 中国连
云港 中国哈尔滨 中国河南 中
国河北 中国广东
```

如果在上面代码中去掉 word-break 属性，则显示结果为右图，可以看到，第二行"中国连云港"被显示在了两行上。

第 18 章

 本章教学录像：10 分钟

社交类网站布局分析

网络社交已经成为现代网络达人们必不可少的交往方式，通过一个社交网站，网友可以实现图片视频分享、生活经验交流、开心趣事倾诉、在线交友、在线解答生活难题、实现在线求职等。本章主要通过知名社交网站——开心网为例，介绍社交网站的布局方式，并制作属于自己的社交网站。

本章要点（已掌握的在方框中打勾）

□ 开心网布局分析

□ 制作社交网

▍18.1 开心网整体布局

 本节视频教学录像：5 分钟

社交网，又称社交网站，英文名称为 SNS，全称 Social Network Site。起源来自于美国，专指旨在帮助人们建立社会性网络的互联网应用服务。

哈佛大学的心理学教授 Stanley Milgram(1934—1984) 的六度分割理论指出："你和任何一个陌生人之间所间隔的人不会超过六个，也就是说，最多通过六个人你就能够认识任何一个陌生人。"按照这个理论，每个个体的社交圈都在不断放大，最后成为一个大型网络。正是根据这种理论，互联网出现了面向社会性网络的互联网服务，通过"熟人的熟人"来进行网络社交拓展。

但"熟人的熟人"，只是社交拓展的一种方式，而并非社交拓展的全部。因此，现在一般所谓的 SNS，则其含义已经远不止"熟人的熟人"这个层面。比如根据相同话题进行凝聚（如贴吧）、根据学习经历进行凝聚（如 Facebook）、根据周末出游的相同地点进行凝聚等，都已被纳入 SNS 的范畴。通过社交服务网站与朋友保持更加直接的联系，建立大交际圈，寻找失去了联络的朋友们。

网络社交已经成为现代网络达人们必不可少的交往方式，通过一个社交网站，网友可以实现图片视频分享、生活经验交流、开心趣事倾诉、在线交友、在线解答生活难题、实现在线求职等。目前访问量较大的社交网络很多，如开心网、人人网等，开心网的主页如图所示。本节就以开心网为例进行分析，介绍网站的布局结构以及版面结构。

18.1.1 布局结构分析

开心网"我的主页"采用的是上、中、下三栏布局结构，中间一栏又细分为左、中、右三栏布局结构。左边是导航菜单，包含照片、转帖、日记、礼物、群组以及微博等模块，中间是主要内容，包含全部好友的动态、最新的推荐等。右边是我的好友、热门评比、热点推荐等。

18.1.2　版面架构分析

开心网的版面架构非常简单，和常见的版面架构基本相同，分为上、中、下三栏的版面架构，最上面是 #head 块，中间是 #content 块，#content 块又可以分为 #left 块、#main 块和 #right 块，最下面的是 #footer 块。在各个大的 DIV 块中还嵌套着很多小的 DIV 块。布局框架图如图所示。

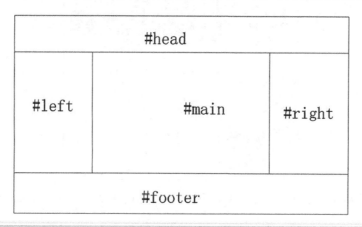

18.1.3　模块组成

开心网的模块根据布局结构也大致分为五大块，第一大块是页眉标题模块，第二大块是左侧列表，第三大块是主要内容，第四大块是右侧提示部分，第五大块是脚注部分。

第一大块是页眉标题模块，其中包含了"开心网 logo"、"首页"、"个人主页"、"好友"、"游戏"、"消息"以及"找人"等信息，如图所示。

左侧列表模块是主要的导航模块，通过导航模块各个链接，可以快速进入不同的功能操作，例如"照片"、"转帖"、"日记"、"礼物"等，如图所示。

而中央部分是主要的内容模块，在这个模块中，有"写记录"、"传照片"、"记心情"、"评电影"等，是整个布局中重要的一个模块，如图所示。

右侧模块主要包括"我的好友"、"热门评比"、"热门推荐"等内容，如图所示。

第五大块是脚注部分，主要是客服、帮助以及版权信息等，如图所示。

通过对开心网布局的划分，现在应该已经有了一个很清晰的制作思路。

18.2 制作自己的网站——社交网站

 本节视频教学录像：5 分钟

下面完成一个属于自己的社交网站。页面的整体效果如图所示。

通过页面的整体效果图，可以看出此类型的网站主要是通过文字进行交流，网页的主要内容都是通过文字的方式进行叙述，图片不是很多，并且还具有留言模块的功能，整体界面可以根据自己的风格自己设定，充分展示一个社交网站的魅力，自由自在的交流，享受语言的魅力。

18.2.1 版面架构分析

社交网站是一种需要每个用户精心维护、投入大精力去整理的网站，在这样的网站中往往有着各种各样的色调。本例主要是体现用户的心情、意境，因此采用黑紫色作为主色调，页面背景为黑色渐变。二者配合表现出大气、深邃的感觉。

页面设计为固定宽度且居中的版式，并且大量地使用了 Javascript 技术，整个网页具有很强的感官效果，两边使用由黑到白的渐变色，使得整个页面更具有层次感。

页面的版面架构十分简单，主要包括侧边的滑块、侧边的导航条、左侧的导航信息以及主体部分的详细内容，因此采用的是最基本的网页框架，如图所示。

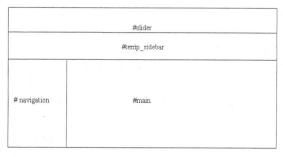

18.2.2 网站模块组成

在确定完网页的模块之后，开始对网页各个模块进行设计。在本例中调整不是很复杂，而且方法上和其他几章节的内容大体相同，现在介绍网站的详细制作过程。

【范例 18.1】 网站制作（范例文件：ch18\18-1.html）

1. 本站的 banner 图片

本站并没有专门的 banner 图片，使用的是在 #slider 块下的 #temp_header 作为本站的 logo，再在 logo 中加上文字，如图所示。

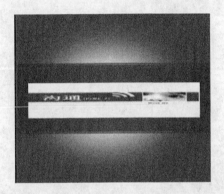

2. 左侧边栏

左侧边栏模块是本网站的主要模块，有 5 个子模块，分别是个人主页、个人日志、个人应用、最新动态及留言模块，都统归于 #navigation 模块中，其显示效果如图所示。

对应的 HTML 框架如下所示。

```
01  <ul class="navigation">
02    <li><a href="#home"> 个人主页 <span class="ui_icon home"></span></a></li>
03    <li><a href="#aboutus"> 个 人 日 志 <span class="ui_icon aboutus"></span></a></li>
04    <li><a href="#services"> 个 人 应 用 <span class="ui_icon services"></
```

span></a></li>
```
05    <li><a href="#gallery"> 最 新 动 态 <span class="ui_icon gallery"></
span></a></li>
06    <li><a href="#contactus"> 留 言 <span class="ui_icon contactus"></
span></a></li>
07  </ul>
```

对应的 CSS 代码如下所示。

```
01  ul.navigation {
02    width: 270px;
03    list-style: none;
04    margin: 0;
05    padding: 0;
06  text-align: left;
07  }
08  ul.navigation li {
09  display: inline-block;
10  margin: 0px;
11  padding: 0;
12  }
13  ul.navigation a {
14  display: block;
15    width: 190px;
16    height: 33px;
17  padding: 12px 0 0 80px;
18    margin-bottom: 5px;
19    color: #8a8980;
20  font-size: 16px;
21  font-weight: normal;
22  text-decoration: none;
23    position: relative;
24  }
25  ul.navigation a .ui_icon { position: absolute; top: 0; left: 15px; width:
40px; height: 40px; }
26 ul.navigation a .home { background: url(../home.png) no-repeat; }
27  ul.navigation a .aboutus { background: url(../aboutus.png) no-repeat; }
28  ul.navigation a .services { background: url(../application.png)  no-
repeat; }
29  ul.navigation a .gallery { background:  url(../portfolio.png) no-repeat; }
30  ul.navigation a .contactus { background:  url(../contact.png) no-repeat; }
31  ul.navigation a:hover, ul.navigation a.selected {
32  color: #201f1b;
```

```
33   background: url(../menu_hover.png) no-repeat left;
34   }
35   ul.navigation a:hover, ul.navigation a.selected {
36    color: #201f1b;
37   background: url(../menu_hover.png) no-repeat left;
38   }
39   ul.navigation a:hover .home, ul.navigation a.selected .home {
40       background: url(../home_hover.png) no-repeat;
41   }
42   .navigation a:hover .aboutus, ul.navigation a.selected .aboutus {
43   background: url(../aboutus_hover.png) no-repeat;
44   }
45   ul.navigation a:hover .services, ul.navigation a.selected .services {
46   background: url(../application_hover.png) no-repeat;
47   }
48   ul.navigation a:hover .gallery, ul.navigation a.selected .gallery {
49   background: url(../portfolio_hover.png) no-repeat;
50   }
51   ul.navigation a:hover .contactus, ul.navigation a.selected .contactus {
52    background: url(.../contact_hover..png) no-repeat;
53   }
54   ul.navigation a:focus {
55   outline: none;
56   }
```

该无序列表还支持 JavaScript 及 jQuery 代码，所以当被点击的时候会显示出不同的内容。由于篇幅的原因，jQuery 代码及 JavaScript 代码在这里就不一一介绍了。

3. 主体内容

页面的主体内容主要是通过 JavaScript 代码以及 jQuery 代码完成的模块，当点击 #navigation 模块中的任何一个子模块时，在页面的中间位置都会跳出相应的主题内容。所以对应的该主体内容具有 5 个 DIV 块，它们分别对应着 #navigation 模中的"个人主页"、"个人日志"、"个人应用"、"最新动态"、"留言"。"个人主页"的显示效果如图所示。

"个人日志"的显示效果如图所示。

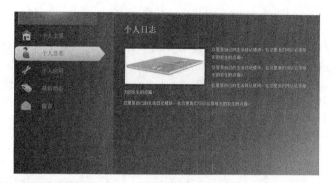

"个人应用"的显示效果如图所示。

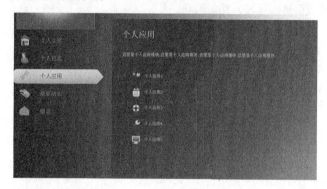

"最新动态"的显示效果如图所示。

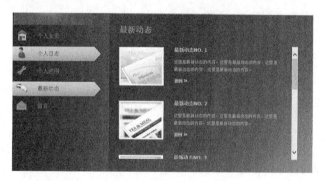

"留言"的显示效果如图所示。

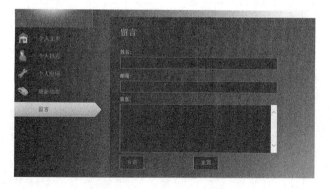

4. Footer 脚注部分

#footer 脚注主要是用来存放一些版权信息和联系方式，简明扼要，代码也很简单，就是一个 <div> 块加上一个 <p> 标记，代码如下所示。

```
01    <div id="temp_footer">
02      <p>2013-11-10 11:41:07 &copy;All Rights Reserved </p>
03    </div> <!-- end of temp_footer -->
```

5. 整体调整

通过对所有模块的排版，整个网站就基本制作完成了，最后对整体页面进行微调，对 #body 模块进行调整，调整过后的页面更加和谐，更加美观。

 # 高手私房菜

>>>

技巧：如何减小 CSS 体积

小的 CSS 文件可以节省服务器流量，缩短用户打开网页的时间。减小 CSS 体积的方法有两种。

(1) 使用单行属性代替多行属性。

```
01  div{
02  border-top:1px solid #cccccc;
03  border-left:1px solid #cccccc;
04  border-right:1px soli #cccccc;
05  border-bottom:1px solid #cccccc;
06  }
```

上述的代码可以简写为：

```
div{border:1px solid #cccccc}
```

这样简写后，不仅减少页面文件的大小，而且可以提高网页下载速度，同时使代码简洁可读。

(2) 简化注释。

很多程序员都喜欢在编译语言时加入注释，但是注释会大大增加 CSS 体积。可以在真正发布版本的 CSS 文件中去掉这些注释。